"十三五"普通高等教育规划教材

现代低压电器技术

主　编　代　颖
副主编　刘　哲　赵文华
参　编　熊端锋　唐名钟

U0255647

机 械 工 业 出 版 社

本书针对低压电器的基础知识和应用技术展开阐述。全书共6章。第1章和第2章介绍低压电器的基础知识，主要包括常见低压电器的基本工作原理、基本概念、常用术语、技术参数、选用原则及低压电器的标准体系、常见认证。第3~5章为低压电器的应用技术部分，详细介绍低压电器的设计技术、制造工艺及设备、测试技术。第6章为电气控制线路的分析与设计基础，介绍了典型控制线路的工作原理。为顺应我国工业智能化制造的发展趋势，第2章和第4章还介绍了智能化低压电器的特征和实现低压电器产品智能化、产品制造智能化以及产品管理智能化的数字化工厂技术。

本书可作为高等院校电气工程、自动化及其他相关专业的教材，也可供从事低压电器设计、分析、制造、试验和操作的工程技术人员参考。

本书配套授课电子课件，需要的教师可登录 www.cmpedu.com 免费注册，审核通过后下载，或联系编辑索取（QQ：308596956，电话：010-88379753）。

图书在版编目（CIP）数据

现代低压电器技术/代颖主编. —北京：机械工业出版社，2019.8
（2025.1重印）
"十三五"普通高等教育规划教材
ISBN 978-7-111-62725-8

Ⅰ. ①现… Ⅱ. ①代… Ⅲ. ①低压电器-高等学校-教材 Ⅳ. ①TM52

中国版本图书馆 CIP 数据核字（2019）第 167053 号

机械工业出版社（北京市百万庄大街 22 号 邮政编码 100037）
策划编辑：汤 枫 责任编辑：汤 枫
责任校对：张艳霞 责任印制：张 博
北京建宏印刷有限公司印刷

2025 年 1 月第 1 版·第 3 次印刷
184mm×260mm·19.5 印张·482 千字
标准书号：ISBN 978-7-111-62725-8
定价：59.00 元

电话服务   网络服务
客服电话：010-88361066   机 工 官 网：www.cmpbook.com
        010-88379833   机 工 官 博：weibo.com/cmp1952
        010-68326294   金 书 网：www.golden-book.com
封底无防伪标均为盗版   机工教育服务网：www.cmpedu.com

前　言

低压电器的应用范围非常广泛，从电力设施、通信及工业控制到商业和民用建筑，低压电器产品和由低压电器组成的电气控制线路几乎渗透到各个用电领域。低压电器是国家安全用电的重要保证，是低压用电系统可靠运行的基础。

本书包含低压电器的基础知识和应用技术。基础知识部分介绍常见低压电器的基本工作原理、基本概念、常用术语、技术参数、选用原则及低压电器的标准体系、常见认证。应用技术部分的内容编写响应了我国工程教育认证推行的"回归工程"教育培养目标，由多位具有长期工作经验的编者编写，该部分详细介绍了低压电器的设计技术、制造工艺及设备、测试技术、电气控制线路的分析与设计基础知识以及典型控制线路，旨在为广大师生和低压电器从业人员提供完整的应用技术知识体系。为顺应我国工业智能化制造的发展趋势，本书对智能化低压电器的特征和实现低压电器产品智能化、产品制造智能化及产品管理智能化的数字化工厂技术进行了介绍。

本书由上海大学代颖担任主编，杭申集团有限公司刘哲和上海电器科学研究所赵文华担任副主编，晗兆检测技术（上海）有限公司熊端锋和唐为电机制造有限公司唐名钟参与了部分章节编写。全书共6章，第1章1.1~1.7节、第2章2.1~2.8节和第6章6.1、6.2、6.4、6.5节由代颖编写；第3章、第4章由刘哲编写；第1章1.8节低压电器标准化技术委员会与标准体系、1.9节低压电器的认证和第5章由熊端锋编写；第2章2.9节智能化低压电器由赵文华编写；第6章6.3节电动机典型控制线路由唐名钟编写。全书由上海大学代颖统稿。

本书得到了上海市高峰高原学科建设项目（控制科学与工程）的资助。在编写过程中得到了江苏省启东市汇龙镇政府张燕华、蔡华英，启东菲迪尔电子科技有限公司张骁勇和施耐德电气（中国）有限公司上海分公司程颖的支持，上海大学研究生孔垂毅、刘皖秋、孙涛、王子腾和王海燕等帮忙绘制了书中部分图表，在此向他们表示衷心的感谢。

由于编者水平有限，书中难免有错误和不当之处，敬请读者和专家批评指正。

编　者

目　　录

第1章 绪 论

1.1 低压电器概况

电器是通过电路的通断、电路参数的变换，来实现对电路或用电设备的控制、切换、调节、保护和检测的电气设备。按工作电压的高低，电器可分为高压电器和低压电器。低压电器通常指工作在交流电压不大于 1200 V 或直流电压不大于 1500 V 的电器。低压电器广泛应用于工业、农业、交通、国防及电工装备中，品种多、规格复杂、需求量大且质量要求高。

我国低压电器产品已经历了 50 多年的发展，通过技术引进、跟踪国外新产品和自主研发，主要经历了三代产品。第一代低压电器主要是模仿苏联，产品的体积大，材料消耗多，节能指标低，品种规格不全；第二代产品是在第一代产品的统一设计基础上通过引进国外技术制造的，相较于第一代产品，其技术指标进一步提高，保护特性较完善，体积进一步缩小，结构上更适合成套装置的要求；第三代产品是跟踪国外技术研发试制的产品，总体性能接近国外 20 世纪 90 年代初的水平，在国民经济和现代工业自动化发展日新月异的今天，第三代产品也不能满足需求，高端低压电器仍依靠进口。

目前，第一代产品已逐渐被淘汰，第二代和第三代产品已成为中、低档产品。在智能制造的大背景下，智能制造技术、信息化技术逐渐融入低压电器的设计和制造，推动传统低压电器制造工艺和装备向高度自动化、智能化及信息化方向发展，国外从 20 世纪 90 年代后期就推出了智能化、可通信的第四代产品，第四代产品具有高性能、高可靠性、小型化、数字化、模块化、组合化和零部件通用化的特点，是未来低压电器的发展方向，开发第四代产品是我国低压电器行业的当务之急。

低压电器种类繁多，功能和构造各异，工作原理各不相同，低压电器的分类方法很多。

（1）按用途分类

1）配电电器：主要用于低压配电系统中。当系统发生故障时能够准确动作、可靠工作，在规定条件下具有相应的物理和化学稳定性（动稳定性、热稳定性、光稳定性等）。常用配电电器有刀开关、转换开关、熔断器及断路器等。

2）控制电器：主要用于控制受电设备，使其按预期要求的状态工作的电气元件。要求其寿命长、体积小、重量轻、工作准确可靠及操作频率高等。常用控制电器有接触器、继电器、起动器、主令控制器及电磁铁等。

（2）按操作方式分类

1）自动电器：依靠自身参数的变化或外来信号的作用，自动完成电路的通断等动作，如接触器、继电器等。

2）手动电器：通过手动操作进行切换的电器，如刀开关、转换开关及按钮等。

（3）按有无触点类型分类

1）有触点电器：利用触点的通断切换电路，有触点电器的优点是动作可靠、机械强度好，缺点是动作速度慢、消耗功率大、灵敏度低且体积大，机械部分易磨损，如接触器、刀开关及按钮等。

2）无触点电器：无机械触点的电器，利用电子元件的开关效应，实现电路的通断控制，其优点是动作速度快、操作频率高、消耗功率少、灵敏度高、体积小、质量轻、寿命高及功能强，缺点是不能实现理想的电气隔离、过载能力差、温度特性和抗干扰能力差等。如接近开关、霍尔开关、电子式时间继电器及固态继电器等。

3）混合式电器：为扬长避短，将有触点和无触点两类电器结合在一起使用的电器，如采用晶体管继电器作为感应元件，有触点继电器作为执行元件的混合式继电器。

（4）按工作原理分类

1）电磁式电器：根据电磁感应原理动作的电器，如接触器、继电器及电磁铁等。

2）非电量控制电器：依靠外力（人力、机械力）或非电量信号（如速度、压力及温度等）的变化而动作的电器，如转换开关、行程开关、速度继电器、压力继电器及温度继电器等。

（5）按工作电压类型分类

按工作电压类型，低压电器可分为交流电磁式低压电器和直流电磁式低压电器。

常用低压电器如图1-1所示。

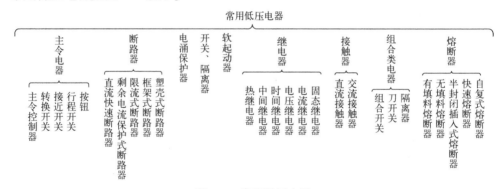

图1-1 常用低压电器

1.2 低压电器的型号编制

我国机械行业标准《低压电器产品型号编制方法》（JB/T 2930—2007）中规定的低压电器产品型号编制原则如下：

1）编制产品型号采用汉语拼音大写字母及阿拉伯数字表示，阿拉伯数字的字号应与汉语拼音字母相同。

2）编制产品型号力求简明，尽量避免混淆和重复。

低压电器通用型号组成形式如下：

1）类组代号：用两位或三位汉语拼音字母表示，第一位为类别代号，第二、三位为组别代号，代表产品名称，具体见表1-1。

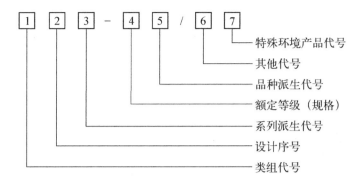

2）设计序号：用阿拉伯数字表示，位数不限。

3）系列派生代号：一般为一位或两位汉语拼音字母，表示全系列产品变化的特征。

4）额定等级：用阿拉伯数字表示，位数不限，根据各产品的主要参数确定，一般用电流、电压或容量参数表示。

5）品种派生代号：一般为一位或两位汉语拼音字母，表示系列内个别品种的变化特征。

6）其他代号：表示除品种以外的需进一步说明的产品特征，如极数、脱扣方式及用途等，用阿拉伯数字或汉语拼音字母表示，位数不限。

7）特殊环境产品代号：表示产品的环境适应性特征。

企业为增强产品的市场占有率和竞争力，保护企业自身利益和知识产权，除按行业标准申请正式产品注册型号外，允许提出与企业名称、商标等相关联的企业产品型号。低压电器产品企业型号意义如下：

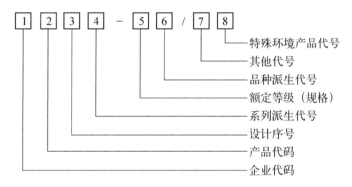

例如：

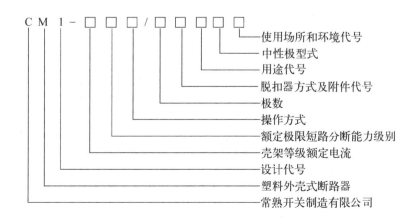

表 1-1　电器的类别和组别代号

类别＼组别	A	B	C	D	E	F	G	H	J	K	L	M	N	P	Q	R	S	T	U	W	X	Y	Z
A		保护器	插销	信号灯				接线盒			电铃												
B			启臂式变阻器								励磁变阻器			频敏变阻器	起动变阻器								
C							高压接触器		交流接触器					中频接触器									直流接触器
D																				万能式断路器	限流式断路器		塑料外壳式断路器
F						限流器																	
H				隔离器			熔断器式隔离器	开关熔断器组（负荷开关）			隔离开关					熔断器式开关	转换隔离器					旋转开关	组合开关
J											电流继电器					热继电器	时间继电器	通用继电器		温度继电器			中间继电器
K							鼓形控制器			主令控制器				平面控制器				凸轮控制器				其他控制器	
L	按钮																	主令开关		万能转换开关	行程开关		
M															牵引					起动		液压	制动
P																							终端组合电器
Q	按钮式起动器		磁力式起动器								减压起动器						手动起动器		油浸起动器		星三角起动器		综合起动器
R			插入式熔断器								螺旋式熔断器	密闭管式熔断器				有填料封闭管式熔断器	快速熔断器						自复式熔断器
T				单相调压器														三相调压器					
Z		板型电阻器	冲片元件电阻器				管型电阻器											铸铁电阻器					

4

1.3 低压电器的图形和文字符号

将电机、低压电器和仪表等按一定要求用导线连接起来，以实现某种功能的线路称为电气控制线路。为方便表达线路的结构、原理等设计意图，将电气控制线路中各电气元件用不同的图形和文字符号画出，绘制时以简明易懂为原则，采用统一规定的图形和文字符号。电气元件的图形符号和文字符号必须符合国家标准的规定，《电气简图用图形符号》（GB/T 4728—2018）中规定的一些常用低压电器图形符号见表1-2。

表1-2　常用低压电器图形符号

符 号 名 称	图 形 符 号	符 号 名 称	图 形 符 号
动合（常开）触点；开关		动断（常闭）触点	
先断后合的转换触点		先合后断的双向转换触点	
中间断开的转换触点		手动操作开关	
延时闭合的动合触点		延时断开的动合触点	
延时断开的动断触点		延时闭合的动断触点	
延时动合触点		触点组（一个不延时的动合触点，一个延时动合触点，一个延时闭合的动断触点）	
自动复位的手动按钮开关		自动复位的手动拉拔开关	
无自动复位的手动旋转开关		带动断触点的位置开关	
组合位置开关		继电器线圈，一般符号	
缓慢释放继电器线圈		缓慢吸合继电器线圈	

符号名称	图形符号	符号名称	图形符号
热继电器驱动器件		熔断器	
熔断器开关		熔断器式隔离开关，熔断器式隔离器	
熔断器负荷开关组合电器		接触器	
带动断触点的热敏断路器		断路器	

《电气技术中的文字符号制订通则》（GB/T 7159—1987）于 2008 年 1 月被 GB/T 20939—2007 取代，但目前仍有许多电气从业人员沿用 GB/T 7159—1987 的图形文字符号，为便于电气从业人员读图，本书第 6 章控制线路原理图的绘制采用 GB/T 7159—1987 标准。低压电器文字符号一般由两个字母组成，第一个字母表示电器大类，第二个字母表示对大类的进一步划分。如 Q 表示电力电路的开关器件，QA（旧标准 QF）表示断路器。一些常用低压电器的文字符号新旧标准对比见表 1-3。

表 1-3　常用低压电器的文字符号新旧标准对比

名　　称	GB/T 20939—2007	GB/T 7159—1987
隔离开关	QB	QS
按钮开关	SF	SB
接近开关，行程开关	BG	SQ
接触器	QA	KM
继电器	KF	KA
速度继电器	BS	KS
热继电器	BB	FR
时间继电器	KF	KT
欠电压继电器	KF	KV
过电流继电器	KF	KI
交流电动机	MA	MA
异步发电机	GA	GA
浪涌保护器	FA~FE	FV
断路器	QA	QF
熔断器	FA	FU
熔断器式开关	QA	QKF

1.4 低压电器的基本结构

低压电器一般由感测机构和执行机构组成。感测机构感测外界信号，通过转换、放大和判断做出有规律的反应，进而使执行机构动作。自控电器中，感测机构大多由电磁机构组成；受控电器中，感测机构通常为操作手柄等。执行机构按照感受机构对外界输入信号的反应进行相应动作，接通或分断电路，达到控制的目的。有触点电器的执行机构一般为触点系统。有触点的电磁式电器工作原理如图1-2所示。

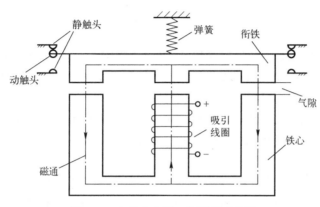

图1-2 电磁式电器工作原理示意图

1.4.1 电磁机构

电磁机构的作用是将电磁能转换为机械能并带动触点闭合或断开，完成通断电路的控制（即通过产生的电磁吸力带动触点动作）。电磁机构主要由吸引线圈、铁心（静铁心）和衔铁（动铁心）组成。

电磁机构的结构按衔铁运动方式可分为直动式和转动式（拍合式），如图1-3所示。直动式铁心衔铁在线圈内做直线运动，多用于中小容量的交流接触器和继电器中。转动式可分为沿棱角转动的拍合式铁心和沿轴转动的拍合式铁心。沿棱角转动的拍合式铁心，衔铁绕轭铁的棱角转动，磨损小，主要用于直流电器和接触器中；沿轴转动的拍合式铁心，衔铁沿轴转动，多用于触点容量大的交流接触器中。

电磁机构的工作原理是，吸引线圈通入电流后，产生磁场，磁通经铁心、衔铁和工作气隙形成闭合回路，产生电磁吸力，衔铁在电磁吸力的作用下产生机械位移，同时衔铁还受弹簧拉力等与电磁吸力方向相反的反力作用，当电磁吸力大于反力时，衔铁可靠地被铁心吸住，带动相应的触点吸合或断开。

电磁机构的工作特性常用吸力特性和反力特性来表述。电磁机构的吸引线圈通电后，铁心吸引衔铁的电磁吸力与气隙的关系称为吸力特性。电磁机构使衔铁释放的力与气隙的关系曲线称为反力特性。

1. 电磁机构的吸力特性

吸引线圈按通入的电流类型可分为直流线圈和交流线圈。

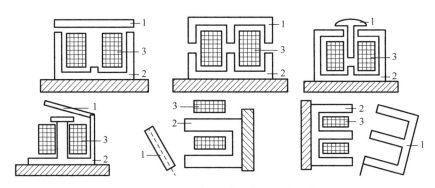

图 1-3 电磁机构衔铁的常见运动方式

1—衔铁（动铁心） 2—铁心（静铁心） 3—吸引线圈

直流线圈通入直流电，产生的磁通恒定，铁心没有磁滞损耗和涡流损耗，只有线圈的铜耗，铁心不发热，只有线圈发热，无骨架，线圈与铁心接触。一般线圈做成高而薄的细长形以利于散热，铁心和衔铁用软钢或工程纯铁制成。

交流线圈通入交流电，除线圈发热外，铁心中有磁滞和涡流损耗铁心，也要发热，有骨架将线圈和铁心隔开。一般线圈做成粗短形以改善线圈和铁心的散热，铁心和衔铁用硅钢片叠成，以减小铁损。

吸引线圈按连接方式可分为串联线圈（又称为电流线圈）和并联线圈（又称为电压线圈）。串联线圈串接于电路中，流过的电流大，为减小分压作用对电路的影响，线圈的导线粗，匝数少，阻抗较小；并联线圈并联在电路中，为减小分流作用对原电路的影响，线圈的导线细，匝数多，阻抗较大。

吸引线圈通入电流后产生的电磁吸力，是电磁式电器的一个重要参数。吸引线圈通电后产生一定大小的磁通，大部分磁通经过电磁铁的铁心和衔铁形成闭合回路，衔铁被磁化产生电磁吸力。由麦克斯韦电磁力计算公式可知，如果气隙中磁场均匀分布，则电磁力的大小与气隙截面积、磁感应强度的二次方成正比，即

$$F_{at} = \frac{SB^2}{2\mu_0} \qquad\qquad (1-1)$$

式中，μ_0 为真空磁导率，$\mu_0 = 4\pi \times 10^{-7}$ H/m，代入式（1-1），得

$$F_{at} = \frac{10^7}{8\pi} SB^2 = \frac{10^7}{8\pi} \frac{\Phi^2}{S} \qquad\qquad (1-2)$$

式中，F_{at} 为电磁力（N）；S 为铁心端面截面积（m²）；B 为气隙中的感应强度（T）；Φ 为气隙中磁通量（Wb）；

当铁心端面截面积 S 为常数时，由式（1-2）可知，电磁吸力与 B^2 或 Φ^2 成正比。

（1）直流电磁机构的吸力特性

如果线圈中通入直流电，由欧姆定律可知，电流大小只与电源电压和线圈电阻有关，当电压和电阻不变时，电流恒定，与磁路气隙无关。

衔铁吸合之前，磁路中气隙（δ）的磁阻 $R_m = \frac{\delta}{\mu_0 S}$ 较大，磁通较小，电磁吸力也较小；衔铁吸合时，气隙减小，磁路磁阻随之减小，因此磁通增大，电磁吸力也增大。由此可知，

8

直流电磁机构在衔铁吸合过程中，电磁吸力随着气隙的减小逐渐增大，衔铁完全吸合时气隙最小，电磁吸力最大。要求可靠吸合或频繁动作的控制系统常采用直流电磁机构。

吸力特性曲线是电磁吸力与工作气隙的关系曲线。图1-4所示为直流电磁机构的吸力特性，当电压或电流改变时，电磁机构的吸力特性曲线也随之发生改变。若吸合线圈外加电压或电流增大，则吸力特性曲线上移，曲线变平坦，反之下移。

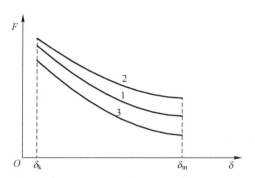

图1-4 直流电磁机构的吸力特性

1—原吸力特性 2—增加电压或电流时的吸力特性

3—减小电压或电流时的吸力特性

直流电磁机构衔铁闭合后，由于磁路磁阻小，在线圈断电后导磁体剩磁产生的吸力如果足以克服释放弹簧的反力，会使衔铁打不开，这称为"衔铁粘住"现象。为保证衔铁可靠释放，避免衔铁粘住，常在吸力较小的直流电磁机构铁心端面加装非磁性垫片（厚度为0.1mm的磷铜片），在吸力较大的直流电磁机构（如直流接触器）铁心柱端面上加装极靴，以增加衔铁闭合后的气隙，减少剩磁。

（2）交流电磁机构的吸力特性

如果线圈中通入交流电，磁感应强度为交变量，即

$$B = B_m \sin\omega t \tag{1-3}$$

将式（1-3）代入式（1-1）可得

$$F_{at} = \frac{F_{atm}}{2} - \frac{F_{atm}}{2}\cos 2\omega t \tag{1-4}$$

式中，$F_{atm} = \dfrac{B_m^2 S}{2\mu_0} = \dfrac{\Phi_m^2}{2\mu_0 S}$为周期性变化的电磁吸力幅值。

由式（1-4）可知，电磁吸力是方向不变的脉动吸力，由两部分组成。第一项为电磁吸力幅值的一半；第二项为最大值为2倍电源频率变化的周期性电磁吸力，幅值为电磁吸力幅值的一半。交流电磁机构的平均电磁吸力为一个周期电磁吸力的平均值。交流电磁机构吸力特性曲线如图1-5b所示，交流电磁机构吸引线圈的电阻远小于其感抗，当作用于线圈的电压、电源频率和线圈匝数不变时，交流电磁机构的磁通幅值Φ_m几乎不变，不考虑漏磁，电磁吸力的平均值F_{av}不变。考虑到漏磁的影响，电磁吸力平均值随气隙的减小略有增加，因此，与直流电磁机构相比，交流电磁机构的吸力特性曲线形状一般比较平坦，如图1-5所示。

虽然交流电磁机构的气隙磁通最大值近似不变，但气隙磁阻随气隙长度的增大而成比例增大，交流励磁电流也随气隙长度的增大成正比例增大。因此，交流电磁机构在吸引线圈通

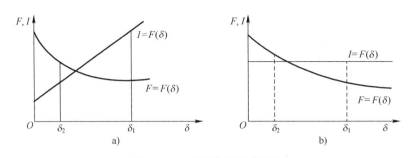

图 1-5　电磁机构的吸力特性

a）交流电磁机构吸力特性　b）直流电磁机构吸力特性

电但衔铁未动作时的励磁电流比额定工作电流大得多，一般 U 形交流电磁机构，线圈通电而衔铁未吸合瞬间，电流可达吸合后额定电流的 5~6 倍，E 形电磁机构将达到 10~15 倍。如果发生衔铁卡住或用于频繁动作的场合，交流线圈可能因电流过大而烧毁，在可靠性要求高或频繁操作的场合，一般不采用交流电磁机构。

交流电磁机构的电磁吸力一个周期内在 0（最小值）~ F_{atm}（最大值）之间变化，当电磁吸力的瞬时值大于反力时，衔铁吸合；当电磁吸力的瞬时值小于反力时，衔铁释放，如图 1-6 所示。电源电压每变化一个周期，电磁铁吸合两次、释放两次，使电磁机构产生振动和噪声，加重铁心接触处磨损，降低电磁机构的使用寿命。

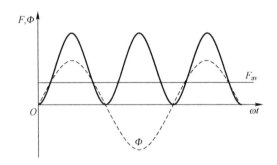

图 1-6　交流电磁机构的交变磁通和电磁吸力

为抑制交流电磁机构的振动和噪声，可在铁心的一端加装短路铜环，如图 1-7 所示。短路环将铁心中磁通分成两部分，使铁心端面有两个不同相位的磁通 Φ_1、Φ_2，如图 1-8 所

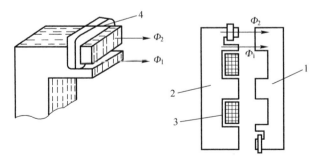

图 1-7　交流电磁机构铁心端部短路环

1—衔铁　2—铁心　3—线圈　4—短路环

示，电磁机构的总吸力 F 为 Φ_1、Φ_2 产生的 Φ 相位不同的两个电磁吸力 F_1、F_2 合成，只要这个合成吸力始终大于电磁机构的反力，就能削弱衔铁的振动和噪声，一般短路环包围 2/3 的铁心截面。

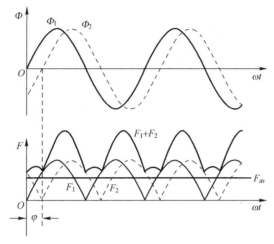

图 1-8　交流电磁机构加短路环后的磁通和电磁吸力

2. 电磁机构的反力特性

电磁机构中与电磁吸力方向相反的力（释放弹簧的弹力、触点弹簧的弹力、运动部件的重力和摩擦力等）统称为电磁机构的反力。反力特性描述作用于衔铁的反力与气隙之间的关系。使电磁机构衔铁释放的力主要是弹簧反力，胡克定律指出：在弹性限度内，弹簧的弹力 F 和弹簧的长度变化量 x 成正比，即 $F = kx$。在衔铁开始动作使释放弹簧变长开始，弹簧的长度增大、气隙减小，弹簧反力逐渐增大，这一段主要为释放弹簧的反力变化；当达到低压电器动静触头刚接触的位置时，触点弹簧长度发生改变产生弹力，此时触点弹簧和释放弹簧同时起作用，使反力增大，改变释放弹簧的松紧，可以改变反力特性曲线的位置，释放弹簧拧紧，反力特性曲线上移，释放弹簧放松，反力特性曲线下移。电磁机构的反力特性如图 1-9 所示。

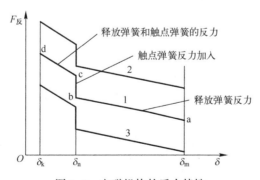

图 1-9　电磁机构的反力特性
1—原释放弹簧　2—拧紧释放弹簧　3—放松释放弹簧

为使电磁机构正常工作，衔铁吸合时，吸力必须始终大于反力，衔铁释放时，吸力必须始终小于反力，如图 1-10 所示。吸力不能过大或过小，吸力过大时，衔铁与铁心接触时的冲击力大，导致动、静触头接触时的冲击力也大，可能使触头和衔铁发生弹跳，导致触头发生熔焊或烧毁,影响电器的机械寿命;吸力过小时,衔铁运动速度慢,难以满足高操作频率的要求。因此,吸力特性与反力特性必须配合得当,才能保证低压电器可靠工作。

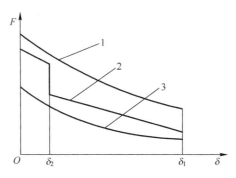

图 1-10 吸力特性与反力特性的配合
1—吸力特性曲线 2—反力特性曲线 3—释放过程吸力特性曲线

1.4.2 触头系统

触头是电器的执行机构,通过动、静触头的分合实现电气线路的接通和分断。静触头一般是固定不动的,动触头在分合动作过程中要运动一定的行程与静触头实现接触或分开。一般情况下,低压电器的静触头应接电源,动触头接负载。

1. 触头的基本参数

触头有如下 4 个基本参数。

1)开距:触头断开状态时动静触头间的最短距离。为保证触头能耐受电路中可能出现的过电压及电弧可靠熄灭,需保证合理的开距大小。

2)超程:触头运动到闭合位置后,将静触头移开时动触头还能移动的距离。超程大小影响触头电侵蚀的程度。

3)初压力:触头刚闭合时作用于触头的压力。

4)终压力:触头闭合运动到终止位置时的压力。

触点结构按其原始状态可分为常开触点和常闭触点,原始状态为吸引线圈未通电时的状态。线圈未通电时触头闭合,线圈通电后触头断开的触点称为常闭触点或动断触点;线圈未通电时触头断开,线圈通电后触头闭合的触点称为常开触点或动合触点。图 1-11 所示为电器触点的示意图。

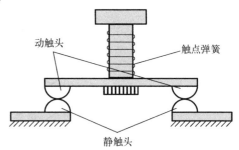

图 1-11 电器触点示意图

2. 触头常见接触方式

触头的接触方式分一般有 3 种:点接触、线接触和面接触,如图 1-12 所示。触头按结构形式可分为桥式触头和指形触头。图 1-12a 为点接触形式,适用于电流不大且触头压力小的场合,如继电器电路、辅助触点;图 1-12c 所示为面接触形式,适用于大电流场合,多用于较大容量接触器的主触点。图 1-12a、c 在结构形式上属于桥式触头,触头开距小,电器结构紧凑、体积小，触头闭合时冲击能量小，有利于提高机械寿命。图1-12b在结构上属于指形触头，触头的接触方式为线接触，在触头接通或分断时产生滚动摩擦，既有利于去掉氧化膜，又可缓冲触头闭合时的撞击能量，改善触头的电器性能；缺点是触头开距大，增大了电器体积，动触头采用软连接，影响了机械寿命。

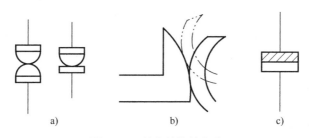

图1-12　触头的接触方式

a）点接触　b）线接触　c）面接触

3. 触头的常见问题

（1）触头的振动

触头在闭合过程中，触头间的碰撞、触头间的电动斥力和衔铁与铁心的碰撞都可能引起触头的机械振动。两个触头在闭合时发生碰撞产生振动是不可避免的，为了提高触头的使用寿命，必须消除触头闭合过程中的有害振动。

当触头闭合时，电器传动机构的力直接作用在动触头支架上，使得质量为 m 的动触头以速度 v_1 向静触头运动，在动、静触头相撞时动触头具有一定的动能，如图1-13a所示。触头发生碰撞后，触头表面将产生弹性变形，此时，一部分能量消耗在碰撞过程中（因为触头不是绝对弹性体），而大部分能量转变为触头表面材料的变形势能。当触头表面达到最大变形 x_{SD} 时（图1-13 b），变形势能达到最大，而动触头的动能降为零，于是动触头停止运动。紧接着触头的弹性变形开始恢复，将势能释放，由于静触头固定不动，动触头会受到反力作用，以初速度 v_2 弹回，甚至离开静触头，并把触点弹簧压缩，将动能储存在弹簧中，在触点弹簧的作用下，动触头反跳的速度逐渐减小。与此同时，传动机构继续推动触头支架将弹簧进一步压缩。当动触头反跳的速度降为零时，反跳距离达到最大值 x_m（图1-13 c）。随后，动触头在弹簧张力的作用下又开始向静触头运动，触头间发生第二次碰撞和反跳。

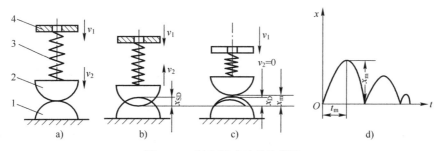

图1-13　触头振动过程示意图

a）触头碰撞开始瞬间　b）触头碰撞后瞬间　c）触头振动变化过程中　d）触头表面变形量变化曲线

1—静触头　2—动触头　3—触点弹簧　4—动触头支架

x_{SD}—塑性和弹性变形量　x_D—弹性变形量　x_m—最大振幅

由于触头第一次碰撞和反跳都要消耗掉一部分能量，同时，在碰撞和反跳的过程中，传动机构使触点弹簧进一步压缩，因而动触头的振动时间和振幅一次比一次要小，直至振动停止，触头完全闭合。另外，在触头带电接通时，由于实际接触的只有几个点，在接触点处便产生电流线的密集或弯曲。畸变的电流线和通过反向电流的平行导体一样，相互作用产生斥力，使触头趋于分离，该电动力称为收缩电动力。收缩电动力也能引起触头间的振动，特别是在闭合大的工作电流或短路电流时，电动斥力的作用更为显著。对于电磁传动的电器，在触头闭合过程中，衔铁以一定的速度向静铁心运动，当衔铁吸合时，同样会因碰撞而产生振动，以致触头又发生第二次振动。

在触头振动过程中，如果 $x_m \leqslant x_{SD}$，则碰撞后触头不会分离，这样的振动不会产生电弧，对触头无害，因而称为无害振动；反之，若 $x_m > x_{SD}$，则碰撞后动静触头分离，在触头间隙中会出现金属桥，造成触头磨损或熔焊，甚至产生电弧，严重影响触头的寿命。

为提高触头的使用寿命，必须减小触头的振动。减小触头振动主要有以下几种方法：

1）使触头具有一定的初压力。增大初压力可减小触头反跳时的振幅和振动时间。但初压力增大是有限的，如果初压力超过了传动机构的作用力（例如，电磁机构的吸力），则不仅触头反跳的距离增加，触头也不能可靠地闭合，反而造成触头磨损增加。

2）降低动触头的闭合速度，以减小碰撞动能 $\frac{1}{2}mv_1^2$。由实验可知，减小触头闭合瞬间的速度可减小触头振动的振幅。这要求吸力特性和反力特性配合良好。当触头回路电压高于300 V 时，若闭合速度过小，则在动、静触头靠近时，触头间隙会击穿形成电弧，反而会引起电磨损的增加。

3）减小动触头的质量，以减小碰撞动能，从而减小触头的振幅。在减小触头质量时，必须考虑触头的机械强度、散热面积等问题。

4）对于电磁式电器，减小衔铁和静铁心碰撞时的振动，以减小触头的二次振动。其方法是吸力特性与反力特性有良好的配合及铁心具有缓冲装置。

（2）触头的熔焊

触头的熔焊主要发生在触头闭合有载电路的过程中和触头处于闭合状态时。

在触头闭合过程中，触头的机械振动使触头间断续产生电弧，在电弧高温的作用下，使触头表面金属熔化。当触头最终闭合时，这些熔化金属可能凝结而引起熔接，使动、静触头熔焊在一起不能打开。

在触头处于闭合状态时，若通过过大的电流，会使触头接触处温度升高，如果达到了熔化温度，两触头接触处的材料便熔化并结合在一起，使接触电阻迅速下降，其损耗和温度都下降，熔化的金属可能凝结而引起熔接。这种由热效应而引起的触头熔接，称为触头的"熔焊"。

还有一种触头熔接现象，产生于常温状态，通常称为"冷焊"。"冷焊"常常发生在用贵金属材料（如金与金合金等）制成的小型继电器触点中。原因为贵金属表面不易形成氧化膜，纯净的金属接触面在触头压力作用下，由于金属原子间化学亲和力的作用，使两个触头表面结合在一起，产生"冷焊"现象。"冷焊"在触头间产生的黏结力很小，但是在小型高灵敏继电器中，由于使触头分开的力也很小（一般小于 9.8×10^{-2} N），不能把由于冷焊粘

14

接在一起的触头弹开，出现触头粘住不释放的现象。

（3）触头的磨损

触头在多次接通和断开有载电路后，它的接触表面将逐渐产生磨损，这种现象称为触头的磨损。触头磨损达到一定程度后，其工作性能便不能保证，此时，触头的寿命即告终结。继电器和接触器的电寿命主要取决于触头的寿命。

触头磨损包括机械磨损、化学磨损和电磨损。机械磨损是在触头闭合和打开时研磨和机械碰撞造成的，它使触头接触面产生压皱、裂痕或塑性变形和磨损。化学磨损是由于周围介质中的腐蚀性气体或蒸气对触头材料的侵蚀所造成，它使触头表面形成非导电性薄膜，致使接触电阻变大且不稳定，甚至完全破坏了触头的导电性能。这种非导电性薄膜在触头相互碰撞及触头压力作用下，逐渐剥落，形成金属材料的损耗。机械磨损和化学磨损一般很小，约占全部磨损的10%。

触头的磨损主要取决于电磨损。电磨损主要发生在触头闭合和开断过程中，尤其以触头开断过程中产生的电磨损为主。在触头闭合电流时产生的电磨损，主要是由于触头碰撞引起的振动所产生，在触头分断电流时所产生的电磨损，主要是由高温电弧造成的。

触头在分断与闭合电路过程中，在触头间隙中产生金属液桥、电弧和火花放电等各种现象，引起触头材料的金属转移、喷溅和汽化，使触头材料变形，这种现象称为触头的电磨损。触头的电磨损主要有两种：液桥的金属转移和电弧的烧损。

1）液桥的形成和金属转移。触头分断时，从触头完全闭合到触头刚开始分离的时间内，首先触头的接触压力和接触面积逐渐减小，接触电阻越来越大，电流密度剧增，产生的热量使接触处的金属熔化，形成金属液滴。触头继续断开时，将金属液滴拉长，形成液态金属桥。由于温度沿液桥的长度分布不对称，且其最大值发生在阳极附近，使金属熔液由阳极转移到阴极。由于液桥的金属转移作用，多次操作后，触头的阳极出现凹坑，阴极出现凸起，液桥对弱电流电器的触头电磨损影响很大。

2）电弧对触头的腐蚀。电弧磨损比液桥引起的金属转移高5~10倍。当负载电流很大时，电弧的温度极高，触头间一般有电动力吹弧，强烈的金属蒸气热浪冲击。往往把液态金属从触头表面吹出，向四周飞溅。这种磨损与小功率电弧的磨损不同，金属蒸气再次沉积于触头表面的概率很小，使触头阳极遭到严重磨损，且由于阳极温度高而磨损更为严重。

一般可以从以下两方面减小触头在通断过程中的磨损：

1）减小触头分断过程中的磨损。

① 合理选择灭弧系统的参数，例如，磁吹的磁感应强度 B。B 值过小，吹弧电动力小，电弧在触头上停留时间长，增加触头的电磨损；B 值过大，吹弧电动力过大，会把触头间熔化的金属液桥吹走，增加电弧的电磨损。

② 对于交流电器（如交流接触器），采用去离子栅灭弧系统，利用交流电流通过自然零点时不再重燃熄弧，减小触头的电磨损。

③ 在弱电流触头电路中，在触头上并联电阻、电容以灭弧。

④ 正确选用触头材料。例如，钨、钼的熔点和汽化点高，因此，钨、钼及其合金具有

良好的抗磨损特性；银、铜的熔点与汽化点低，其抗磨损性较差。

2）减小触头闭合时的磨损。触头闭合时的磨损主要由触头闭合过程中的振动引起，因此，为减小触头的电磨损，必须减小触头的机械振动。

4. 触头材料

触头材料关系到触头工作的可靠性，对触头磨损影响大。根据电器的用途和使用条件不同，对触头材料性能的要求也不同，一般要求如下：

1）电气性能：要求材料本身电阻系数小、接触电阻小、稳定性好。要求生弧的最小电流和最小电压大，电子逸出功及游离电位大。

2）热性能：熔点高，导热性好，热容量大。

3）机械性能：有适当的强度和硬度，耐磨性好。

4）化学性能：化学稳定性好，常温下不易氧化或氧化物的电阻小，耐腐蚀。

此外，还要考虑材料的可加工性能好，价格便宜，经济适用。但实际上不可能同时满足以上各项要求，只能根据触头的工作条件及负荷的大小，满足其主要的性能要求。

触头材料分为3大类，即纯金属、合金和金属陶冶材料。

（1）纯金属材料

1）银：银是高质量的触头材料，导电和导热性能良好。银在常温下不易氧化，其氧化膜能导电，在高温下易分解还原成金属银。银的硫化物电阻率很高，高温时也进行分解。因此，银触头能自动清除氧化物，接触电阻小且稳定，允许温度较高。银的缺点是熔点低，硬度小，不耐磨且价格高，一般用于继电器和小功率接触器的触头或用于接触零件的电镀覆盖层。

2）铜：铜是广泛使用的触头材料，导电和导热性能仅次于银。铜的硬度大，熔点高，易加工，价格较低。缺点是易氧化，氧化膜的导电性很差，长时间处于较高的环境温度下氧化膜不断加厚，使接触电阻成倍增长，甚至会中断电流通路。因此，铜不适用于作非频繁操作电器的触头材料。对于频繁操作的接触器，当电流大于150 A时，氧化膜在电弧高温作用下分解，可做成单断点指式触头，利用触头分合过程中的研磨清除氧化铜薄膜。

3）铂：铂化学性能稳定，不易生成氧化物和硫化物，接触电阻非常稳定，有很高的生弧极限，不易生弧，工艺性好。缺点是导电和导热性能差，硬度低，价格昂贵。因此，一般采用铂的合金作小功率继电器的触头。

4）钨：钨的熔点高，硬度大，耐电弧，钨触头在工作过程中不易产生熔焊。但钨的导电性能较差，接触电阻大，易氧化，特别是易与塑料等有机化合物产生蒸气作用（例如，封闭塑料外壳内的钨触头），生成透明的绝缘表面膜，且此膜不易清除，加工困难。因此，除少数特殊场合（如火花放电间隙的电极）外，一般不采用纯钨作触头材料，而与其他高导电材料制成陶冶材料。

根据纯金属本身性能的差异，将它们以不同的成分相配合，构成金属合金或金属陶冶材料，使触头的工作性能得以改进。

（2）合金材料

常用的合金材料有银铜、银钨、钯铜及钯铱等。

1）银铜合金：适当提高银铜合金的含铜量，可提高合金的硬度和耐磨性能。但含铜量不宜过高，否则容易氧化，接触电阻不稳定。银铜合金熔点低，一般不用作触头材料，主要用作焊接触头的银焊料。

2）银钨和钯铜：银钨和钯铜都有较高的硬度，比较耐磨，抗熔焊，可用于小功率电器及精密仪器仪表中。

3）钯铱合金：钯铱合金使用较广泛，铱有效地提高了合金的硬度、强度及抗腐蚀能力。

（3）金属陶冶材料

金属陶冶材料是由两种或两种以上彼此不相熔合的金属组成的机械混合物，其中一种金属有很高的导电性（如银、铜等），作为材料中的填料，称为导电相；另一种金属有很高的熔点和硬度（如钨、镍、钼、氧化镉等），在电弧的高温作用下不易变形和熔化，称为耐熔相，这类金属在触头材料中起着骨架的作用。陶瓷材料保持了两种材料的优点，克服了各自的缺点，是比较理想的触头材料。

常用的金属陶冶材料有银-氧化镉、银-氧化铜、银-钨及银-石墨等。

1）银-氧化镉：导电性能和导热性能好、抗熔焊、耐电磨损、接触电阻低且稳定，特别在高温电弧的作用下，氧化镉分解为氧气和镉蒸气，能驱使电弧支点迅速移动，有利于吹灭电弧，因此，银-氧化镉触头具有一定的自灭弧能力。银-氧化镉的可塑性好、易于加工。因此，银-氧化镉材料是一种较为理想的触头材料，广泛用于中、大容量的电器中。

2）银-氧化铜：与银-氧化镉相比，银-氧化铜耐磨损，抗熔焊性能好、无毒、在高温下触头硬度更大、使用寿命长、价格便宜。试验结果表明，银-氧化铜触头比银-氧化镉触头在接触处具有更低且稳定的接触电压降，导电性能更好、发热较少、温升较低。因此，近年来银-氧化钢材料得到了广泛的应用。

3）银-钨：银-钨具有银的良好导电性，同时又具有钨的高熔点、高硬度、耐电弧腐蚀、抗熔焊以及金属转移小等特性，常用作电器的弧触头材料。随着含钨量的增加，其耐电弧腐蚀性能和抗熔焊性能也逐渐提高，但其导电性能下降。银-钨的缺点是接触电阻不稳定，随着开闭次数的增加，接触电阻增大，其原因在于分断过程中，触头表面产生三氧化钨、钨酸银等电阻率高的薄膜。

4）银-石墨：其导电性好、接触电阻低、抗熔焊、耐弧能力强、在短路电流作用下也不会熔焊，缺点是电磨损大。

1.5 低压电器的基础知识

1.5.1 触头的接触电阻

作为电磁式低压电器的执行机构，触头的分合决定了被控电路的通断，触头闭合时动静触头完全接触，并有工作电流流过，称为电接触。电接触不可避免地存在接触电阻，触头的接触电阻包括"收缩电阻"和"膜电阻"。

连接器接触件的表面金属即使十分光滑，在显微镜下仍能观察到 $5 \sim 10 \, \mu m$ 的凸起部分。动静触头闭合时，并不是两个接触面的完全接触，而是接触面一些点上的接触。这些凸起部分的接触起着承载电流的作用，由于截面面积的突然变化，这些接触部位电流发生剧烈收缩现象，使有效导电面积变小，触头接触处的电阻变大。这种主要由于电流收缩而增加的电阻称为收缩电阻，符号为 R_s。

电接触的接触面上，由于氧化膜层和其他污染物而导致的电阻称为膜电阻，符号为 R_f。暴露在空气中的金属表面，即使很洁净，也会很快生成几微米的初期氧化膜层。例如，铜只要 $2\sim3\,min$，镍约 $30\,min$，铝仅需 $2\sim3\,s$，其表面便可形成厚度约 $2\,\mu m$ 的氧化膜层。即使特别稳定的贵金属金，其表面也会形成一层有机气体吸附膜。大气中的尘埃等也会在接触件表面形成沉积膜。微观上，任何接触面都是一个污染面。用铜、铝、镍等材料制成的触头，其表面在空气中很容易氧化。氧化后形成的氧化物薄膜电阻很大，增大了触头的接触电阻。

综上，接触面的总电阻 R 由导体电阻 R_p、收缩电阻 R_s 和膜电阻 R_f 组成，即

$$R = R_s + R_f + R_p$$

接触电阻的存在，不仅会造成一定的电压损失，还会使触头发热而温度升高，严重时可导致触头熔焊而不能正常工作。影响接触电阻的因素主要有如下几个：

（1）接触形式

接触形式对收缩电阻的影响主要表现在接触点的数目上。一般情况下，面接触的接触点数最多，收缩电阻最小；点接触的接触数最少，收缩电阻最大；线接触则介于两者之间。

接触形式对膜电阻的影响主要取决于每一个接触点所承受的压力。一般情况下，触头外加压力相同的情况下，点接触形式单位面积承受压力最大，容易破坏表面膜，所以有可能使膜电阻减到最小；面接触承受压力最小，对氧化膜的破坏力最小，膜电阻值有可能最大。

在实际情况中，需要综合以上两个因素，对接触电阻的大小进行具体的分析判断。

（2）接触压力

接触压力的增加使接触点的有效接触面积增大，即接触点数增加，减小收缩电阻。适当增加接触压力，当超过一定值时，可使触头表面的气体分子层吸附膜减少至 $2\sim3$ 个；超过材料的屈服强度时，产生塑性变形，表面膜被压碎出现裂缝，增加了接触面积，收缩电阻和膜电阻同时减小，从而使接触电阻大大下降。相反，若接触不到位、接触触头失去了弹性变形等原因使接触压力下降时，接触面积减小，收缩电阻增大，膜电阻也由于接触压力破坏作用的减弱或不受其影响，从而使膜电阻增大，两者的综合作用使接触电阻整体上升。可采用安装触点弹簧增加接触压力。

（3）接触表面的光洁度

接触表面的光洁度对接触电阻有一定的影响，这主要表现在接触点数的不同。接触表面可以是粗加工、精加工，甚至是采用机械或电化学抛光。不同的加工形式直接影响接触点数的多少，并最终影响接触电阻的大小。可采用指形触头自动清除氧化膜，及时清理触头表面尘垢的方法来提高接触表面的光洁度。

（4）接触电阻在长期工作中的稳定性

电阻接触在长期工作中要受到如下腐蚀作用：

1）化学腐蚀。电接触的长期允许温度一般都很低，即使接触面的金属不与周围介质接触，周围介质中的氧也会从接触点周围逐渐侵入，并与金属起化学作用，形成金属氧化物，

使实际接触面积减小，增大接触电阻，从而导致接触点温度上升。温度越高，氧分子的活动力越强，可以更深地侵入金属内部，进一步加重腐蚀作用。

2）电化学腐蚀。不同金属的电接触会产生电化学腐蚀。它使负极金属溶解到电解液中，造成负电极金属的腐蚀。

（5）温度

接触点温度升高会导致金属电阻率增大，但材料的硬度降低，从而使接触点的有效面积增大。电阻率增大使收缩电阻增大，有效面积的增加又使收缩电阻减小，两者对电阻的影响互相补偿，最终使接触电阻的变化甚微。但是，发热使接触面上生成氧化层薄膜，其氧化速度与触头表面温度有关，当发热温度超过某一临界温度时，这个过程会加速进行，限制了接触面的极限允许温度。否则将使接触电阻剧增，引起恶性循环。另外，当发热温度超过一定值时，弹簧接触部分的弹性元件会被退火，使压力降低，也会使接触电阻增加，恶性循环加剧，最后会导致连接状态遭到破坏。

（6）材料性质

电接触金属材料的性质直接影响接触电阻的大小，如电阻率、材料的布氏硬度、材料的化学性质以及材料的金属化合物的机械强度等。铜有良好的导电和导热性能，其强度和硬度都比较高，熔点也较高，易于加工。铜线接头在接触良好的情况下，温度低于无接头部位的温度；但高温时，也能氧化生成氧化亚铜，氧化亚铜的导电性很差，氧化膜厚度随时间和温度的增加而不断增加，接触电阻也成倍增加，甚至使闭合电路出现断路现象。因此铜不适合于非频繁操作电器的触头材料。对于频繁操作的接触器，电流大于 150 A 时，氧化膜在电弧的高温作用下分解，因此可采用铜触头。从整体减小接触电阻的角度看，可在铜基触头上镀银、镶银或锡，后两者的优点是电阻率及材料的布氏硬度值小，氧化膜机械强度很低，因此铜件上采取此措施可减小接触电阻。

（7）使用电压和电流

施加电压达到一定阈值，会使接触件膜层被击穿，而使接触电阻迅速下降。但由于热效应加速了膜层附近区域的化学反应，对膜层有一定的修复作用，于是阻值呈现非线性。在阈值电压附近，电压降的微小波动会引起电流可能二十倍甚至更多倍的变化，使接触电阻发生很大变化。当电流超过一定值时，接触件界面微小点处通电后产生的焦耳热作用使金属软化或熔化，对集中电阻产生影响，减小接触电阻。

1.5.2 电弧基本理论

1. 电弧现象及特点

电路电流大于 0.25～1 A，触头间电压超过 12～20 V，电器的触头接通或断开电路时，在触头间隙中便会产生一团温度极高、发出强光且能够导电的近似圆柱形的气体，这种现象称为电弧现象。电弧属于气体放电的一种形式。气体放电分为自持放电与非自持放电两类，电弧属于气体自持放电中的弧光放电。

由于电弧的高温及强光，它可以广泛应用于焊接、熔炼、化学合成、强光源及空间技术等方面。但对于有触点的电器而言，电弧主要产生于触头断开电路时，触头间只要有电弧的存在，电流就仍然存在，因此，电弧的存在延长了电路的切断时间。当电路发生短路时，电弧的存在延长了断路器的断开时间，加剧了电力系统短路故障的危害；电弧产生的高温，可能导致触头表面金属气化，加重触头磨损，甚至会使触头发生熔焊，破坏电器的正常工作，严重时电弧的高温会烧坏触头，电弧在电动力、热力的作用下能移动，容易造成飞弧短路，导致事故的扩大，甚至引起相间短路、电器爆炸，进而酿成火灾，危及人员及设备的安全。

从电器的角度研究电弧，目的在于了解它的基本规律，找出相应的办法，让电弧在电器中尽快熄灭。借助仪器观察电弧可以发现，除两个极（触头）外，可将电弧分为3个区域：近阴极区、近阳极区和弧柱区。

近阴极区的长度约等于电子的平均自由行程。在电场力的作用下正离子向阴极运动，造成此区域内聚集着大量的正离子而形成正的空间电荷层，使阴极附近形成高电场强度。正的空间电荷层形成阴极电压降，其数值随阴极材料和气体介质的不同而有所变化，在 $10 \sim 20 V$ 之间。

近阳极区的长度约为近阴极区的几倍。在电场力的作用下自由电子向阳极运动，它们聚集在阳极附近而且不断被阳极吸收而形成电流。在此区域内聚集着大量的电子形成负的空间电荷层，产生阳极电压降，其值也随阳极材料而异，但变化不大，稍小于阴极电压降。由于近阳极区的长度比近阴极区的长，故其电场强度较小。阴极电压降与阳极电压降的数值几乎与电流大小无关，在材料及介质确定后可以认为是常数。

弧柱区的长度几乎与电极间的距离相同，它是电弧中温度最高、亮度最强的区域。因在自由状态下近似圆柱形，故称为弧柱区。在此区域中正、负电粒子数相同，又称为等离子区。由于不存在空间电荷，整个弧区的特性类似于一金属导体，每单位弧柱长度电压降相等，其电位梯度 E 也为一常数。电位梯度与电极材料、电流大小、气体介质种类和气压等因素有关。

电弧按其外形分为长弧与短弧。弧长大大超过弧径的称为长弧。长弧的电压是近极电压降（阴极电压降与阳极电压降）与弧柱电压降之和；若弧长小于弧径，两极距离极短（如几毫米）的电弧称为短弧，短弧两极的热作用强烈，近极区的过程起主要作用。电弧的电压降以近极电压降为主，几乎不随电流变化。

电弧还可按其电流的性质分为直流电弧和交流电弧。

按产生电弧的电路电源类型通常分为直流电弧放电和交流电弧放电两种。交流电流在变化时有瞬时过零点的特性，拉开交流电弧时，当交流电流过零点时，弧隙电流为零，电弧瞬间熄灭。当交流电流过零点后，触头间拉开的距离已增大，使击穿弧隙的电压增高，电弧容易熄灭。直流电流没有过零特性，线路电感储存的磁场能量也在触头断开时造成触头上的过电压，因此交流电产生的电弧比直流电产生的电弧更加容易熄灭。

2. 电弧的形成原因

变压器及各种用电设备投入或者退出电网时，都由开关电器来完成。当其在空气中开断时，只要电源电压超过 $12 \sim 20 V$，被关断的电流超过 $0.25 \sim 1 A$，在触头间（简称弧隙）就会产生电弧。例如，铜触头间的最小生弧电压为 $13 V$，最小生弧电流为 $0.43 A$，开断 $220 V$ 交流电路时产生电弧的最小电流为 $0.5 A$。

开关类电器在工作时，电路的电压和电流大多高于生弧电压和生弧电流。即开断电路时触头间隙中必然产生电弧这一现象。电弧的产生，一方面使电路仍保持导通状态，延迟了电路的开断；另一方面电弧长久不熄还会烧损触头及附近的绝缘，严重时甚至引起电器发生爆炸，导致火灾。电弧是电气设备火灾事故的一个常见点火源。

触头开始分离时，接触位置的接触面积很小，电流密度很大，使触头金属材料强烈发热，它首先被熔化形成液态金属桥，然后有一部分被气化，变成金属蒸气进去弧隙。阴极表面在高温作用下，也产生热电发射，向弧隙发射电子；同时，触头间隙开始很小，电场强度极大，阴极表面内部的电子会在强电场作用下被拉出来，送向弧隙，这叫作场强发射。由于场强发射和热电发射在弧隙中形成的自由电子，又被强电场加速，向阳极运动，具有足够动能的电子与弧隙介质中性点产生碰撞游离，这种现象不断发生的结果，是触头间隙中的介质点大量游离，变成大量正、负带电质点，使弧隙击穿发弧，形成导电通道。

电子动能大于介质的游离能（游离电位）时，碰撞游离才能发生，当电子动能小于介质游离能时，中性质点只能被激励。电子在弧隙电场中动能的大小，由电子速度决定，而电子平均速度与介质密度和电场强度有关，因此，可在开关电器触头间充以游离电位高的氢、六氟化硫等物质，实现使电弧易于熄灭且不易重燃的目的。

碰撞游离是电弧发生的主要原因，触头间的强电场是电弧发生的必要条件，弧隙介质的热游离是维持电弧燃烧的主要因素。发生电弧时，弧隙中电子、原子及分子互相碰撞，并不断交换能量，使弧隙中介质温度急剧增加，弧柱温度高达 6000~7000℃，甚至 10000℃以上。一般气体当温度大于 7000~8000℃时，金属蒸气温度大于 3000~4000℃，热游离产生的电子，就足够形成导电通路，使电弧得以维持。

详细的灭弧原理与灭弧方法介绍见第 3 章。

1.6 低压电器的常用术语与基本概念

1）额定值：一个元件、电器、设备或系统在规定的工作条件下所规定的一个量值。

2）定额：一组额定值和工作条件。

3）温升：开关电器一旦闭合后，就会有电流流过，而电流在开关电器的导体电阻上会产生发热。开关电器的运行温度减去环境温度后的差值叫作温升。环境温度的标准值，在 GB/T 14048.1—2012《低压开关设备和控制设备　第 1 部分：总则》中定义为 35℃。

4）额定电流：在允许的最大温升下流过的最大电流。

5）过电流：超过额定电流的任何电流。

6）开距：当触头打开时，触头之间的距离被称为开距。开距决定了触头在打开状态下能够隔离的电压等级。

7）额定电压：在规定的条件下，保证电器正常工作的工作电压值，即电器正常工作时两端的电压值。它决定了开关电器主触点的介电能力。

8）短路电流：由于电路中的故障或错误连接造成的短路所产生的过电流。

9）过载：正常电路中产生过电流的运行条件。

10）过载电流：在电气上尚未受到损伤的电路中的过电流。

11）短路：在两个或多个导电部件之间形成偶然或人为的导电路径，使导电路径之间的电位差等于或接近零。

12）隔离（隔离功能）：出于安全原因，通过把电器或其中一部分与电源分开的办法，以达到切断电器一部分或整个电器电源的功能。

13）熔断器组合电器：将一个机械开关电器与一个或多个熔断器组装在同一单元内的

一种电器组合。

14）标称值：用于表示或说明一个元件、电器、设备或系统的量值。

15）极限值：在一个元件、电器、设备或系统规范中，一个量值的最大或最小允许值。

16）预期峰值电流：在电路接通后瞬态期间的预期电流峰值（假设电流是由一个理想的开关电器接通，即阻抗瞬时由无穷大变至零；对于有几条电流路径的电路，假设各极同时接通电流）。

17）交流电路的预期对称电流：交流电路接通后，瞬态现象消失瞬间的预期电流（对于多相电路，预期对称电流只有一次在一个极上符合无瞬态周期状态，预期对称电流用有效值表示）。

18）交流电路的最大预期峰值电流：当电流开始发生在导致最大可能值的瞬间的预期电流峰值（对于多相电路中的多极电器，最大预期峰值电流只考虑一极）。

19）预期接通电流：在规定的条件下接通时所产生的预期电流。

20）预期分断电流：分断过程开始瞬间所确定的预期电流。

21）开关电器或熔断器的分断电流：在分断过程中，产生电弧的瞬间流过开关电器一个极或熔断器的电流。

22）开关电器或熔断器的分断能力：在规定的使用和性能条件下，开关电器或熔断器在规定的电压下能分断的预期分断电流值。

23）开关电器的接通能力：在规定的使用和性能条件下，开关电器在规定的电压下能接通的预期接通电流值。

24）短路分断能力：在规定的条件下，包括开关电器接线端短路在内的分断能力。

25）短路接通能力：在规定的条件下，包括开关电器接线端短路在内的接通能力。

26）临界负载电流：在使用条件范围内，燃弧时间明显延长的分断电流。

27）临界短路电流：小于额定短路分断能力，但其电弧能量明显高于额定短路分断能力时电弧能量的分断电流值。

28）防护等级：按标准规定的检验方法，外壳对接近危险部件、防止固体异物或水进入所提供的保护程度。

29）IP代码：表明外壳对人接近危险部件、防止固体异物或水进入的防护等级以及与这些防护有关的附加信息的代码系统，如图1-14所示。不同防尘等级系数和防水等级系数对应的防护范围见表1-4和表1-5。

图1-14　防护等级代码

表1-4　防尘等级系数

防尘等级系数	防护范围	说明
0	无防护	对外界的人或物无特殊的防护
1	防止直径大于50mm的固体外物侵入	防止人体（如手掌）因意外而接触到电器内部的零件，防止较大尺寸（直径大于50mm）的外物侵入

防尘等级系数	防护范围	说　明
2	防止直径大于 12.5 mm 的固体外物侵入	防止人的手指接触到电器内部的零件，防止中等尺寸（直径大于 12.5 mm）的外物侵入
3	防止直径大于 2.5 mm 的固体外物侵入	防止直径或厚度大于 2.5 mm 的工具、电线及类似的小型外物侵入而接触到电器内部的零件
4	防止直径大于 1.0 mm 的固体外物侵入	防止直径或厚度大于 1.0 mm 的工具、电线及类似的小型外物侵入而接触到电器内部的零件
5	防止外物及灰尘	完全防止外物侵入，虽不能完全防止灰尘侵入，但灰尘的侵入量不会影响电器的正常运作
6	防止外物及灰尘	完全防止外物及灰尘侵入

表 1-5　防水等级系数

防尘等级系数	防护范围	说　明
0	无防护	对水或湿气无特殊的防护
1	防止水滴浸入	垂直落下的水滴（如凝结水）不会对电器造成损坏
2	倾斜 15° 时，仍可防止水滴浸入	当电器由垂直倾斜至 15° 时，滴水不会对电器造成损坏
3	防止喷洒的水浸入	防雨或防止与垂直的夹角小于 60° 的方向所喷洒的水浸入电器而造成损坏
4	防止飞溅的水浸入	防止各个方向飞溅而来的水浸入电器而造成损坏
5	防止喷射的水浸入	防止来自各个方向由喷嘴射出的水浸入电器而造成损坏
6	防止大浪浸入	装设于甲板上的电器，可防止因大浪的侵袭而造成的损坏
7	防止浸水时水的浸入	电器浸在水中一定时间或水压在一定的标准以下，可确保不因浸水而造成损坏
8	防止沉没时水的浸入	可完全浸于水中的结构，实验条件由生产者及使用者决定

30）防爆式：有外壳，能在有爆炸危险的介质中正常工作的电器，根据不同介质的条件可以分为不同防爆等级和型式。

31）防腐蚀式：有外壳，电器在一定量的腐蚀性气体、蒸气及烟雾等作用下仍能继续正常的工作。

32）气密式：有外壳，当电器壳内外气体压力不同时，其壳内外气体应不能互相渗透。

33）闭合：使电器的动、静触头在规定位置上建立电接触的操作过程。

34）断开：使电器的动、静触头在规定位置上解除电接触的操作过程。

35）接通：由于电器的闭合，而使电路内电流导通的操作过程。

36）分断：由于电器的断开，而使电路内电流被截止的操作过程。

37）脱扣：由继电器或脱扣器（脱扣装置）引起的机械开关电器的断开动作。使保持电器闭合的锁扣机构解脱，而造成电器触头断开或闭合的动作过程。

38）自由脱扣：在闭合操作后，发生脱扣动作时，即使保持闭合指令，其动触头仍能返回并停留在断开位置。

39）再扣：电器脱扣后的锁扣回复到锁住位置的动作。

40）复位：动作了的电器的所有可动部分回复到起始位置。

41）自动复位：导致电器动作的能源消失后，动作了的电器的所有可动部分，自动回复到起始位置。

42）自锁：电器动作后能自行锁住防止误动作。

43）联锁：在几个电器或部件之间，为保证电器或其部件按规定的次序动作或防止误动作而设的连接。

44）电气联锁：通过电的方法来实现的联锁。

45）机械联锁：通过机械的方法来实现的联锁。

46）整定：调整和确定电器动作值的工作。

47）八小时工作制：电器的主触点保持闭合且承载稳定电流足够长时间使电器达到热平衡，但达到八小时必须分断的工作制。

48）不间断工作制：没有空载期的工作制，电器的主触点保持闭合且承载稳定电流超过八小时（数周、数月甚至数年）而不分断。

49）短时工作制：有载时间和空载时间相交替，且前者比后者短的工作制。电器的导电电路通以一稳定电流（对有触点的电器，其触点保持闭合；具有操作线圈的电器，其操作线圈应通电），通电时间不足以使电器达到热平衡，而在两次通电时间间隔内足以使电器的温度恢复到等于周围空气温度。

50）反复短时工作制：一种短时工作制，电器的主触点保持闭合的有载时间与无载时间有一确定的比例值，两个时间都很短，不足以使电器达到热平衡。

51）额定工作制：符合于一定电器设计意图的工作制。

52）周期工作制：无论稳定负载或可变负载，电器总是有规律地反复运行的一种工作制。

53）操作频率：开关电器在每小时内可能实现的操作循环次数。

54）负载因数：通电时间与整个通断操作周期之比，通常用百分数表示。

55）电动力：当导体流过电流时，电流产生磁场，载流导体间就会产生电动力，导体在磁场中受到磁场的作用力称为电动力。如果设计不合理，电器导电回路绝缘支持部件的机械强度不够，会产生机械变形、破坏绝缘、连接部位松脱及支撑固定件的损坏等。电动力与电流瞬时值的二次方成正比，当发生短路时，电器产生的电动力很大，破坏性严重，作用在单位长度导体或触头上的电动力可能超过几千牛，可能会使隔离开关类的低压电器自动断开，产生误动作，严重时可造成整个电器的损坏。

56）电动稳定性：用于衡量低压电器在电动力作用下的稳定性。电器的电动稳定性是指电器承受短路电流的电动力作用而不致破坏或产生永久变形的能力，电器在大电流产生的电动力作用下，不发生损坏或永久变形，触头不应被电动力斥开。电动稳定性一般通过静态条件下的最大电动力来校核，电器的电动稳定性常用电器能够承受的最大冲击电流峰值表示，国家标准对各类电器的电动稳定性指标有具体规定。电动力也有有利的一面，例如，可利用电动力熄灭电弧，利用电流在弧区产生磁场，使电弧受电动力迅速移动、拉长，加快电弧的熄灭；也可利用电动力产生的斥力使短路时电器的动静触头在电流还未达到最大值时快速分开，实现电器的限流目的，提高断路器分断短路电流的能力；利用回路电动力可将隔离开关触头夹紧；结合电动力矩、合成力、等效力臂等，可校核电器的机械强度。

57）热效应：导体中有电流通过的时候，导体要发热，这种现象叫作电流的热效应。短路电流产生的热效应较大，可在短时间内使电器迅速升温，导致电器的触点系统和绝缘的损坏。

58）热稳定性：在一定时间内承受短路电流引起的热效应而不致损坏的能力称为电器的热稳定性。短路电流包含周期分量和非周期分量两部分，非周期分量衰减很快，对于低压电气线路来说一般不到 0.03 s，一般忽略其影响。

59）短时耐受电流：短时耐受电流是衡量开关电器抵御短路电流热冲击能力的技术指标。

60）短路接通能力：开关电器能够接通的最大电流值并且不会出现结构性破坏。

61）爬电距离：沿绝缘表面测得的两个导电零部件之间或导电零部件与设备防护界面之间的最短路径，即在不同的使用情况下，由于导体周围的绝缘材料被电极化，绝缘材料呈现带电现象。此带电区（导体为圆形时，带电区为环形）的半径，即为爬电距离。

62）电气间隙：在两个导电零部件之间或导电零部件与设备防护界面之间测得的最短空间距离，即在保证电气性能稳定和安全的情况下，通过空气能实现绝缘的最短距离。

1.7 低压电器的负载使用类别

选择低压电器额定工作电流时，除了需要考虑额定电压、额定频率、额定工作制等技术参数外，还必须考虑负载的使用类别，不同的负载类别下低压电器的额定工作电流是不同的。低压电器的负载使用类别见表 1-6。

表 1-6　低压电器的负载使用类别

电流种类	类别	典 型 用 途
交流	AC-1	无感或微感负载、电阻炉
	AC-2	绕线转子异步电动机的起动、分断
	AC-3	笼型电动机的起动、运转中分断
	AC-4	笼型异步电动机的起动、点动、反接制动与反向
	AC-5a	放电灯的通断
	AC-5b	白炽灯的通断
	AC-6a	变压器的通断
	AC-6b	电容器组的通断
	AC-7a	家用电器和类似用途的低感负载
	AC-7b	家用的电动机负载
	AC-8a	具有手动复位过载脱扣器的密封制冷压缩机中的电动机控制
	AC-8b	具有自动复位过载脱扣器的密封制冷压缩机中的电动机控制
	AC-11	控制交流电磁铁负载
	AC-12	控制电阻性负载和光耦合器隔离的固态负载

电流种类	类别	典 型 用 途
交流	AC-13	控制变压器隔离的固态负载
	AC-14	控制小容量电磁铁负载
	AC-15	控制 72 V·A 以上交流电磁铁负载
	AC-20	在空载条件下闭合和断开电路
	AC-21	通断电阻负载，包括适当的过载
	AC-22	通断电阻电感混合负载，包括通断适当的过载
	AC-23	通断电动机负载或其他高电感负载
交流和直流	A	无额定短时耐受电流要求的电路保护
	B	具有额定短时耐受电流要求的电路保护
直流	DC-1	无感或微感负载、电阻炉
	DC-3	并激电动机的起动、反接制动或反向运转、点动、电动机的动态分断
	DC-5	串激电动机的起动、反接制动或反向运转、点动、电动机的动态分断
	DC-6	白炽灯的通断
	DC-12	控制电阻性负载和光耦合器隔离的固态负载
	DC-13	控制电磁铁负载
	DC-14	控制电路中有经济电阻的电磁铁负载
	DC-20	在空载条件下闭合和断开
	DC-21	通断电阻性负载，包括适当的过载
	DC-22	通断电阻电感混合负载，包括适当的过载
	DC-23	通断高电感负载

1.8 低压电器标准化技术委员会与标准体系

低压电器领域涉及的标准化技术委员会共有 7 个，其中 3 个为标准化技术委员会，4 个为分标准化技术委员会。国家标准化管理委员会（SAC）下辖的低压电器标准化技术委员会与国际电工委员会（IEC）相对应的委员会协调工作。国家标准化管理委员会（SAC）与国际电工委员会（IEC）有关低压电器领域技术委员会的对应关系见表 1-7。

表 1-7　低压电器领域的标准化组织及其对应关系

序号	标准化技术委员会名称	秘书处所在单位	SAC/TC 号	IEC 号
1	全国低压电器标准化技术委员会	上海电器科学研究院	SAC/TC189	IEC/SC17B
2	全国低压电器标准化技术委员会家用断路器及类似设备分会	上海电器科学研究院	SAC/TC189/SC1	IEC/SC23E
3	全国熔断器标准化技术委员会	上海电器科学研究院	SAC/TC340	IEC/SC32
4	全国熔断器标准化技术委员会高压熔断器分技术委员会	西安高压电器研究院有限责任公司	SAC/TC340/SC1	IEC/SC32A

序号	标准化技术委员会名称	秘书处所在单位	SAC/TC 号	IEC 号
5	全国熔断器标准化技术委员会低压熔断器分委会	上海电器科学研究所	SAC/TC340/SC2	IEC/SC32B
6	全国熔断器标准化技术委员会小型熔断器分技术委员会	中国电器科学研究院有限公司	SAC/TC340/SC3	IEC/SC32C
7	全国低压设备绝缘配合标准化技术委员会	上海电器科学研究所	SAC/TC417	IEC/SC109

从标准化的分工和负责专业范围的领域来看，全国低压电器标准化技术委员会面对的产品对象为低压开关设备和控制设备，如低压断路器、开关、隔离器、隔离开关与熔断器组合电器、接触器、起动器、继电器、控制电路电器、多功能电器、自动转换开关电器、控制和保护电器等；全国熔断器标准化技术委员会面对的对象为熔断器的安装和操作特性、试验方法和试验过程要求，熔断器的额定电压、电流和阻容特性，高压熔断器和低压熔断器配合交互的尺寸规格；全国低压设备绝缘配合标准化技术委员会面对的对象为低压设备绝缘配合。

低压电器标准化的逻辑关系如图 1-15 所示。从低压电器标准化的逻辑关系中可以看到，低压电器标准化领域划分为低压开关和控制设备、熔断器及低压电器绝缘配合 3 个分支领域，其中前两个领域针对的是具体产品类别，后一个领域针对的是这些产品类别本身的绝缘配合问题。

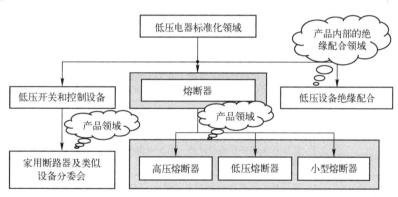

图 1-15　低压电器标准化逻辑关系

我国低压电器的现行标准约 100 余项，其中国家标准约 70 余份，行业标准约 30 余份。

依据图 1-15 所示的低压电器标准化逻辑关系图，整理汇总得到表 1-8~表 1-11 所示的各专业标准化技术委员会所制订的核心标准目录。

低压开关和控制设备依据的国家标准为 GB/T 14048 系列标准和 GB/T 17701 标准。GB/T 14048 系列标准规定了低压开关设备和控制设备的总体要求，包括定义、特性、电器的有关资料，正常使用、安装和运输条件，结构和性能要求，特性和性能验证等要求。GB/T 14048 系列标准包括 22 个分项标准，其中第一项标准是低压开关设备和控制设备的应用总则，其余分项标准是具体开关设备和控制设备及其关键零部件的产品应用型标准。GB/T 17701 标准适用于额定电压不超过交流 440 V 或直流 250 V、额定电流不超过 125 A 及额定短路能力不超过 3000 A 的设备用断路器，GB/T 17701 标准规定了标准的适用范围、产品分类、产品特性、标志和其他产品信息、使用的标准工作条件、结构和操作要求、试验等。

表 1-8　低压开关和控制设备涉及的标准（SAC/TC189）

序号	国家标准代号	标准名称
1	GB/T 14048.1—2012	低压开关设备和控制设备　第1部分：总则
2	GB/T 14048.2—2008	低压开关设备和控制设备　第2部分：断路器
3	GB/T 14048.3—2017	低压开关设备和控制设备　第3部分：开关、隔离器、隔离开关以及熔断器组合电器
4	GB/T 14048.4—2010	低压开关设备和控制设备　第4-1部分：接触器和电动机起动器　机电式接触器和电动机起动器（含电动机保护器）
5	GB/T 14048.5—2017	低压开关设备和控制设备　第5-1部分 控制电路电器和开关元件　机电式控制电路电器
6	GB/T 14048.6—2016	低压开关设备和控制设备　第4-2部分：接触器和电动机起动器　交流电动机用半导体控制器和起动器（含软起动器）
7	GB/T 14048.7—2016	低压开关设备和控制设备　第7-1部分：辅助器件　铜导体的接线端子排
8	GB/T 14048.8—2016	低压开关设备和控制设备　第7-2部分：辅助器件　铜导体的保护导体接线端子排
9	GB/T 14048.9—2008	低压开关设备和控制设备　第6-2部分：多功能电器（设备）控制与保护开关电器（设备）（CPS）
10	GB/T 14048.10—2016	低压开关设备和控制设备　第5-2部分：控制电路电器和开关元件　接近开关
11	GB/T 14048.11—2016	低压开关设备和控制设备　第6-1部分：多功能电器　转换开关电器
12	GB/T 14048.12—2016	低压开关设备和控制设备　第4-3部分：接触器和电动机起动器　非电动机负载用交流半导体控制器和接触器
13	GB/T 14048.13—2017	低压开关设备和控制设备　第5-3部分：控制电路电器和开关元件　在故障条件下具有确定功能的接近开关（PDDB）的要求
14	GB/T 14048.14—2006	低压开关设备和控制设备　第5-5部分：控制电路电器和开关元件　具有机械锁闩功能的电气紧急制动装置
15	GB/T 14048.15—2006	低压开关设备和控制设备　第5-6部分：控制电路电器和开关元件　接近传感器和开关放大器的DC接口（NAMUR）
16	GB/T 14048.16—2016	低压开关设备和控制设备　第8部分：旋转电机用装入式热保护（PTC）控制单元
17	GB/T 14048.17—2008	低压开关设备和控制设备　第5-4部分：控制电路电器和开关元件　小容量触头的性能评定方法　特殊试验
18	GB/T14048.18—2016	低压开关设备和控制设备　第7-3部分：辅助器件　熔断器接线端子排的安全要求
19	GB/T 14048.19—2013	低压开关设备和控制设备　第5-7部分：控制电路电器和开关元件　用于带模拟输出的接近设备的要求
20	GB/T 14048.20—2013	低压开关设备和控制设备　第5-8部分：控制电路电器和开关元件　三位使能开关
21	GB/T 14048.21—2013	低压开关设备和控制设备　第5-9部分：控制电路电器和开关元件　流量开关
22	GB/T 14048.22—2017	低压开关设备和控制设备　第7-4部分：辅助器件　铜导体的PCB接线端子排
23	GB/T 17701—2008	设备用断路器

家用断路器及类似设备分为过电流保护断路器、不带过电流功能的剩余电流动作断路器和带过电流功能的剩余电流动作断路器，依据的国家标准分别为 GB/T 10963、GB/T 16916 和 GB/T 16917 系列标准。GB/T 10963 系列标准针对三种细分产品，对应的产品类别分别为用于交流的断路器、用于交流和直流的断路器和用于直流的断路器。GB/T 16916 系列标准分为三个标准，其中一个为总则，另外两个标准分别是对动作功能与线路电压无关的 RCCB 的适用性和对动作功能与线路电压有关的 RCCB 的适用性。

表 1-9　家用断路器及类似设备涉及的标准（SAC/TC189/SC1）

序号	国家标准代号	标准名称
1	GB/T 10963.1—2005	家用及类似场所用过电流保护断路器　第 1 部分：用于交流的断路器
2	GB/T 10963.2—2008	家用及类似场所用过电流保护断路器　第 2 部分：用于交流和直流的断路器
	GB/T 10963.3—2016	家用及类似场所用过电流保护断路器　第 3 部分：用于直流的断路器
3	GB/T 16916.1—2014	家用和类似用途的不带过电流保护的剩余电流动作断路器（RCCB）　第 1 部分：一般规则
4	GB/T 16916.21—2008	家用和类似用途的不带过电流保护的剩余电流动作断路器（RCCB）　第 21 部分：一般规则　对动作功能与线路电压无关的 RCCB 的适用性
5	GB/T 16916.22—2008	家用和类似用途的不带过电流保护的剩余电流动作断路器（RCCB）　第 22 部分：一般规则　对动作功能与电源电压有关的 RCCB 的适用性
6	GB/T 16917.1—2014	家用和类似用途的带过电流保护的剩余电流动作断路器（RCBO）　第 1 部分：一般规则
7	GB/T 16917.21—2008	家用和类似用途的带过电流保护的剩余电流动作断路器（RCBO）　第 21 部分：一般规则　对动作功能与电源电压无关的 RCBO 的适用性
8	GB/T 16917.22—2008	家用和类似用途的带过电流保护的剩余电流动作断路器（RCBO）　第 22 部分：一般规则　对动作功能与电源电压有关的 RCBO 的适用性

低压熔断器依据的国家标准为 GB/T 13539 系列标准。该标准分为 6 个分项标准，其中 GB/T 13539.1 规定了熔断器的基本要求及应用总则，其余 5 个标准规定了不同技术背景的人员使用和应用熔断器的补充要求。

表 1-10　低压熔断器涉及的标准（SAC/TC340）

序号	国家标准代号	标准名称
1	GB/T 13539.1—2015	低压熔断器　第 1 部分：基本要求
2	GB/T 13539.2—2015	低压熔断器　第 2 部分：专职人员使用的熔断器的补充要求
3	GB/T 13539.3—2017	低压熔断器　第 3 部分：非熟练人员使用的熔断器的补充要求
4	GB/T 13539.4—2016	低压熔断器　第 4 部分：半导体设备保护用熔断体的补充要求
5	GB/T 13539.5—2013	低压熔断器　第 5 部分：低压熔断器应用指南
6	GB/T 13539.6—2013	低压熔断器　第 6 部分：太阳能光伏系统保护用熔断体的补充要求

低压系统内设备的绝缘配合依据的国家标准为 GB/T 16935 系列标准，该标准包括 5 个分项标准，其中 GB/T 16935.1 规定了低压系统内设备的绝缘配合的原理、要求和试验，其余 4 项分项标准规定了低压系统内设备的绝缘配合的测试方法等内容。

表 1-11　低压系统内设备的绝缘配合涉及的标准（SAC/TC417）

序号	国家标准代号	标准名称
1	GB/T 16935.1—2008	低压系统内设备的绝缘配合　第 1 部分：原理、要求和试验
2	GB/Z 16935.2—2013	低压系统内设备的绝缘配合　第 2-1 部分：应用指南 GB/T 16935 系列应用解释，定尺寸示例及介电试验
3	GB/T 16935.3—2016	低压系统内设备的绝缘配合　第 3 部分：利用涂层、罐封和模压进行防污保护
4	GB/T 16935.4—2011	低压系统内设备的绝缘配合　第 4 部分：高频电压应力考虑事项
5	GB/T 16935.5—2008	低压系统内设备的绝缘配合　第 5 部分：不超过 2 mm 的电气间隙和爬电距离的确定方法

为了促进贸易的需要，低压电器国家标准会采取"等效采用"或"部分采用"的方式对 IEC 标准进行转化，因此低压电器国家标准（GB）和国家电工标准（IEC）存在一定程度的关联性，其对应关系见表 1-12。

表 1-12　低压电器 GB 与 IEC 的对应关系

国标标准号	IEC 标准号	国标标准号	IEC 标准号
低压开关和控制设备		家用断路器及类似设备	
GB/T 14048.1	IEC 60947-1	GB/T 10963.1	IEC 60898-1
GB/T 14048.2	IEC 60947-2	GB/T 10963.2	IEC 60898-2
GB/T 14048.3	IEC 60947-3	GB/T 10963.3	IEC 60898-3
GB/T 14048.4	IEC 60947-4-1	GB/T 16916.1	IEC 61008-1
GB/T 14048.5	IEC 60947-5-1	GB/T 16916.21	IEC 61008-2-1
GB/T 14048.6	IEC 60947-4-2	GB/T 16916.22	IEC 61008-2-2
GB/T 14048.7	IEC 60947-7-1	GB/T 16917.1	IEC 61009-1
GB/T 14048.8	IEC 60947-7-2	GB/T 16917.21	IEC 61009-2-1
GB/T 14048.9	IEC 60947-6-2	GB/T 16917.22	IEC 61009-2-2
GB/T 14048.10	IEC 60947-5-2	低压熔断器	
GB/T 14048.11	IEC 60947-6-1	GB/T 13539.1	IEC 60269-1
GB/T 14048.12	IEC 60947-4-3	GB/T 13539.2	IEC 60269-2
GB/T 14048.13	IEC 60947-5-3	GB/T 13539.3	IEC 60269-3
GB/T 14048.14	IEC 60947-5-5	GB/T 13539.4	IEC 60269-4
GB/T 14048.15	IEC 60947-5-6	GB/T 13539.5	IEC 60269-5
GB/T 14048.16	IEC 60947-8	GB/T 13539.6	IEC 60269-6
GB/T 14048.17	IEC 60947-5-4	低压系统内设备的绝缘配合	
GB/T 14048.18	IEC 60947-7-3	GB/T 16935.1	IEC 60664-1
GB/T 14048.19	IEC 60947-5-7	GB/T 16935.2	IEC 60664-2-1
GB/T 14048.20	IEC 60947-5-8	GB/T 16935.3	IEC 60664-3
GB/T 14048.21	IEC 60947-5-9	GB/T 16935.4	IEC 60664-4
GB/T 14048.22	IEC 60947-7-4	GB/T 16935.5	IEC 60664-5
GB/T 17701	IEC 60934		

低压电器产品标准在国际上主要分为四大标准体系，分别为 IEC 标准体系、EN 标准体系、北美标准体系和中国、日本标准，前者为国际标准体系，后三者为区域性标准体系。以区域性为主的标准体系形成主要是发达国家和地区，其余发展中国家和地区还未形成系统的标准体系，如东盟地区、中东地区及非洲地区等。我国低压电器涉及的出口国家与地区众多，主要包括欧盟、北美、中南美洲和亚洲。

国际电工委员会（IEC）是世界上成立最早的一个电工标准化国际机构，其目的是为了促进世界电工电子领域的标准化。欧洲的标准制定机构中最主要的是欧洲电工标准化委员会（CENELEC）和欧洲标准化委员会（CEN）以及它们的联合机构 CEN/CENELEC。在业务范围上，CENELEC 主管电工技术的全部领域，而 CEN 则管理其他领域。

大多数 EN 标准与 IEC 标准采取平行投票的方式，并且欧洲电工标准化委员会 CENELEC 和国际电工委员会 IEC 签署了德瑞斯顿合作协议，IEC 标准自动被采纳为 CENELEC 标准（EN 标准），因此大多数 EN 标准与 IEC 标准差异不大，且 EN 标准与 IEC 标准都存在相同的对应关系。

低压电器产品北美标准体系以美国保险商实验室（Underwriter Laboratories Inc.，UL）标准、加拿大国家标准（CSA）为主，美国保险商实验室（UL）是美国最具权威的保险机构，UL 主要制定安全标准，实际上操纵了美国产品安全认证的标准。UL 标准通常与 IEC 标准没有一一对应的关系，并且在标准结构及内容上也与 IEC 标准存在较大差异。IEC 将有关低压电器产品的共同规定集中在 IEC 60947-1 中。而 UL 标准则独立执行，但也参照适用于被测产品零件或部件的其他 UL 标准，如 UL487、UL1066 适用于断路器；UL98、UL977 适用于开关、隔离器及熔断式开关；UL508 适用于电磁起动器；UL1008 适用于自动转换开关；UL248、UL512 适用于熔断器等。

低压电器产品日本标准以日本工业标准（JIS）为主。日本的供电系统是工业电压为 200 V，家用电器用电压单相为 100 V，三相为 200 V，电源频率关东地区为 50 Hz，关西地区为 60 Hz。近年来为了与国际市场融合接轨，日本电器产品的安全标准和测试方法基本上都向 IEC 和 ISO 国际标准靠拢，基本上都是等效或等同采用了 IEC/ISO 标准。日本工业标准中有关低压电器的主要标准有 23 个，覆盖了低压电器的主要产品，如断路器、熔断器、电动机起动器及剩余电流动作断路器等。常见低压电器类标准《低压开关设备和控制设备》JISC 8201 系列标准修改采用 IEC 60947 系列标准；《低压熔断器》JISC 8269 系列标准等同采用 IEC 60269 系列标准；《家用和类似用途不带过电流保护的剩余电流动作断路器（RCCB）》JISC 8221 与《家用和类似用途带过电流保护的剩余电流动作断路器（RCBO）》JISC 8222 则分别修改采用 IEC 61008、IEC 61009 标准。

表 1-13 罗列了低压开关设备和控制设备常见国际标准汇总信息，供读者参考。

表 1-13　低压开关设备和控制设备常见国际标准汇总

中国 GB	国际电工委员会 IEC	欧盟 EN	美国	日本
GB/T 14048-1	IEC 60947-1	EN 60947-1	UL 487、UL 1066 等	JISC 8201-1

1.9 低压电器的认证

低压电器常见的认证包括中国强制性产品（CCC）认证、中国船级社（CCS）认证、美国 UL 标志认证、欧盟 CE 标志认证以及国际 CB 标志认证等。

强制性产品认证制度，是各国政府为保护广大消费者人身和动植物生命安全，保护环境、保护国家安全，依照法律法规实施的一种产品合格评定制度，强制性产品认证制度要求产品必须符合国家标准和技术法规。强制性产品认证制度在推动国家各种技术法规和标准的贯彻、规范市场经济秩序、打击假冒伪劣行为、促进产品的质量管理水平和保护消费者权益等方面，具有其他工作不可替代的作用和优势。

强制性产品认证，是通过制定强制性产品认证的产品目录和实施强制性产品认证程序，对列入目录中的产品实施强制性的检测和审核。凡列入强制性产品认证目录内的产品，没有获得指定认证机构的认证证书，没有按规定加施认证标志，一律不得进口、不得出厂销售和在经营服务场所使用。

中国政府为兑现入世承诺，授权中国国家监督检验检疫总局和国家认证认可监督管理委员会于 2001 年 12 月 3 日对外发布了《强制性产品认证管理规定》，以强制性产品认证制度替代原来的进口商品安全质量许可制度和电工产品安全认证制度。对列入强制性产品目录的19 类 132 种产品实行"统一目录、统一标准与评定程序、统一标志和统一收费"的强制性认证管理。将原来的 CCIB 认证和长城 CCEE 认证统一为中国强制认证（China Compulsory Certification），其英文缩写为 CCC，故又简称为"3C"认证。

中国强制认证从 2002 年 8 月 1 日起全面实施。第一批列入强制性认证目录的产品包括电线电缆、开关、低压电器、小功率电动机、电动工具、家用电器、农业轮胎、农业载重轮胎、音视频设备、信息设备、电信终端、机动车辆、医疗器械及安全防范设备等。至今，又发布多项产品，除第一批目录外，还增加了油漆、陶瓷、汽车产品及玩具等产品。

强制性产品认证的认证模式依据产品的性能，对涉及公共安全、人体健康和环境等方面可能产生的危害程度、产品的生命周期、生产及进口产品的风险状况等综合因素，按照科学、便利等原则予以确定。强制性产品认证应当适用单一认证模式或者多项认证模式的组合，具体模式包括：①设计鉴定；②型式试验；③生产现场抽取样品检测或者检查；④市场抽样检测或者检查；⑤企业质量保证能力和产品一致性检查；⑥获证后的跟踪检查。中国强制性产品认证的标志式样如图 1-16 所示。

图 1-16 中国强制性产品
认证标志式样

依据国家认证认可监督管理委员会发布的《强制性产品认证实施规则——低压电器 低压元器件》（CNCA-C03-02:2014），目前低压电器产品强制性产品认证的使用范围为"工作电压范围为交流 1000 V（工作电压为 AC 1140 V 的电器可参照执行）、直流 1500 V 及以下的低压元器件产品，包括以下开关控制设备和整机保护设备产品种类：低压断路器、低压开关、隔离器、隔离开关及熔断器组合电器、低压机电式接触器和电动机起动器、控制电路电器和开关元件、交流半导体电动机控制器和起动器、控制和保护开关电器、接近开关、转换开关电器、设备用断路器、家用及类似用途的机电式接触器、家用及类似场所用过电流保护断路器、家用和类似用途的带过电流保护的剩余电流动作断路器、家用和类似用途的不带过电流保护的剩余电流动作断路器、剩余电流装置、剩余电流动作继电器和低压熔断器。

中国船级社（CCS）是根据中华人民共和国政府有关法令注册登记的为社会公众利益服务的专业技术团体，从事船舶、海上设施和集装箱及其材料、设备的入级检验、法定检验和公证检验业务及其他有关的技术服务。

中国船级社（CCS）认证是针对船舶和船用产品而设置的一种专业性认证，中国船级社（CCS）认证的入级检验标准主要为《国内航行海船入级规则》《内河船舶入级规则》以及《国内航行海船法定检验技术规则》等相关安全标准性文件。通常情况下，国家会定期发布船舶及船用产品的入级要求及规范，明确相关产品的型式认可试验指南等文件。中国船级社认证标志式样如图 1-17 所示。

图 1-17 中国船级社认证标志式样

依据《钢质海船入级规范》《钢质内河船舶建造规范》等文件的要求，船用低压电器的入级持证要求应符合表 1-14 的规定。

表 1-14 船舶入级产品持证要求

序号	产品名称	证件类别		认可模式				审图
		C/E	W	DA	TA-B	TA-A	WA	PA
1	断路器	—	X	—	X	—	—	X
2	隔离开关	—	X	—	X	—	—	X
3	接触器	—	X	—	X	—	—	X
4	继电器	—	X	—	X	—	—	X
5	熔断器	—	X	—	X	—	—	X
6	主令控制器	X	—	—	—	—	—	X

注：C—船用产品证书；E—等效证明文件；W—制造厂证明；X—适用；DA—设计认可；TA-B—型式认可 B；TA-A—型式认可 A；WA—工厂认可。

申请船级社认证时，要求提供低压电器的总装图、电气原理图、电气接线图、产品技术条件及型式试验大纲。在申请认证时，还需要提交如下资料备查：产品铭牌及标志图、产品主要零部件、产品主要材料明细表、产品主要零部件图（包括触头、灭弧室、操作机构等）、产品使用说明书及产品制造工艺流程图等。

美国保险商实验室（UL）是美国最具权威的，也是世界上从事安全试验和鉴定的较大的民间机构。UL 是一个独立的、营利的、为公共安全做试验的专业机构。它采用科学的测试方法来研究确定各种材料、装置、产品、设备及建筑等对生命、财产有无危害和危害的程度；确定、编写、发行相应的标准和有助于减少及防止造成生命财产受到损失的资料，同时开展实情调研业务。UL 认证在美国属于非强制性认证，主要是产品安全性能方面的检测和认证。UL 标志分为 3 类，分别为列名、分级和认可标志，这些标志分别应用在不同的服务产品上。美国 UL 认证标志式样如图 1-18 所示。

图 1-18 美国 UL 认证标志式样

企业在申请 UL 标志认证时，认证产品需要进行相关测试，测试合格后 UL 检查员会进行首次工厂检查，检查企业的产品及其零部件在生产线和仓库存仓的情况，以确认产品结构和零件是否与跟踪服务细则一致，如果细则中有要求，检查员还会进行目击实验，当检查结果符合要求时，申请人获得授权使用 UL 标志。首次工厂检查后，检查员会不定期地到工厂检查，检查产品结构和进行目击实验，检查的频率由产品类型和生产量决定，大多数类型的产品每年至少检查四次。

低压电器产品 UL 标志认证依据的标准主要为 UL487、UL1066、UL98、UL977、UL508、UL1008、UL248 及 UL512 等，其中 UL487、UL1066 适用于断路器；UL98、UL977 适用于隔离开关、隔离器及熔断式开关；UL508 适用于电磁起动器；UL1008 适用于自动转换开关；UL248、UL512 适用于熔断器。

欧盟 CE 标志认证是一种安全认证标志，被视为制造商打开并进入欧洲市场的护照。CE 代表欧洲统一（Conformite Europeenne）。在欧盟市场上，"CE" 标志属强制性认证标志，不论是欧盟内部企业生产的产品，还是其他国家生产的产品，目录内产品如果想在欧盟市场上自由流通，就必须加贴 "CE" 标志，以表明产品符合欧盟《技术协调与标准化新方法》指令的基本要求。欧盟 CE 认证标志式样如图 1-19 所示。

图 1-19 欧盟 CE 认证标志式样

CE 认证模式可分为以下 8 种基本模式。①模式 A：内部生产控制+工厂自我进行合格评审，自我声明。模式 Aa：适用应用欧洲标准生产的厂家；模式 Ab：适用未按欧洲标准生产的厂家。②模式 B：EC 型式评审。工厂送样品和技术文件到其选择的测试机构供评审，测试机构出具证书（注：仅有 B 不足于构成 CE 的使用）。③模式 C：与型式［样品］一致+B。工厂做一致性声明（与通过认证的型式一致），声明保存十年。④模式 D：生产过程质量控制+B。工厂按照测试机构批准的方法（质量体系，EN29003）进行生产，在此基础上声明其产品与认证型式一致（一致性声明）。⑤模式 E：产品质量控制+B。本模式仅关注最终产品控制（EN29003），其余同模式。⑥模式 F：产品测试+B。工厂保证其生产过程能确保产品满足要求后，做一致性声明。认可的测试机构通过全检或抽样检查来验证其产品的符合性。测试机构颁发证书。⑦模式 G：逐个测试。工厂声明符合指令要求，并向测试机构提交产品技术参数，测试机构逐个检查产品后颁发证书。⑧模式 H：综合质量控制。本模式关注设计、生产过程和最终产品控制（EN29001）。其余同模式 D+模式 E。其中，模式 F+B、模式 G 适用于危险度特别高的产品。

低压电器产品的 CE 标志认证遵照欧盟官方发布的低压指令和电磁兼容指令执行，低压指令和电磁兼容指令编号为 2014/35/EU 和 2014/30/EU。低压指令的目标是确保低电压设备在使用时的安全性。低电压设备的定义为额定电压为交流 50~1000 V、直流 75~1500 V 的电气设备。电磁兼容指令适用的对象包含所有易于产生电磁干扰的设备或者本身的功能易受电磁干扰影响的设备。

低压电器产品 CE 标志认证依据的检验标准为 EN60947 系列、EN60934、EN60898 系列、EN61008 系列、EN61009 系列和 EN60269 系列。

CB 体系（电工产品合格测试与认证的 IEC 体系）是 IECEE 运作的一个国际体系，IECEE 各成员国认证机构以 IEC 标准为基础对电工产品安全性能进行测试，其测试结果即 CB 测试报告和 CB 测试证书在 IECEE 各成员国得到相互认可。CB 体系基于国际 IEC 标准。

如果一些成员国的国家标准还不能完全与 IEC 标准一致，也允许国家差异的存在，但应向其他成员公布。CB 体系利用 CB 测试证书来证实产品样品已经成功地通过了适当的测试，并符合相关的 IEC 要求和有关成员国的要求。

CB 体系的主要目标是促进国际贸易，其手段是通过推动国家标准与国际标准的统一协调以及产品认证机构的合作，而使制造商更接近于理想的"一次测试，多处适用"的目标。

国家认证机构（NCB）是向电工产品颁发国家范围内认可的合格证书的认证机构。要成为 CB 体系的成员，NCB 的内部质量系统和技术能力必须达到特定的要求。一个 NCB 按其资格可以分为认可 NCB 或者发证/认可 NCB。

CB 报告是一种标准化的报告，它以一种逐条清单的形式列举相关 IEC 标准的要求。报告提供要求的所有测试、测量、验证、检查和评价的结果，这些结果应清楚且无歧义。报告还包含照片、电路图表、图片以及产品描述。根据 CB 体系的规则，CB 测试证书只有在与 CB 测试报告一起提供时才有效。国际电工 CB 认证标志式样如图 1-20 所示。

图 1-20　国际电工 CB 认证标志式样

第2章　常见低压电器

2.1　熔断器

　　熔断器是一种利用物质过热熔化性质制成的保护电器，当电流超过规定值时，利用自身产生的热量使熔体熔断，从而切断电路，实现保护的目的。熔断器广泛应用于配电系统、控制系统及电工设备中，作为短路和过电流的保护器，是应用最普遍的保护器件之一。

　　熔断器的型号及其含义如下：

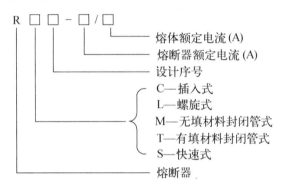

　　熔断器的图形和文字符号如下：

2.1.1　熔断器的基本结构与工作原理

　　熔断器主要由熔体和熔管以及外加填料等部分组成。使用时，将熔断器串联于被保护电路中，当被保护电路的电流超过规定值，并经过一定时间后，由熔体自身产生的热量熔断熔体，使电路断开，从而起到保护的作用。熔体是熔断器的核心部分，熔体的材料、形状和尺寸直接影响熔断器的性能，熔断器的熔体应具有低熔点、易熄弧的特性。熔体材料有两类：一类由铅、锌、锡及铅锡合金等低熔点金属制成，主要用于小电流电路；另一类由银或铜等高熔点金属制成，用于大电流电路。

　　熔断器熔体中的电流为熔体的额定电流时，熔体长期不熔断，通过熔体电流越大，熔断器熔体的熔化时间越短，通过熔体的电流和熔断时间呈反时限特性。熔断器熔体的熔化时间与通过熔体电流之间的关系曲线，称为熔体的电流–时间特性，又称为安秒特性，如图2-1所示。熔断器作为电路的电路保护元件比较理想，但不宜作为电机的过载保护，熔断器的安秒特性由生产厂家提供。

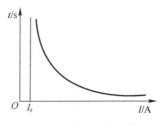

图 2-1 熔断器的安秒特性

2.1.2 熔断器的主要技术参数

熔断器性能的主要技术参数有额定电压、额定电流及极限分断能力等。

1）额定电压：熔断器能够长期正常工作电压所承受的电压值。选择熔断器时，熔断器的额定电压应不小于安装线路的额定电压。

2）熔断器的额定电流：常温下（不超过 40℃），熔断器外壳与载流部分长期允许通过的最大工作电流。

3）熔体的额定电流：指长期通过熔体而不使熔体发生熔断的最大电流。一种规格的熔断器可以装设不同额定电流的熔体，但熔体的额定电流应不大于熔断器的额定电流。

4）极限开断电流：熔断器能可靠分断的最大短路电流，不能出现拉弧、破碎、飞溅、燃烧及爆炸等现象，熔断器的极限分断能力必须大于被保护电路的最大短路电流。

2.1.3 熔断器的分类及用途

按结构形式分，常用的低压熔断器有瓷插式、螺旋式、无填料封闭管式、有填料封闭管式、快速及自复式等几种。

1. 瓷插式熔断器

瓷插式（RC 系列）熔断器主要用于交流 380 V 及以下的照明电路中作保护电器，主要由瓷座、瓷盖、动触头、静触头及熔丝等组成，如图 2-2 所示。瓷座两端装有静触座和接线螺钉，中间空腔与瓷盖凸起部分组成灭弧室，60 A 以上瓷插式熔断器空腔内填充有石棉织物，以加强灭弧功能。瓷插式熔断器具有体积小、结构简单、价格便宜且熔丝更换方便等优点，但工作不够可靠，目前已被淘汰，一般不允许使用瓷插式系列熔断器作电动机保护。

2. 螺旋式熔断器

螺旋式（RL 系列）熔断器由带螺纹的瓷帽、熔断管、瓷套、上接线座、下接线座及瓷底座等部分组成，如图 2-3 所示。管内装有石英砂用于灭弧，一般瓷帽顶部有玻璃圆孔，内有带小红点的熔断指示器，指示熔丝是否熔断。螺旋式熔断器的作用与瓷插式熔断器相同，用于电气设备的过载及短路保护。其有较高的分断能力，结构较紧凑，安装面积小，更换熔体方便；广泛用于控制箱、配电屏、机床设备及振动较大的场合，在交流额定电压 500 V、额定电流 200 A 及以下的电路中，作为短路保护器件。

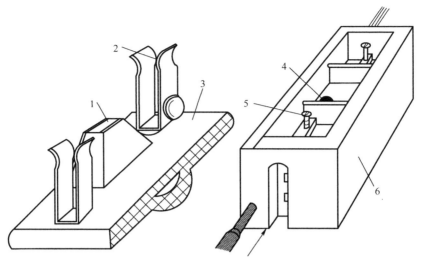

图 2-2　瓷插式熔断器结构示意图

1—熔丝　2—动触头　3—瓷盖　4—空腔　5—静触头　6—瓷座

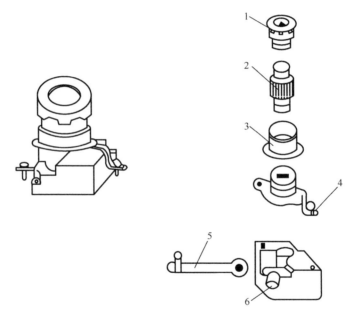

图 2-3　螺旋式熔断器结构示意图

1—瓷帽　2—熔断管　3—瓷套　4—上接线座　5—下接线座　6—瓷座

3. 无填料封闭管式

无填料封闭管式（RM 系列）熔断器主要由熔断管、熔体及插座等部分组成。以 RM10 为例，熔断器的熔断管由钢纸纤维制成，熔断管两端由铜螺母封闭，熔体采用变截面锌片。发生短路故障时，锌片几段狭窄部位先熔断，形成较大空隙，灭弧容易，狭窄部位的段数与额定电压有关，额定电压越高，要求的段数越多，如图 2-4 所示。

RM 系列熔断器分断能力强、熔体更换方便，主要用在交流 380 V 以下、直流 440 V 以下及电流 600 A 以下的电力线路，为一般工业用的低压电器，不能用于有腐蚀性、有剧烈震

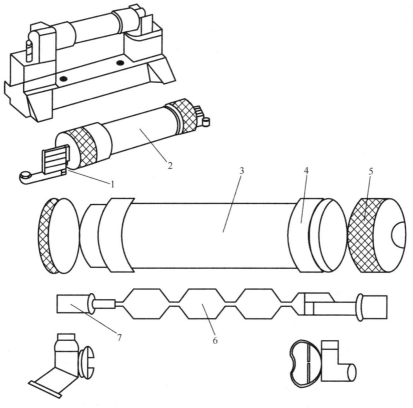

图 2-4　RM10 系列封闭管式熔断器结构示意图

1—夹座　2—熔断管　3—钢纸管　4—黄铜套管　5—黄铜帽　6—熔体　7—刀型夹头

动和撞击等特殊场合中，可与刀开关组成熔断器刀开关组。RM10 系列熔断器更换熔体、安装新熔体时，勿使熔体损坏或碰到管壁，一般经受三次短路电流后，熔断管就不能继续使用了，需更换新的熔断器。

4. 有填料封闭式熔断器

有填料封闭（RT 系列）熔断器是一种有限流作用的熔断器。一般由装有石英砂的瓷熔管、触头和镀银铜栅状熔体组成，装在特别的底座上，如带隔离刀闸的底座或以熔断器为隔离刀的底座上。为方便熔断体的安装和更换，其上配有熔断器操作手柄。熔体可采用多片网状纯铜片并联，中间用锡桥连接，熔体周围填满石英砂。有填料封闭管式熔断器的额定电流一般为 50~1000 A，主要用于短路电流大的电力线路或有易燃气体的场所。RT0 系列低压有填料封闭管式熔断器的型号和含义如下：

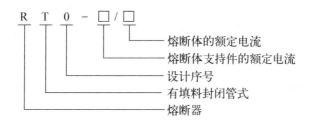

5. 快速熔断器

快速熔断器主要用于半导体整流元件或整流装置的短路保护，半导体器件过载能力低，只能在极短时间内承受较大的过载电流，因此要求短路保护具有快速熔断的能力。快速熔断器结构与有填料封闭式熔断器基本相同，常采用银作为熔体材料，为实现快速分断，熔体采用变截面，狭窄部位电流密度高，熔化速度快。

6. 自复式熔断器

自复式熔断器熔断后，不需要更换，当故障消失、温度下降后，熔体能自动恢复原状继续使用。自复式断路器内部置有装满金属钠的绝缘细管，电路正常运行时，金属钠电阻很小；当发生故障时，故障电流使金属钠急剧发热而气化，阻值剧增，即瞬间呈现高阻状态，从而限制了短路电流；故障电流消除后，金属钠的温度下降，气化的金属钠回复到原来状态，电阻减小，熔断器可以继续使用。自复式熔断器只能限制短路电流，不能真正切断电路，因此常与断路器配合使用。自复式熔断器所起的作用是限制故障电流的数值，故障电流由断路器分断。自复式熔断器所起作用为减轻断路器的分断容量。

2.1.4　熔断器的选择与安装

熔断器是一种结构简单、价格低廉的保护型电器，广泛应用于低压配电系统和控制电路中。选择熔断器类型时，主要依据负载的保护特性和预期的短路电流值。主要选择原则如下：

1）首先根据使用条件确定熔断器的类型。用于保护小容量的照明线路和电动机，一般考虑过电流保护，可选择铅锡合金等熔化系数较小的熔体；大容量的照明线路及电机拖动，除考虑过电流保护外，还需考虑短路电流的分断能力，预期短路电流较小时，可采用铜质熔体的熔断器；预期短路电流较大或有易燃气体的场合，宜采用高分断能力的熔断器，如有填料封闭管式熔断器；保护硅整流器件、晶闸管的应用场合，采用快速熔断器。

2）选择熔断器规格。首先选定熔体规格，然后选择熔断器的规格，熔断器的额定电压不低于线路的额定工作电压。用于直流电路中时，熔断器的分断能力受电路时间常数的影响，时间常数越大，越难分断，最好选择专用直流熔断器或降低电压等级来使用。

3）熔断器的保护特性应与被保护对象的过载特性匹配。

4）选择熔断器还须考虑动作选择性的配合。一般原则是，上一级熔断器熔体的额定电流大于下一级额定电流，以防越级跳闸或保护拒动。

5）保护电动机的熔断器。应注意电动机起动电流的影响，熔断器不能老化或熔断，熔断器一般只作为电动机的短路保护，过载保护采用热继电器。熔体额定电流一般为电动机额定电流的 1.5~2.5 倍；电动机减压起动，熔体额定电流 =（1.5~2）×电动机额定电流；多台电动机直接起动，主干线熔断器的熔体额定电流 =（1.5~2.5）×各台电动机额定电流之和。

6）熔断器的额定电流不低于熔体的额定电流；额定分断能力应大于电路中可能出现的最大短路电流。

熔断器安装时应注意以下几点：

1）使用完整无损的熔断器。

2）安装时应保证熔体与夹头、夹头与夹座接触良好。

3）更换熔体或熔管时，必须切断电源。

4) 熔体熔断后，应分析原因排除故障后，再更换新的熔体。

5) 熔断器兼作隔离器件使用时，应安装在控制开关的电源进线端。

随着工业技术的发展，熔断器的应用日益广泛，传统的管式熔断器品种较多，管体有玻璃管、陶瓷管体等，熔断器需要用熔断器夹、座、盒或套等连接到电路中。

20世纪五六十年代，跟随电子产品的小型化需求，引线式微型插脚熔断器面世，主要应用于结构紧凑的小电器、电源变换器/充电器及通信设备等；20世纪八九十年代，随着PCB板的广泛应用和现代汽车工业的发展，产生了片式、条式熔断器，熔断器的基体表面覆盖熔体，体积小，功耗少；随着电子产品不断小型化与便携式的发展需求，近年来微型表面贴装熔断器市场迅速发展，为了适应SMT的需求，一些熔断器公司开发了多种表面贴装型熔断器，美国AEM运用专利技术生产陶瓷叠层多元独石结构的熔断器，独石结构使产品多层独石表面贴装熔断器，不同于薄膜式表面安装熔断器的结构/工艺和传统的工作机理，熔体深入基体内部并与基体材料烧结成坚实的一体，可做成多层熔体，具有体积小、可靠性高、响应速度快以及易与其他元件集成等诸多优点，是目前世界上单位体积承受功率最大的表面贴装熔断器。

2.2 开关、隔离器、隔离开关

开关是最普通、使用最早的电器，用于不频繁地手动分合电路，或作为机床电路中电源的引入开关。常用的有刀开关、隔离开关、负荷开关、转换开关（组合开关）以及接近开关等。开关可分为有载运行操作、无载运行操作和选择性运行操作；按操作位置又可分为正面操作、侧面操作和背面操作；按是否带灭弧装置可分为不带灭弧装置和带灭弧装置。有触点的开关，开关刀口接触可分为面接触和线接触，线接触形式刀片容易插入，接触电阻小，制造方便，开关常采用弹簧片以保证接触良好。若开关仅有一个极，则称为单极开关电器。若有几个极，而且这些极是同时操作，则称为多极（两极、三极）开关电器。

隔离器是在断开状态下能符合规定的隔离功能要求的机械开关电器。如果分断或接通的电流可忽略或隔离器的每一极接线端子两端电压无明显变化时，隔离器能够断开和闭合电路。隔离器能承载正常电路条件下的电流，也能在一定时间内承载非正常电路条件下的电流（短路电流）。

隔离开关是断开状态下能符合隔离器的隔离要求的开关。

开关或隔离器与一个或几个熔断器组装在同一单元的组合电器称为熔断器组合电器。其中隔离器的一极或多极与熔断器串联，组成一个单元的隔离器称为隔离器熔断器组；动触头由熔断体或带有熔断体的载熔件组成的隔离器称为熔断器式隔离器。

当前在低压开关设备和控制设备中大量应用低压开关、隔离器、隔离开关及熔断器组合电器，这些产品在功能上有很大差异，这些开关类电器功能上的主要差异见表2-1，由表所列功能可知，其差异是很明显的。开关（或负荷开关）一般不能当隔离器使用，因为它不具备在断开位置上的隔离功能，不能确保维修供电设备时维修人员的人身安全。隔离器也不能当开关使用，因为它不能切断分断电流时产生的电弧。如果在隔离器结构上稍作改进，使之具有灭弧功能，在一定的条件下能分断、接通正常或过载电流，这种隔离器为具有部分开关功能的隔离器。

表 2-1　开关类电器功能的主要差异

序号	产品名称	功能				
		1）正常电路中（包括规定的过载）接通、承载、分断电流　2）在规定的时间内承载非正常条件下电流（如短路电流）　3）可以接通短路电流	1）正常电路中承载电流　2）在规定的时间内承载非正常条件下电流（如短路电流）　3）不带负载操作	1）正常电路中承载电流　2）能分断短路电流　3）不带负载操作	1）正常电路中承载电流　2）能分断短路电流　3）不带负载操作	1）断开位置上具有隔离功能，如应满足隔离距离、泄漏电流要求等　2）附加要求，如断开位置指示可靠性、操动器强度、断开位置加锁等
1	开关	√	—	—	—	—
2	隔离器	—	√	—	—	√
3	隔离开关	√	—	—	—	√
4	开关熔断器组（负荷开关）	—	—	√	√	√
5	隔离器熔断器组	—	—	—	√	√
6	隔离开关熔断器组	—	—	√	—	√
7	熔断器式开关	—	—	√	—	—
8	熔断器式隔离器	—	—	—	√	√
9	熔断器式隔离开关	—	—	√	—	√

2.2.1　隔离开关、刀开关

隔离开关是一种用于电力系统中，能够按照规定提供电气隔离断口的机械开关装置，用于断开无负荷电流的电路，使检修设备与电源之间有明显的断开点，以保证检修人员安全，一般没有专门的灭弧装置，不能切断负荷电流和短路电流，即能够带电操作，但不能带负荷操作。一般送电操作时，先合隔离开关，后合断路器或负荷类开关；隔离开关断电操作时，先断开断路器或负荷类开关，后断开隔离开关。

刀开关是手动电器中结构最简单的一种，主要用作电源的隔离开关，也可用来非频繁地分合容量较小的低压配电线路。接线时应将电源线接在上端，负载接在下端，即刀闸上桩头接电源，下桩头接负载，不能倒装；接通状态时手柄朝上，这样拉闸后刀片与电源隔离，可防止意外事故发生。图 2-5 为刀开关的结构示意图。

刀开关图形和文字符号如下：

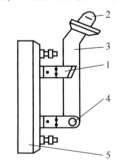

图 2-5　刀开关结构示意图
1—静插座　2—手柄　3—触刀
4—铰链支座　5—绝缘底板

42

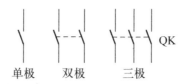

单极　　双极　　三极

刀开关型号如下：

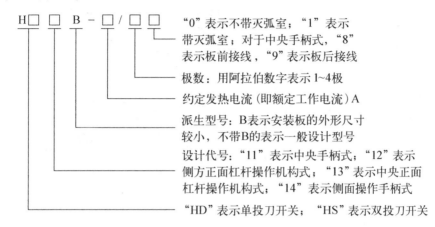

刀开关常用技术参数有额定电压、额定电流、额定短时耐受电流、动稳定电流及热稳定电流等。

1) 动稳定电流：刀开关并不因短路电流产生的电动力作用而发生变形、损坏或触刀自动弹出等现象。即在规定的使用和性能条件下，在合闸位置能够承载的额定短时耐受电流第一个大半波的电流峰值。

2) 热稳定电流：在一定时间内通过某一短路电流并不会因温度急剧升高而发生熔焊现象。即在规定的使用和性能条件下，在规定的短时间内，在合闸位置能够承载的电流的有效值。

单投（HD）和双投（HS）刀开关为开启式开关，一般用于交流 50 Hz、额定电压至 1000 V、额定工作电流 6000 A 及以下的电力线路中，没有专门的灭弧装置，只能无载操作，作隔离电源用。

2.2.2 负荷开关

负荷开关是在刀开关的基础上，增加一些辅助部件，如外壳、快速操作机构、灭弧室和电流保护装置（熔断件），可以通断额定电流内的工作电流，熔断件可以在过载和短路时起到保护作用。根据负荷开关的构造，可分为开启式负荷开关和封闭式负荷开关两种，按极数又可分为单极、双极及三极三种。

1. 开启式负荷开关

开启式负荷开关是隔离开关的一极或多极与熔断器串联构成的组合电器，可用于照明、电热设备及小容量电动机的控制线路中，手动不频繁地接通和分断电路，负荷较大时与熔断体配合使用，其中的熔断体起短路保护作用。开启式负荷开关的外形及结构示意图如图2-6所示。

开启式负荷开关容量小，构造简单，价格便宜，一般额定电流最大为60 A，没有灭弧能力，动静触头表面易被电弧灼伤而发生溶蚀，导致接触不良，因此不宜用于操作频繁的电路；目前家用场合已经基本淘汰。开启式负荷开关一般垂直安装，合闸操作时，手柄的操作

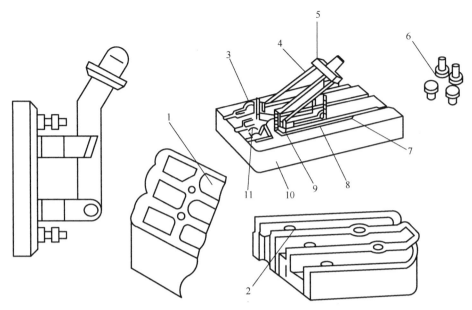

图 2-6　开启式负荷开关外形及结构图

1—上胶盖　2—下胶盖　3—触刀座　4—触刀　5—瓷柄　6—胶盖紧固螺母

7—出线端子　8—熔丝　9—触刀铰链　10—瓷底座　11—进线端子

方向从下向上；分闸操作时，手柄操作方向从上向下。电源进线应接在开关上部的进线端子上，用电设备应接在开关下部熔体的出线端上，以保证断开后，闸刀和熔体都不带电。

2. 封闭式负荷开关

封闭式负荷开关用于工矿企业、农村电力排灌及电气照明线路等配电设备中，也是一种手动操作的负荷开关，主要由触头、灭弧装置、熔断器和铁制外壳及速断弹簧等操作机构组成，其结构示意图如图 2-7 所示。封闭式负荷开关的铁盖上一般有机械联锁装置，罩盖关闭后可与锁扣楔合，保证合闸位置时打不开盖。负荷开关的额定电流应不小于电路所有负载额定电流的总和。用于电动机负载时，负荷开关的额定电流应不小于电动机额定电流的 3 倍。

3. 组合开关

组合开关又称转换开关，开关的操作手柄可在平行于安装面的平面内转动，动、静触头可叠装于数层绝缘垫板之间，分层连在接线柱上，转动手柄时，每层的动触头随转轴一起转动，一般上部有凸轮、扭簧和手柄等构成的操作机构，该机构采用扭簧储能，可使开关快速开合，动静触头的分合速度与操作手柄的速度无关。

组合开关具有多个触头和多个操作位置，操作方便、安装灵活，多用在机床电气控制线路中作为电源的引入开关，也可用作不频繁分合电路、控制 5 kW 及以下小容量异步电动机的正反转和星三角起动。

如图 2-8 所示为组合开关的结构示意图。组合开关的主要技术参数有额定电流、额定电压及允许操作频率等，组合开关应根据用电设备的电压等级、容量和所需触头数进行选用。用于一般的照明电路时，额定电流应不低于被控电路各负载电流的总和；用于控制电动机时，其额定电流一般选择电动机额定电流的 1.5~2.5 倍，组合开关通断能力较低，一般用于电动机正反转的控制。当操作频率过高或负载功率因数较低时，要降容使用。

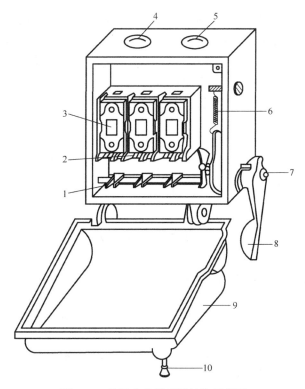

图 2-7　封闭式负荷开关结构示意图

1—动触刀　2—静夹座　3—瓷插式熔断器　4—进线孔　5—出线孔　6—速断弹簧
7—转轴　8—操作手柄　9—开关盖　10—开关盖锁紧螺钉

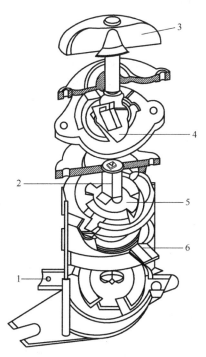

图 2-8　组合开关的结构示意图

1—接线端　2—绝缘方轴　3—手柄　4—凸轮　5—动触头　6—静触头

根据组合开关在电路中的作用，图形和文字符号有两种，如图 2-9 所示。作为隔离开关使用时一般采用图 2-9a 的图形符号和文字符号；作为控制开关使用时，一般采用图 2-9b 的图形符合和文字符号，图 2-9b 中 L_1、L_2、L_3 表示电气控制线路，Ⅰ 和 Ⅱ 表示手柄位置，黑点表示手柄转到此位置时这条控制线路接通，当手柄转到操作位置 Ⅰ 时，控制线路 L_1 和 L_2 接通，手柄转到操作位置 Ⅱ 时，控制线路 L_3 接通。

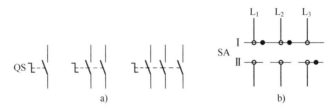

图 2-9　组合开关的图形和文字符号

2.2.3　开关的主要技术参数与选型

开关不能主动地切断短路电流，只能被动地承受短路电流的冲击。各类开关，特别是隔离开关，严禁在带载情况下断开线路，以免出现电弧伤及人身安全。当开关打开时，它的触头之间的电阻为无穷大。当开关闭合时，它的触头之间的电阻为零。开关打开时的电阻与开关闭合时的电阻之比定义为转换深度（h），即

$$h = \frac{R_{DK}}{R_{JT}}$$

1）有触点电器：$h = 10^{10} \sim 10^{14}$。
2）无触点电器：$h = 10^{4} \sim 10^{7}$。
3）混合式电器：h 介于两者之间。

有触点电器具有高转换深度，使得电器执行接通任务时电能损耗小，执行开断任务时电路电阻大，从而保证电器的耐压水平；缺点是断开电路时触头间的电弧会影响开关电器的使用寿命。无触点电器虽然执行开断任务时无电弧，但接通电阻大，电能损耗也大，发热严重。有触点的开关电器开断后的绝缘性能优于无触点的开关电器。

开关常见的技术参数有额定电流、额定电压、额定短时耐受电流和额定短路接通能力。它们之间存在大小关系：额定电流<额定短时耐受电流<额定短路接通能力。开关电器的额定电流有一系列值，并且存在最大值，这个最大值被称为壳体电流或者框架电流，它代表着某种型号开关所能够承受的最大运行电流值。额定电压也有一系列值，其中的最大值被称为额定绝缘电压。

2.3　接触器

2.3.1　接触器的原理与结构

接触器是一种用于频繁地自动接通或断开交直流主电路、大容量控制电路等大电流电路的电器，具有失电压（欠电压）、失电保护的功能，不具备短路保护和过载保护功能。接触

器具有操作频率高、寿命长及工作可靠等优点，主要控制对象为电动机，是应用最广泛的控制电器之一。按控制线圈电压不同，接触器可分为直流接触器和交流接触器两种，按动作方式可分为直动式接触器和转动式接触器。

交流接触器主要由电磁机构、主触点、辅助触点、灭弧装置和弹簧（释放弹簧、触点压力弹簧等）等零部件构成。一定容量的接触器一般会装有灭弧装置，接触器的主触点用于分合主电路，允许通过较大的电流，一般做成桥式，采用双断点结构；辅助触点只能通过较小的电流，不能用于分合主电路。图 2-10 为电磁式接触器的结构示意图。

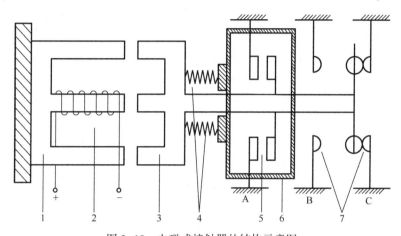

图 2-10　电磁式接触器的结构示意图
1—静铁心　2—线圈　3—动铁心　4—弹簧　5—主触点　6—灭弧罩　7—辅助触点

接触器的图形和文字符号如下：

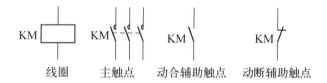

接触器的型号如下：

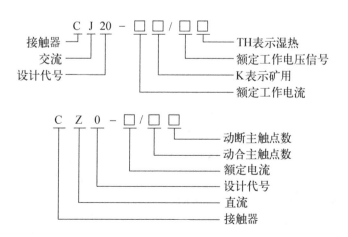

电磁式接触器的工作原理是，线圈通电后，铁心中产生磁通，在气隙中电磁吸力的作用下衔铁克服弹簧反力带动触点系统动作，主触点闭合接通主电路，同时，衔铁带动辅助触点动作，动断辅助触点断开，动合辅助触点闭合。线圈失电或线圈两端电压显著降低时，电磁吸力小于弹簧反力，衔铁释放，主、辅触点复位。

2.3.2 接触器的主要技术参数与选用原则

接触器的主要技术参数包括以下几个。

1) 额定工作电压（V）：指的是规定条件下接触器主触点正常工作的电压值。

2) 额定电流（A）：指的是规定条件下接触器主触点正常工作的电流值。

3) 线圈的额定电压：接触器吸引线圈的工作电压（注意与接触器的额定电压区分，很多额定工作电压很高的接触器，线圈的额定电压较低）。

4) 约定发热电流：在规定的试验条件下，接触器各部分温升不超过规定极限值时所能承载的最大电流。

5) 额定操作频率：接触器每小时运行的最高操作次数。接触器触点的吸合和断开需要一定时间，操作频率过高，接触器来不及响应，接触器的线圈和触头也会因温度过高而损坏。

6) 额定通断能力：接触器主触点在规定条件下能够可靠接通和分断的电流值。在该电流值下，触点在闭合时不会发生触头熔焊，触点断开时能可靠灭弧。

7) 机械寿命和电气寿命：机械寿命为接触器的抗机械磨损能力，可用有关产品标准规定的空载循环（即主触点不通电流）次数来表征。该次数是电器需要修理或者更换任何机械部件前能达到的机械寿命次数。电寿命是指接触器的主触点在额定负载条件下允许的最大操作次数。电寿命表征的是接触器的电气耐磨性，远小于机械寿命，一般机械寿命约为电寿命的 10 倍以上。

8) 动作值：接触器的动作值可分为吸合电压和释放电压。吸合电压是指接触器吸合前，缓慢增加接触器线圈两端电压，触点动作时的最小电压；释放电压是指接触器吸合后，缓慢降低接触器线圈两端电压，触点恢复时的最大电压。一般规定，吸合电压不低于线圈额定电压的 85%，释放电压不高于线圈额定电压的 70%。

目前，接触器正朝着长电气寿命、高可靠性、多功能、环保型、多规格、智能化以及可通信化的方向发展。如图 2-11 所示为启东菲迪尔电子科技有限公司的单相智能总线驱动磁保持交流接触器产品，其适用于各种低压单相配电线路远程监控，如地铁、商场、宾馆照明远程监控，大楼景观和公共区域照明远程监控，体育场馆金卤灯、车间卤素灯照明远程监控，机场、车站、码头、广场高杆灯及场地照明远程监控等。

该产品 T-BUS 总线带 24～36 V 链路电

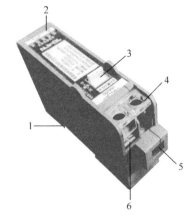

图 2-11 单相智能总线驱动磁保持交流接触器
1—标准 35 mm C 型道轨安装 2—工作状态指示条
3—开关位置状态兼作手动超驰拔柄
4—安全保护盖 5—负载端口及电流检测装置
6—电源或负载端口

源，接触器负载输出与控制电路完全隔离，可杜绝各种不安全因素；带负载电流检测，可设定电流阈值，当超限时自动跳闸断电；根据产品侧面说明；按压微动按钮可方便设置智能总线接触器通信地址；智能接触器为磁保持的，产品线圈不产生耗电，也不会发热；线包驱动电源经过开关进行换向，当控制电路开关元件短路时，线圈电源被开关断开，安全系数高，解决了普通交流接触器的体积大、电保持耗电量大、连续工作发热的问题。

2.4 继电器

继电器是一种根据电信号（电流、电压）或非电信号（温度、时间、速度、压力等）的变化分合小电流电路，可实现自动控制、放大、联锁或保护的控制电器。继电器具有输入电路（又称感应元件）和输出电路（又称执行元件），当感应元件中的输入量变化到某一定值时，继电器动作，执行元件分合控制回路。

2.4.1 继电器的用途和分类

继电器是具有隔离功能的电器，广泛应用于遥控、遥测、继电器通信和自动控制等领域，是用途最广泛的电器之一。继电器按用途可分为控制用和保护用；按动作原理分可分为电磁式、感应式、电动式、电子式和机械式等；按输入量可分为电流、电压、时间、速度和压力；按动作时间可分为瞬时和延时继电器。按结构特点可分为接触器式、微型、舌簧、电子式、智能化、固态和可编程控制继电器等。

目前，电磁式继电器应用最广泛。电磁式继电器是一种电子控制器件，利用电磁机构控制电路通断，通常应用于自动控制电路中，利用较小的电流控制较大电流，在电路中起自动调节、控制、保护和转换等作用。

电磁式继电器主要有直流电磁继电器、交流电磁继电器和固态继电器三种。

1）直流电磁继电器：输入电路的控制电流为直流。

2）交流电磁继电器：输入电路的控制电流为交流。

3）固态继电器：由微电子电路、分立电子器件和电力电子器件组成的无触点开关，用隔离器件实现控制端与负载端的隔离。

继电器的型号如下，其中，继电器功能符号有 T：通用；S：时间；Z：中间；L 电流；R：热；X：小型。

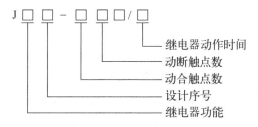

J□□-□□□/□
继电器动作时间
动断触点数
动合触点数
设计序号
继电器功能

2.4.2 常用电磁式继电器

1. 中间继电器

中间继电器是一种电压型继电器，其触点动作与线圈的电压大小有关，使用时电压继电器的线圈与负载并联，匝数多、导线细、线圈阻抗大。中间继电器的结构和工作原理与交流接触器基本相同，控制原理和接触器的控制原理完全一样，只是没有主触点和辅助触点之分，而是变成了公共触点和动断、动合两个触点。还有就是中间继电器需要借助底座来完成接线。中间继电器可分为大功率中间继电器和小型中间继电器。大功率中间继电器的额定电流有几十安的，也有上百安的，中间继电器触点多、动作灵敏。当接触器自带的辅助触点不够用或者控制电压与接触器线圈的电压不相符的情况下，可以利用中间继电器增加触点的数量和容量来完成整个线路的连接。由于中间继电器的触点较多，很多时候也用来做信号传输的控制点。中间继电器的图形和文字符号如下：

线圈　　　动合触点　　　动断触点

2. 电流继电器

电流继电器是电力系统继电保护中最常用的元件。电流继电器具有接线简单、动作迅速可靠、维护方便、使用寿命长等优点，作为保护元件广泛应用于电动机、变压器和输电线路的过载和短路的继电保护线路中。电流继电器的检测对象是电路或主要电器部件电流的变化情况，当电流超过（或低于）某一整定值时，继电器动作，完成继电器控制及保护作用。电流继电器的触点动作与流过线圈的电流大小有关。电流继电器的线圈串联在电路中，反映电路电流的变化，线圈匝数少、导线粗、线圈阻抗小。电流继电器常作为启动元件，用于发电机、变压器和输电线的过负荷和短路保护装置中，是一种用较小的电流控制较大电流的"自动开关"。在电路中起着自动调节、安全保护和转换电路等作用。

电流继电器按电流动作可分为过电流继电器和欠电流继电器；按结构类型可分为电磁式电流继电器和静态电流继电器；按安装方式可分为导轨电流继电器和固定式电流继电器；按电流动作可分为过电流继电器和欠电流继电器；按时性曲线可分为定时限电流继电器和反时限电流继电器；按使用方面可分为小型控制类继电器和二次回路保护继电器。

（1）过电流继电器

电路正常工作时，过电流继电器不动作，当电路电流超过某一整定值时（一般为110%~400%I_N），过电流继电器吸合，对电路实现过电流保护。

电磁式过电流继电器的工作原理是复合式的，由共用一个线圈的感应式和电磁式的两个元件组成。当继电器的线圈通以交流电流时，则在铁心的遮蔽与未遮蔽部分产生两个具有一定相位差的磁通。此磁通与其在圆盘中感应的涡流相互作用，在圆盘上产生一转矩。在20%~40%的动作电流整定值下，圆盘开始旋转。此时由于扇齿与蜗杆没有咬合，故继电器不动作。

当线圈中的电流增大至整定电流时，电磁转矩大于弹簧的反作用力矩，框架转动，使扇齿与蜗杆咬合，扇齿上升。此时继电器的动铁在扇齿顶杆的推动下，使导磁铁右边气隙减少，而左边气隙增大，因而动铁被导磁铁吸合，继电器触点动作。当继电器线圈中的电流为整定值时，感应元件的动作时限与电流的二次方成反比。随着电流的增加，导磁体饱和，动作时限逐渐趋于定值。

当线圈中的电流大到某一电流倍数时，电磁元件瞬时动作，因而继电器的动作时限具有有限反延时的特性。继电器具有若干抽头,用以调整感应元件与电磁元件的动作电流。另外,用倍流螺钉改变动铁与电磁铁之间的气隙来调整电磁元件动作电流。继电器具有调整感应元件动作时间整定值的机构及主触点动作的信号牌。用手旋转返回机构,可使信号牌返回,无须取下外壳。

瞬动型过电流继电器常用于电动机的短路保护,延时动作型常用于过载兼短路保护。过电流继电器复位可分为自动和手动两种。过电流继电器分为感应电磁式和集成电路型,具有定时限、反时限的特性,应用于电动机、变压器等主设备以及输配电系统的继电保护回路中。当主设备或输配电系统出现过负荷及短路故障时,继电器能按预定的时限可靠动作或发出信号,切除故障部分,保证主设备及输配电系统的安全。如图 2-12 所示为施耐德电气的 TeSys F 系列过电流继电器产品,整定电流为 132~220 A,约定发热电流为 5 A,额定工作电压为 1000 V,额定冲击耐受电压为 8000 V,手动复位。

图 2-12   施耐德电气的 TeSys F 系列过电流继电器

(2)欠电流继电器

电路正常工作时,欠电流继电器吸合。当电路电流减小到某一整定值以下时(10%~20%I_N),欠电流继电器释放,对电路实现欠电流保护。

欠电流设定值通过面板按键设置,设置范围为测量范围,控制精度高。面板有欠电流指示灯,内部有报警蜂鸣器。一般用于直流电动机磁场的弱磁场保护,以防电动机超速。

欠电流继电器的工作原理是,在电路正常工作时,欠电流继电器的衔铁与铁心始终是吸合的。只有当电流降至低于整定值时,欠电流继电器释放,发出信号,从而改变电路的状态。欠电流继电器的吸引电流一般为线圈额定电流的 0.3~0.65 倍,释放电流为额定电流的 0.1~0.2 倍。

电流继电器的图形和文字符号如下:

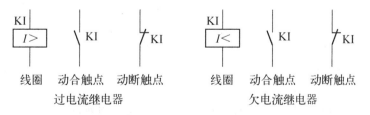

电流继电器的选用一般遵循以下原则:

1)选择与实际要求相符的额定电流及整定值。过电流继电器线圈的额定电流一般可按电动机长期工作的额定电流来选择，对于频繁起动的电动机，考虑起动电流在继电器中的热效应，额定电流可选大一级。

2）过电流继电器的整定值一般为电动机额定电流的1.7~2倍，频繁起动场合可取2.25~2.5倍。

3. 时间继电器

时间继电器是一种延时控制继电器，接收信号后触点不是立即动作，而是延迟一段时间动作。时间继电器主要用在各种自动控制系统和电动机的起动控制线路中。

按延时类型分，时间继电器分为通电延时型和断电延时型两种。通电延时型时间继电器，线圈通电时，通电延时型触点经延时可整定的时间后动作，线圈断电后，该触点立刻恢复常态；断电延时型时间继电器，线圈通电时，断电延时型触点立刻动作，线圈断电后，该触点经延时可整定的时间后恢复常态。时间继电器的图形和文字符号如下：

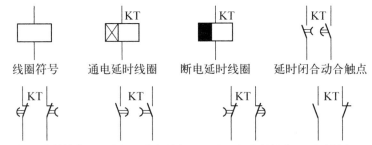

时间继电器的型号如下：

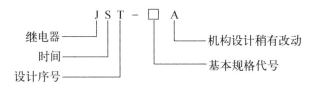

其中，基本规格代号：1表示通电延时，无瞬动触点；2表示通电延时，有瞬动触点；3表示断电延时，无瞬动触点；4表示断电延时，有瞬动触点。

时间继电器按延时原理可分为电气式和机械式两大类。电气延时式有电磁阻尼式、电动机式和电子式等。机械延时式有空气阻尼式、油阻尼式、水银式和钟表式等。其中常用的有电磁阻尼式、空气阻尼式、电动机式和电子式。

电磁阻尼式时间继电器利用电磁阻尼产生延时，仅作断电延时，适用于直流电路。延时时间较短，一般不超过5s，精度低、结构简单、运行可靠、寿命长，一般用于延时精度要求不高的延时，如电动机的延时起动。

空气阻尼式时间继电器利用空气阻尼原理获得延时，不受电源电压和频率波动的影响，延时范围大（0.4~180s），结构简单、价格低，但延时误差大，可应用于对延时精度要求不高的通电延时或断电延时场合。

电动式时间继电器由微型同步电动机拖动减速齿轮获得延时。延时范围宽（可达几十小时），整定偏差小，不受电源波动和环境温度变化的影响，结构复杂、价格贵，延时偏差受电源频率影响。

电子式时间继电器又称半导体时间继电器，是利用半导体元件做成的时间继电器，具有适用范围广、延时精度高、调节方便及寿命长等一系列的优点，广泛应用于自动控制系统中。近年来，采用集成电路、功率电路和单片机等电子元件构成的新型时间继电器大量面市，多种制式方便用户根据需要选择，接线简单，节省大量中间控制环节，提高了电气控制的可靠性。

时间继电器的技术参数包括额定工作电压、额定发热电流、额定控制容量、吸引线圈电压、触点工作电流、触点型式及数量、延时范围、延时误差、操作频率、适应环境温度、机械寿命和电寿命等。

选用时间继电器时，一般首先根据受控电路的要求来决定选择时间继电器是通电延时型还是断电延时型。根据受控电路的电压来选择时间继电器吸引绕组的电压。对于延时要求不高的场合，可以选用电磁阻尼式或空气阻尼式时间继电器；对延时要求较高的，可选用电动机式或电子式时间继电器。对于电磁阻尼式和空气阻尼式时间继电器，其线圈电流种类和电压等级应与控制电路相同；对于电动机式和电子式时间继电器，电源的电流种类和电压等级应与控制电路相同。在电源电压波动大的场合，宜采用空气阻尼式或电动式时间继电器；电源频率波动大的场合，不宜采用电动式时间继电器；温度变化较大的场合不宜采用空气阻尼式时间继电器。

按控制电路要求选择通电延时型或断电延时型以及触点延时型式（延时闭合/延时断开）和触点数量，在反复延时电路和操作频繁的场合，继电器的复位时间应比固有动作时间长，为避免误动作，还需考虑操作频率是否符合要求。

4. 速度继电器

速度继电器又称为反接制动继电器，是反映转速和转向的继电器。以转速为输入量，当被测转速增加或降低到预设的整定值时输出开关信号。其主要作用是以旋转速度的快慢为指令信号，与接触器配合实现对电动机的反接制动控制，也可在船舶、涡轮机、化工、纺织业、造纸业及重型机械等行业作为转速监测。

速度继电器的结构原理图如图2-13所示，转子1由永磁材料制成并与电动机同轴连接，电动机转动时永磁转子跟随电动机转动，笼型绕组4切割转子磁场产生感应电动势及环内电流，环内电流在转子磁铁作用下产生电磁转矩使定子3跟随转子转动方向偏转，定子柄5推动触点动作。当转子转速降低到一定数值时，电磁转矩小于反力弹簧的反作用力矩，定子返回原位置，触点恢复。

速度继电器的型号、图形和文字符号如下：

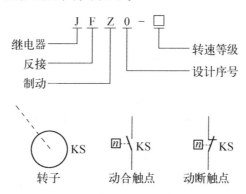

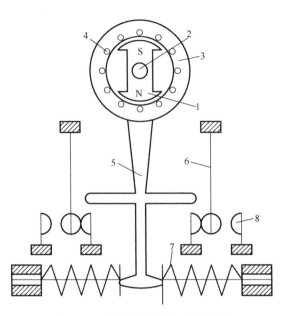

图 2-13　速度继电器的结构原理图

1—转子　2—电动机轴　3—定子　4—笼型绕组　5—定子柄　6—动触头　7—反力弹簧　8—静触头

速度继电器通常与接触器配合，实现对电动机的反接制动。速度继电器主要根据电动机的额定转速来选择，其转轴应与电动机同轴连接，安装接线时，正反向的触点不能接错。

5. 热继电器

热继电器是一种具有过载保护特性的过电流型继电器，主要用来保护电动机过载。电动机实际运行中若过载不大，时间较短，只要电动机绕组不超过允许温升，这种过载是允许的。但当长时间过载，绕组超过允许温升时，将会加剧绕组绝缘的老化，缩短电动机的使用年限，严重时会导致电动机损毁。

热继电器按动作方式可分为双金属片式、热敏电阻式和易熔合金式。双金属片式利用双金属片受热弯曲推动执行机构动作，结构简单、体积小，成本低，故应用最多。

双金属片式热继电器主要由发热元件（电阻丝）、双金属片、动断触点及传动、调整机构组成，工作原理如图 2-14 所示，热继电器的发热元件串入主电路，动断触点与被保护设备的控制电路串联。当主电路长时间过载，发热元件中电流产生的热量加热双金属片，双金属片由两片不同热膨胀系数的金属片组成。受热时，金属片膨胀，由于温度系数不同，两片金属片的膨胀长度不同，双金属片向膨胀较小的一侧弯曲，形变达到一定程度时使扣板动作，带动动断触点断开，使控制电路断开，从而使接触器失电，主电路断开，实现电动机的过载保护。双金属片的热膨胀系数差值大小决定了热继电器的灵敏度。

双金属片式热继电器按加热方式可分为直接式加热、间接式加热、复合式加热和电流互感器加热 4 种。直接加热式线路电流直接通过双金属片，间接加热式发热元件由电阻丝绕在双金属片上，复合加热式介于这两种之间，电流互感器加热式的发热元件不直接串入被保护电路，而是接于电流互感器的二次侧，这种方式可用于大电流的过载保护。

有些型号的热继电器还具有断相保护功能。热继电器的断相保护功能是由内、外推杆组成的差动放大机构提供的。当电动机正常工作时，通过热继电器热元件的电流正常，内外两推杆均向前移至适当位置。当出现电源一相断线而造成缺相时,该相电流为零,该相的双金属片冷却复位,使内推杆向右移动,另两相的双金属片因电流增大而弯曲程度增大,使外推杆向左移动,由于差动放大作用,在出现断相故障后很短的时间内就推动动断触点使其断开,使交流接触器释放,电动机断电停车而得到保护。

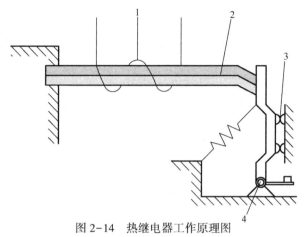

图 2-14   热继电器工作原理图

1—发热元件   2—双金属片   3—动断触点   4—杠杆

热继电器的图形和文字符号如下:

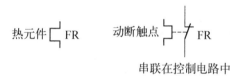

热元件 FR   动断触点 FR

串联在控制电路中

热继电器型号如下:

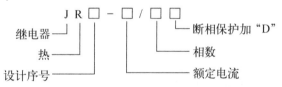

JR□-□/□□   断相保护加"D"

继电器   相数

热   额定电流

设计序号

6. 固态继电器

固态继电器(Solid State Relay,SSR)是由微电子电路、分立电子器件及电力电子功率器件组成的无触点开关。用隔离器件实现了控制端与负载端的隔离。固态继电器的输入端用微小的控制信号,来实现大电流负载的驱动。

固态继电器按切换负载性质可分为直流和交流两种;按工作性质可分为直流输入-交流输出型、直流输入-直流输出型、交流输入-交流输出型及交流输入-直流输出型;按输入与输出的隔离可分为光电隔离(其中包括光电耦合和光控晶闸管等)和干簧继电器隔离;按过零功能及控制方式可分为电压过零、电流过零和非过零型交流 SSR;按封装结构可分为塑封型、金属壳全密封型、环氧树脂灌封型和无定型封装型。

固态继电器主要由输入(控制)电路、驱动电路和输出(负载)电路三部分组成。以交流型的 SSR 为例来说明其工作原理,如图 2-15 所示。当无输入信号时,GD 中的光敏晶体管截止,VT_1 是交流电压零点检测器,通过 R_3 获得基极电流而饱和导通,将 VS_1 的门极箝在低电位而处于关断状态。当有输入信号时,光敏晶体管导通,此时 VS_1 的状态由 VT_1 决定，如此电源电压大于过零电压时，分压器 R_3、R_2 的分压点 P 电压大于 U_{BE1}，VT_1 饱和导通，VS_1 门极因箝位在低电位而截止，VS_2 的门极因没有触发脉冲而处于关断状态。只有当电源电压小于过零电压，P 点电压小于 U_{BE1} 时 VT_1 截止，VS_1 门极获得触发信号而导通。在 VS_2 的门极获得触发脉冲，VS_2 就导通，从而接通负载电源。

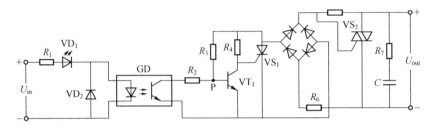

图 2-15　具有电压过零功能的固体继电器工作原理图

固态继电器是一种全部由固态电子元件组成的新型无触点开关器件，利用电子元件的开关特性，实现控制的线路无触点、无火花分合。固态继电器是一种四端有源器件，两个端子为输入控制端，另外两端为输出受控端。它既有放大驱动作用，又有隔离作用，很适合驱动大功率开关式执行机构。相比电磁继电器，固态继电器有表 2-2 所示的优缺点。

表 2-2　固态继电器的优缺点

优　点	缺　点
1）高寿命，高可靠，SSR 为没有运动的机械零部件，能在高冲击、振动的环境下工作 2）灵敏度高，控制功率小，电磁兼容性好。固态继电器的输入电压范围较宽，驱动功率低，可与大多数逻辑集成电路兼容，不需加缓冲器或驱动器 3）快速转换。固态继电器因为采用固体器件，所以切换速度可从几毫秒至几微秒 4）电磁干扰小。大多数交流输出固态继电器在零电压处导通，零电流处关断，减少了开关瞬态效应	1）导通后的管压降大 2）半导体器件关断后仍有数微安至数毫安的漏电流，因此不能实现理想的电隔离 3）功耗和发热量也大，大功率固态继电器的体积远远大于同容量的电磁继电器，成本也较高 4）电子元器件的温度特性和电子线路的抗干扰能力较差，耐辐射能力也较差，如不采取有效措施，工作可靠性低 5）固态继电器对过载有较大的敏感性，必须用快速熔断器或 RC 阻尼电路对其进行过电流保护

2.4.3　继电器的主要技术参数与选用原则

继电器的主要技术参数主要有以下几个。

1）额定工作电压：继电器正常工作时加在线圈两端的电压。

2）额定工作电流：继电器正常工作时通过线圈的电流。

3）吸合电压：继电器能够产生吸合动作的最小电压值。

4）吸合电流：继电器能够产生吸合动作的最小电流值。

5）吸合时间：给继电器线圈通电后，触点从释放状态到吸合状态所需要的时间间隔。

6）释放电压：继电器从吸合状态到释放状态所需的最大电压值。

7）释放电流：继电器从吸合状态到释放状态所需的最大电流值。

选用中间继电器需确定触点的形式和通断能力，其他与接触器选择方法一致；时间继电器要考虑延时的范围、延时类型、延时精度和工作条件；速度继电器根据电动机的额定转速选择。

过电流继电器选择的额定电流应大于或等于被保护电动机的额定电流，动作电流应根据电动机工作情况按其起动电流的 1.1~1.3 倍整定。一般绕线转子异步电动机的起动电流按 2.5 倍额定电流考虑，笼型异步电动机的起动电流按 5~7 倍额定电流考虑；选择过电流继电器的动作电流时，应留有一定的调节余地；热继电器额定电流应接近电动机的额定电流，三角形联结或负载对称性不好的应用场合应选用带断相保护的热继电器。

2.5 主令电器

主令电器是用来发布命令、闭合或断开控制电路并改变控制系统工作状态的电器，可用于电力拖动系统电动机的起停、制动和调速。主令电器用于控制电路中，一般不能直接分合主电路。常用的主令电器包括控制按钮、主令控制器、行程开关及接近开关等。

2.5.1 控制按钮及指示灯

1. 控制按钮

控制按钮简称按钮，是一种结构简单、使用广泛的手动主令电器，常用于控制电路中发出启动或停止等指令，远距离手动控制接触器、继电器等电器的线圈电流的通断，也可以用来转换各种信号电路和电气联锁电路等，手动短时接通或断开小电流电路。

控制按钮一般由按钮、复位弹簧、触点和外壳等部分组成，其结构如图 2-16 所示。按下按钮后，触点动作；按钮释放后，在复位弹簧作用下触点复位。按钮中触点的形式和数量根据需要可以装配成动合、动断或复合形式（动合和动断）。对于复合控制按钮，当按下按钮时，先断开动断触点，后接通动合触点。

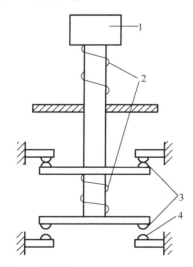

图 2-16 控制按钮结构示意图
1—按钮帽 2—复位弹簧 3—动断触点 4—动合触点

控制按钮的图形和文字符号如下：

E-\| SB   E-7 SB   E-\|7 SB
动合触点   动断触点   复合触点

控制按钮的型号如下：

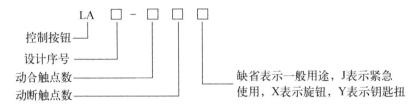

控制按钮可做成单式（一个按钮）、复式（两个按钮）和三联式（三个按钮）的形式。为便于识别各个按钮的作用，避免误操作，通常在按钮上做出不同标志并涂以不同颜色，常用颜色有红色、黄色、绿色、蓝色、黑色、白色和灰色。停止按钮、急停按钮用红色；启动按钮用绿色；点动或微动按钮最好用黑色；复位功能的按钮一般用蓝色；一钮双用的"启动/停止"交替动作改变功能的，一般用黑、白或灰色按钮。

2. 指示灯

指示灯是用灯光来监视电路和电气设备工作或位置状态的器件，用于反映线路的工作状态（有电或无电）、电气设备的工作状态（运行、停止或试验）和位置状态（闭合或断开）等。指示灯的图形和文字符号如下：

反映设备工作状态的指示灯，通常以红灯亮表示处于运行工作状态，绿灯亮表示处于停运状态，乳白色灯亮表示处于试验状态；反映设备位置状态的指示灯，通常以灯亮表示设备带电，灯灭表示设备失电；反映电路工作状态的指示灯，通常红灯亮表示带电，绿灯亮表示无电。

指示灯的额定工作电压有 220 V、110 V、48 V、36 V、24 V、12 V、6 V 和 3 V 等。受控制电路通过电流大小的限制，同时为了延长灯泡的使用寿命，常采取在指示灯前加一限流电阻或两只指示灯串联使用以降低工作电压。

指示灯电路中所用的指示器件主要有两种。

1）发光二极管指示器件：采用发光二极管作为指示器件（指示灯），这种指示灯的特点是体积小、耗电少、指示醒目且颜色变化多等。表 2-2 为发光二极管指示灯种类说明。

表 2-3　发光二极管指示灯种类说明

名　　称	指 示 功 能	说　　明
指示状态	恒定发光指示	指示灯的发光亮度不变化，大多数指示灯采用这种指示方式
	闪烁发光指示	指示灯一闪一灭闪烁发光
	延时式指示	指示灯点亮几秒后自动熄灭
指示功能	按键指示	本身不能作机械性锁定的自复式按键开关，按下开关按键松手后按键自动恢复抬起，为指示此开关是否已被按下而设的指示灯
	电路状态指示	如调谐器立体声信号指示灯
	功能指示	如录音座指示、调谐器指示等
	电源指示	如电源指示灯

图 2-17 所示为施耐德电气的进口金属按钮 LED 指示灯产品, 其边框采用镀镍金属, 在 25℃、额定电压时, 使用寿命为 100000 h。

图 2-17　施耐德电气金属按钮 LED 指示灯产品

2) 小电珠: 小电珠一般只用于调谐刻度指示, 有时也用作电源的指示。这种指示灯可以用交流供电, 也可以用直流供电。小电珠的缺点是耗电较大、体积大。如图 2-18 所示为小电珠指示灯电路原理图。图 2-18a 为直流电路中的电源指示灯电路; 图 2-18b 为交流电流指示灯电路, 由电源变压器的一组二次绕组单独供电。

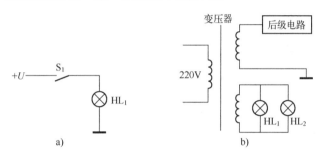

图 2-18　小电珠指示灯电路原理图
a) 直流电路　b) 交流电路

2.5.2　主令控制器

主令控制器是用来频繁地按顺序操作多个控制电路的主令电器, 通过按一定顺序分合触点实现控制系统发布命令或线路联锁、转换的目的。一般配合接触器实现对电动机的起动、制动、调速和反转等远距离控制, 广泛应用于各类起重机械的电力拖动场合。与转换开关相比, 它的触点容量大些, 操纵档位也较多。主令控制器的控制对象是二次电路, 所以其触点工作电流不大。

主令控制器按防护类型分为防护式和无防护式; 按操作位置分为水平旋转操作和立式操作; 按凸轮能否调节分为凸轮调整式和凸轮非调整式。凸轮非调整式主令控制器的凸轮片不能调整, 其触点只能按固定的触点分合表动作; 凸轮调整式主令控制器的凸轮片上开有孔和槽, 装在凸轮盘上的位置可以调整, 从而触点的开合顺序也可以调整。

主令控制器的结构主要由转轴、凸轮块、静触头、动触头、定位机构及手柄等组成, 其结构示意图如图 2-19 所示。当转动方轴时, 凸轮块随之转动, 凸轮块的凸起部位转动到与小轮接触, 推动支杆张开, 动静触头分离, 断开相应的被控线路; 当凸轮块转动到凹陷部位与小轮接触时, 支杆在反力弹簧的作用下复位, 触点复位。不同形状的凸轮组合可使触点按一定顺序动作, 可根据控制线路要求选择凸轮数量。

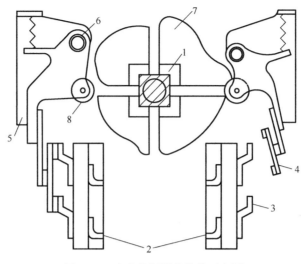

图 2-19　主令控制器的结构示意图

1—方形转轴　2—接线柱　3—静触头　4—动触头　5—支杆　6—转动轴　7—凸轮块　8—小轮

主令控制器的型号如下:

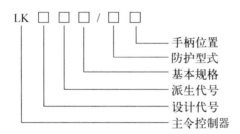

主令控制器主要根据使用环境、所需控制的支路数及触点开合顺序等进行选择,在电路图中主令控制器的图形符号表示方法与转换开关类似。

2.5.3　行程开关

行程开关又称限位开关,是一种用以反映工作机械的行程、发出命令以控制其运动方向或行程大小的开关。实际生产中,将行程开关安装在指定的位置,当生产机械的运动部件触动行程开关的操作机构时,行程开关的触点动作,实现电路的切换,运动部件离开后,在弹簧的作用下触点可自动复位。

行程开关体积小、灵敏度高,在工业应用和日常生活应用广泛。在日常生活中,打开冰箱时冰箱内会有灯自动亮起,关冰箱门灯自动熄灭,就是利用行程开关实现的。根据结构不同,行程开关可分为直动式、滚轮式和微动式。

直动式行程开关动作原理与控制按钮类似,不同的是控制按钮是手动,行程开关是由运动部件的撞块触碰。直动式行程开关的外形及结构原理如图 2-20 所示。直动式行程开关结构简单,成本低,但触头的分合速度取决于运动部件撞块移动的速度,若撞块移动速度太慢,触点不能瞬时切断电路,燃弧时间长容易烧蚀触头,故不宜用在机械移动速度低于 0.4 m/min 的场合。

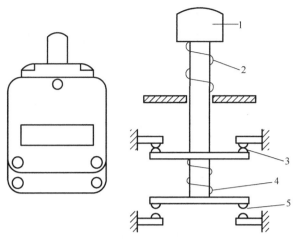

图 2-20 直动式行程开关的外形及结构原理
1—顶杆 2—弹簧 3—动断触点 4—触点弹簧 5—动合触点

为克服直动式行程不适合低速运动场合的缺点，可采用能瞬时动作的滚轮旋转式结构。滚轮式行程开关可分为单滚轮自动复位式和双滚轮非自动复位式。单滚轮自动复位行程开关的原理如图 2-21 所示。当机械运动部件的撞块推动滚轮时，摆杆绕支点转动压缩储能弹簧。当滚轮滚过摆杆中点推开压板时，摆杆在弹簧作用下迅速转动，带动触头迅速动作。当

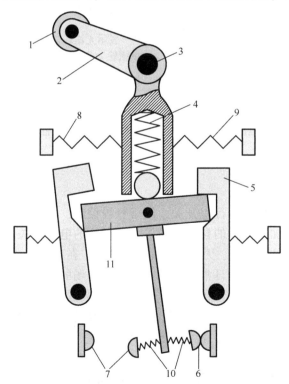

图 2-21 单滚轮自动复位行程开关工作原理图
1—滚轮 2—摆杆 3—固定支点 4—弹簧 5—压板 6—动断触点
7—动合触点 8，9—复位弹簧 10—触点弹簧 11—T 型摆杆

撞块离开滚轮时，在复位弹簧的作用下，触头恢复原始状态。双滚轮非自动复位式行程开关摆杆上部是 V 字型，装有两个滚轮，内部没有复位弹簧，其他结构与单滚轮自动复位式相同。滚轮式行程开关触头通断速度不受机械部件的运动速度影响，动作快；缺点是结构较复杂，价格贵。

微动行程开关体积小、重量轻、动作灵敏，适用于行程控制要求精确的场合，但行程小，结构强度不高，使用时必须对推杆的最大行程加以限制，以免压坏开关。

行程开关的图形和文字符号如下：

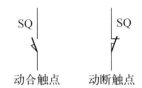

动合触点　　　　动断触点

行程开关的型号如下：

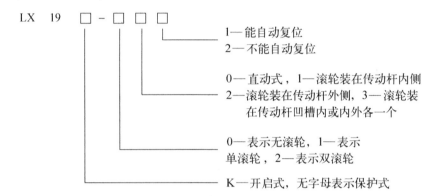

行程开关的主要技术参数有额定电压、额定电流、工作行程、触点数量以及操作频率等。额定电压和额定电流根据控制电路的电压和电流选用，行程开关的种类根据使用场合和控制对象确定。

2.5.4　接近开关

接近开关是一种非接触型的行程开关，用于行程控制、限位保护、零件尺寸检测和测速、计数、液面控制和加工程序的自动衔接等，是理想的电子开关量传感器，其使用寿命长、工作可靠、重复定位精度高、无火花且无机械磨损，在工业生产、日常生活和航空航天技术中都有广泛的应用，例如，日常生活中的宾馆、商场的自动门，自动起停的扶梯；资料、档案、金融、博物馆、金库等重要场合安装的防盗装置；工业中物品的长度、位置、数量、位移、速度、加速度的测量和控制。目前应用较为广泛的接近开关有以下几种。

1）电感式：检测各种金属体，检测距离与体积有关，一般为 0～200 mm。

2）电容式：可检测各种类型物体，但检测距离与被检测物体材质有关，一般液体的检测距离比较长，固体的检测距离较短，一般为 0～100 mm。

3）光电式：检测所有不透光物质，检测距离长，其中对射式光电接近开关的检测距离最远，一般为 1～100 m。

4）超声波式：检测不透过超声波的物质，检测距离一般为 2.5 cm～10 m。

5）霍尔式：只感应磁性物体，检测距离与磁性有关，一般为 10~100 mm。

1. 电感式接近开关

电感式接近开关也称为涡流式传感器，用于金属物体的定位、数目检测及料位控制等，其特点是无触点、全密封、寿命长、可靠性高且响应速度快，已逐渐取代机械式行程开关。电感式接近开关工作原理如图 2-22 所示，振荡器产生一个交变磁场，当金属目标接近感辨头达到感应距离时，将在金属目标内产生涡流，导致振荡器衰减，振荡器的变化经开关电路放大处理转换成开关信号，触发驱动控制器件，即可实现非接触的检测目的。圆柱形电感式接近开关最常见，通常采用金属外壳做成细牙螺纹。电感式接近开关不能感知非磁性物体，不能检测很薄的金属镀膜，不能用于强酸强碱的环境。

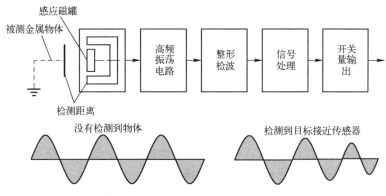

图 2-22　电感式接近开关工作原理图

2. 电容式接近开关

电容式接近开关测量头一般是构成电容器的一个极板，另一个极板是物体本身。当物体靠近接近开关时，物体与接近开关的介电常数发生变化，等效电容改变，和测量头相连的电路状态随之发生改变，由此控制开关的接通和分断。电容式接近开关可以感应导体、半导体、绝缘体等各种材质，液体、颗粒物、粉状物也可以检测。对于非金属物体，动作距离取决于被测材质的介电常数，材料的介电常数越大，动作距离可越大。

3. 接近开关的主要技术参数和选型

接近开关的主要技术参数有如下几个。

1）工作电压：接近开关的供电电压范围，此范围内可以保证接近开关的电气性能和安全工作。

2）工作电流：接近开关连续工作时的最大负载电流。

3）动作距离：接近开关动作时感应头与检测体之间的距离。

4）设定距离：接近开关在实际工作中整定的距离，一般为动作距离的 0.8 倍。

5）重复精度：在常温和额定电压下连续进行 10 次试验，取其中最大或最小值与 10 次试验的平均值之差为接近开关的重复精度。

6）响应频率：在规定的时间间隔内（1 s），接近开关动作循环的次数。

7）复位行程：接近开关从"动作"位置到"复位"位置的距离。

一般的工业应用，通常选用电感式接近开关和电容式接近开关，这两种接近开关对环境条件的要求较低。被检测物体为金属材料时，选用电感式接近开关；被检测物体为非金属材料时，选用电容型接近开关；远距离的检测和控制，选用光电型接近开关或超声波型接近开关；环境条件好、无粉尘污染的场合，可采用光电接近开关，光电接近开关工作时对被测对象没有任何影响；被测磁性物体的检测灵敏度要求不高时，可选用价格低廉的霍尔式接近开关。有时为了提高识别的可靠性，几种接近开关可复合使用。选用接近开关时，还需注意工作电压、负载电流、响应频率及动作距离等各项指标的要求。

2.6 断路器

2.6.1 断路器的用途和分类

低压断路器是低压配电网中的主要电器开关之一，可以接通和分断正常的负载电流、电动机工作电流和过载电流，可以在短路和严重超载的情况下切断电路，保护回路中的电器。

低压电路器按极数分可分为单极、两极、三极和四极等。

按安装方式可分为有插入式、固定式和抽屉式。

按电流类别可分为交流和直流。

按结构型式可分为以下几种：

1）万能框架式：所有组件绝缘后均安装于一个框架内，这种断路器短路分断能力高、动稳定性好，可安装多种脱扣器和较多数量的辅助触点，容量较大，一般作为配电系统的总开关、主干线和大型电动机的保护，广泛应用于工矿企业变配电站。近年来其向着高性能、易维护和网络化方向发展。

2）塑料外壳式：简称为塑壳式，所有零件都安装在一个绝缘的塑料外壳中。塑料外壳式断路器的结构紧凑、体积小、重量轻且价格便宜，可手动和电动分合闸，操作容易，适于独立安装。与框架式断路器相比，塑料外壳式断路器额定电流较小，短路分断能力和短时耐受能力低，一般用于建筑的照明电路，可作为小容量发电机的保护或用于不频繁起停的电动机。

按动作原理可分为以下几种：

1）限流型：利用短路电流斥力效应，使触点快速打开、分断，当短路电流还未到达单个周波的最大值之前执行分断操作，以减少线路电器承受的机械应力和热应力，目前应用广泛。

2）非限流型：没有限流能力，只能分断预期的短路电流，如果极限通断能力低于预期短路电流，可以安装在限流型断路器的下级使用。

2.6.2 断路器的基本结构与工作原理

低压电路器一般由脱扣器、触点系统、灭弧装置、传动机构、基架和外壳等组成。

脱扣器是低压断路器中用来接收信号的元件。若线路中出现异常或由操作人员、继电保护装置发出信号时，脱扣器会通过传递元件使触点动作掉闸切断电路。低压断路器通过各类脱扣器完成短路、过载、失电压等保护功能，脱扣器主要有过电流脱扣器、热脱扣器、失电压脱扣器及分励脱扣器等几种。低压断路器投入运行时，操作手柄已经使主触点闭合，自由脱扣机构将主触点锁定在闭合位置，各类脱扣器进入运行状态。

（1）电磁脱扣器

电磁脱扣器与被保护电路串联。线路中通过正常电流时，电磁铁产生的电磁吸力小于反作用力弹簧的拉力，衔铁不能被电磁铁吸动，断路器正常运行。当线路出现短路时，短路电流产生的电磁吸力远大于弹簧反力，衔铁动作，通过传动杆推动自由脱扣机构断开主触点，切断电路。

（2）热脱扣器

热脱扣器与被保护电路串联。线路正常时，脱扣器的发热元件使双金属片弯曲至刚接触到传动机构，达到动态平衡状态，双金属片不再继续弯曲。过载时，电流增大导致发热元件使金属片继续弯曲，通过传动机构推动脱扣机构断开主触点，切断电路。

（3）失电压脱扣器

失电压脱扣器并联在断路器的电源侧，起欠电压及失电压保护的作用。电源电压正常时，断路器的主触点在合闸位置。当电源侧停电或电源电压过低时，铁心中电磁吸力减小，低于弹簧反力，衔铁动作，通过传动机构推动脱扣器动作，使断路器跳闸。一般电源电压低于额定电压的40%时，失电压脱扣器脱开。

（4）分励脱扣器

分励脱扣器用于远距离操作低压断路器的分闸控制。分励脱扣器的线圈并联在断路器的电源侧。遇到险情需要进行分闸操作时，按动按钮使分励脱扣器的线圈得电，衔铁动作，通过传动机构推动自由脱扣器，使低压断路器跳闸。

装有两种或两种以上的脱扣器称为复式脱扣器。

低压断路器的工作原理如图2-23所示。主触点1通过自由脱扣器2保持闭合。当线路发生过电流时，过电流脱扣器线圈电流增大，产生的电磁吸力吸合衔铁，触动自由脱扣器杠杆，使锁扣脱扣，主触点被弹簧迅速拉开，分断主电路。热脱扣器5在线路发生过载一段时间后，热脱扣器的双金属片弯曲达到一定程度时触动自由脱扣器杠杆，断开主触点；线路发生失电压时，失电压脱扣器6线圈内的电磁吸力不足以克服弹簧反力，失电压脱扣器6在弹簧的拉力作用下触动自由脱扣器，断开主触点；当发生险情需要断电时，按下按钮7，分励脱扣器4线圈得电吸合衔铁，触动自由脱扣器杠杆，断开主触点，分励脱扣器常用在消防控制室。

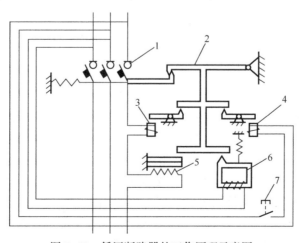

图2-23 低压断路器的工作原理示意图

1—主触点 2—自由脱扣器 3—过电流脱扣器 4—分励脱扣器 5—热脱扣器 6—失电压脱扣器 7—按钮

2.6.3　断路器的主要技术参数和选择

1）额定电压：断路器在规定使用和性能条件下长期正常工作的标准电压。

2）最高工作电压：断路器长期正常运行能够承受的最高电压，一般为额定电压的 1.1～1.15 倍。

3）额定电流：断路器在规定使用和性能条件下可以长期通过的工作电流。

4）额定短路开断电流：额定电压下断路器能可靠开断的最大短路电流。

5）额定短时耐受电流：又称为额定热稳定电流，在额定短路持续时间内，断路器在合闸位置时所能承载的电流有效值。反映设备经受短路电流导致的热效应能力。

6）额定峰值耐受电流：又称为额定动稳定电流，断路器在合闸位置时所能承受的额定短时耐受电流第一个半波的电流峰值。反映设备受短路电流导致的电动效应能力。

7）分断时间：切断故障电流所需的时间，包括固有断开时间和燃弧时间。

8）灵敏系数：线路中最小短路电流和断路器瞬时/延时脱扣器的整定电流之比。

低压断路器应首先根据线路的负载性质和可能发生的故障类别进行选择，根据线路的电压和频率选择断路器的额定电压和频率，由线路的计算电流决定断路器的额定电流和各种脱扣器的整定电流，参考产品的保护特性曲线选用保护特性。发生短路时，低压断路器应能符合动稳定性和热稳定性的要求。

低压断路器的额定短路分断能力和额定短路接通能力应不低于安装位置上的预期短路电流。线路发生三相短路时，短路电流要经过暂态过程，电流中包含周期分量和非周期分量，非周期分量出现时间一般在 0.2 s 之前，短路后 0.01 s 时短路电流达到瞬时最大值，为短路冲击电流。因此，当断路器动作时间大于 0.02 s 时，可不考虑短路电流的非周期分量，将短路电流的周期分量有效值作为最大短路电流；当动作时间小于 0.02 s 时，需考虑非周期分量，将短路电流第一周期内的全电流作为最大短路电流。

所选断路器还需对短路特性和灵敏系数进行校验，与其他断路器或保护电器之间有配合要求时，应选用选择型断路器，上级断路器一般使用选择性断路器。断路器还应进行灵敏系数校验，两相短路的灵敏系数应不小于 2，单相短路时灵敏系数对于 DZ 型断路器可取 1.5，其他类型断路器可选 2。如果校验灵敏系数达不到要求，可调整整定电流，也可利用延时脱扣器作为后备保护，保证断路器不会因为短路电流过低造成不能及时可靠动作。

2.6.4　低压断路器的安装方式

低压断路器的安装方式主要有固定式、插入式和抽屉式。

1）固定式：用安装螺钉将断路器固定在成套装置安装板上。因更换断路器时必须先拆除连接导线，故断路器更换时间长，且麻烦。

2）插入式：主要适用于塑料外壳式断路器，分为板前接线和板后接线。在成套装置的安装板上，先安装一个断路器的安装座（安装座上有 6 个插头，断路器的连接板上也有 6 个插座）。使用时，先将断路器直接插进安装座，然后用安装螺钉将断路器固定在安装座上。若需要更换断路器，则先拆下安装螺钉，然后拔出，更换上即可。因更换时不需要拆除连接导线，故比固定式要快，且方便。插入式在插入和拔出时需要一定的外力。一般用于壳架电流不超 400 A 的断路器。

3）抽屉式：主要适用于万能式断路器和壳架电流 400 A 以上的塑料外壳式断路器。断路器轻轻地放置在安装台上，用一根摇杆插入安装台的孔内，做顺时针转动，在蜗轮蜗杆啮合下，断路器渐渐地与安装台的接线座紧密接触；如果取出，就将摇杆逆时针转动。抽屉式有接触、分开和隔离（断路器不带电）三种位置，插入式只有接触、分开两种位置，所以抽屉式更换断路器时比插入式更安全可靠。

不管哪种安装方式的断路器都在产品型式试验和生产过程中进行了验证，符合 GB/T 14048.2—2008 的要求。在满足规定的使用条件下，断路器都能正常工作。

设计选用断路器时，首先根据操作经验选择安装方式，所选用的断路器是由厂家已把断路器装配在开关柜内或配电箱内的成套产品，对于断路器是垂直安装，还是侧卧式安装方式，只需操作人员根据操作经验，在产品订货时提出断路器的安装要求。例如，设计上选用抽屉式开关柜，断路器一般是侧卧式安装，一边（左边）进线接到断路器母线上，而另一边（右边）出线接负载线路上。但抽屉式断路器所接用电负荷容量较大时，需要考虑散热问题，断路器热脱扣器的温度一般是在 30℃ 条件下整定的，若环境温度过高，应考虑修正系数，或隔一格另供一出线用，减小温升影响。

安装时还需注意断路器进线的接线方式，断路器进线安装方向对断路器运行有一定影响。断路器垂直正向安装或横向安装时，以断路器面板上铭牌的字或标识做参数，将断路器上方接线端作为电源的进线端（电源端），断路器下方接线端作为负载的连接端（负载端），这种接线方式称为上进线；如果将断路器上进线中的电源端作为负载端，负载端作为电源端来使用的接线方式，则称为下进线。

断路器体积和重量越大，由于重力作用对分断能力的影响就越大。断路器设计时，静触头在断路器上部，动触头放在中部，脱扣部分放在下部，这样灭弧罩、主接触点也布置在靠开关上部，所以上进线可以减少端子的发热对脱扣曲线的热传导影响。断路器连线通常采用上进线方式，但也会因安装场合原因而对断路器要求下进线方式连线，例如，电源处于配电柜的下方，电源进线至断路器负载端比较方便，或电器柜上下装有两台断路器，电源进线从中间部位引入的场合。

应注意有的断路器不允许采用下进线的接线方式。如果断路器的静触头距离断路器接线端距离较短，动触头焊至动触杆连着软联结经脱扣器至连线端的距离较长，传统的断路器设计以连着静触头的接线端作为电源端，在动静触头之间有灭弧系统间的隔离及电源端之间的相间隔弧措施均在设计中充分考虑，当断路器动静触头及连接部分因绝缘及隔离已有措施，只要灭弧系统正常熄弧，断路器也就能正常开断。但采用下进线的断路器在短路分断时，动静触头断开后，各相动触头连接部位均为带电体，在一段较长区域内，如轴间脱扣区有空隙，极限分断时产生的电弧因电动力及灭弧室缘故，大部分在灭弧系统中熄灭，但总有小部分的带电游离气体与邻相带电体相遇，就可能产生相间短路，破坏了断路器正常断开。例如，DW15 系列断路器壳架电流 1600 A 以上规格的相间间距比壳架电流 630 A 的断路器大，并采用了隔离和绝缘手段，因此，虽然同为 DW15 系列，630 A 及以下规格的 DW15 断路器明确指出接线方式为上进线，电源端和负载端不能反接，而 1600 A 及以上规格的 DW15 断路器却能同时满足上进线和下进线的要求。

许多塑壳断路器都只能上进线。断路器如果垂直倒装，其工作条件比垂直正装下进行时更严酷，因此在极限短路分断时，除因与正装下进线安装形式而引起相间短路外，还因灭弧在下方分断时产生热气流方向是向上的，对电弧进入弧室也不利。断路器横向安装上进线时，极限短路分断时，电弧主要是由于电动力驱动进入灭弧栅片灭弧，即使触头断开时产生的热气流向上，其上方还是灭弧室的金属栅片，灭弧室也处于横放位置，断路器横向安装上进线时对其性能影响不大，但不能下进线。剩余电流断路器严禁下部进线，因为电子式剩余电流断路器的脱扣线圈只有在得到动作信号的时候瞬时带电，当剩余电流断路器断开分断电路后即刻断电。如果下进线，会造成剩余电流断路器动作后电压依然加在脱扣器线圈上，会烧毁线圈，丧失剩余电流保护功能。如图 2-24 所示为施耐德 iC65 小型断路器，手柄上的绿色标志明确指示触头处于断开位置，分断能力为 6/10/15 kA，额定电流为 1~63 A，"上进下出"或"下进上出"接线方式均可，应用于民用、商业建筑以及工业场所等领域的配电保护。

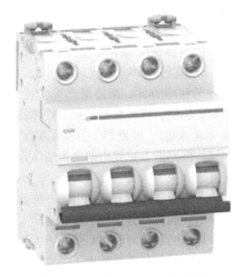

图 2-24　施耐德 iC65 小型断路器

2.7　浪涌保护器

浪涌是一种电路中出现的短暂电流、电压波动，通常持续约百万分之一秒的剧烈脉冲，当电压和电流高于正常值两倍以上时，即为浪涌。

导致浪涌现象的原因主要有雷电、大型负荷的通断、设备起停及故障等。

雷击引起的浪涌危害最大，雷击放电时，以雷击为中心 1.5~2 km 范围内，都可能产生危险的过电压。雷击引起浪涌的特点是单相脉冲型，能量巨大。外部浪涌电压在几微秒内可从几百伏快速升高至 20000 V，可以传输相当长的距离。来自线路外的浪涌主要来自于雷电和其他系统的冲击，大约占 20%。直接雷击是最严重的事件，尤其是雷击击中靠近用户进线口架空输电线时，架空输电线电压将上升到几十万伏，引起绝缘闪络。

间接雷击和内部浪涌发生的概率较高，绝大部分的用电设备损坏与其有关。所以电源防浪涌的重点是对这部分浪涌能量的吸收和抑制。

控制线路内部浪涌主要来自内部用电负荷的冲击，如大型负荷的投入和切除、短路故障等，大约占 80%。

浪涌是无法避免的问题，会干扰电子设备，降低电器的性能，导致其老化加速，甚至导致电器的损坏。浪涌的危害可分为两种：灾难性危害和积累性危害。灾难性的浪涌危害指的是浪涌电压超过电器的承受能力，导致其完全被破坏或寿命大大降低；积累性浪涌危害是指多个小浪涌的累积效应造成电器性能的衰退、设备故障和寿命缩短。

浪涌危害是一个不容忽视的问题，浪涌对电气设备造成的损坏会直接影响到整个紧密相连的电子网络，造成的间接损失更大。对于雷电等危害大的浪涌，需要快速及时地阻断，可以采用浪涌保护器来实现。

浪涌保护器（Surge Protection Device，SPD）是一种为各种电子设备、仪器仪表和通信线路提供安全防护的电子装置。当电气回路或通信线路中因为外界干扰突然产生尖峰电流或者电压时，能在极短的时间内导通分流，限制瞬态过电压，避免浪涌对回路中其他设备的损害。

2.7.1 浪涌保护器的结构与工作原理

如图 2-25 所示为常用浪涌保护器的原理示意图，由一个金属氧化物变阻器（MOV）将相线和地线连接在一起。当电路回路中产生浪涌时，浪涌保护器会将大部分电流转移到地线。当线路电压正常时，MOV 的电阻很大，浪涌保护器不起分压作用；当电压超过指定值时，MOV 电阻急剧减小，迅速分担多余的电压。

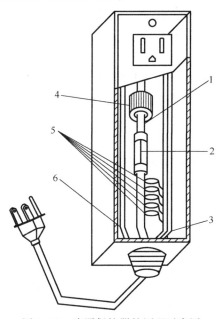

图 2-25　浪涌保护器的原理示意图

1—相线　2—熔体　3—地线　4—环形扼流器　5—金属氧化物变阻器（MOV）　6—零线

2.7.2 浪涌保护器的主要技术参数与选用原则

1）最大持续运行电压 U_C：可持续施加在 SPD 上的最大交流电压有效值或直流电压。220/380 V 三相系统选择 SPD，需根据不同接地系统形式选择。

2）最大放电电流 I_{max}：浪涌保护器施加波形为 8/20 μs 的标准雷电波冲击 10 次时，保护器所耐受的最大冲击电流峰值。

3）标称放电电流 I_n：SPD 不发生实质性破坏而能通过规定次数（一般为 20 次）、规定波形（8/20 μs）最大限度的冲击电流峰值。

4）电压保护水平 U_p：表征浪涌保护器限制接线端子间电压的性能参数，不应超过被保护设备耐冲击电压额定值。在低压供配电系统装置中，设备均应具有一定的耐受浪涌能力，即耐冲击过电压能力。当无法获得 220/380 V 三相系统各种设备的耐冲击过电压值时，可按 IEC 60664-1 和 GB 50057—2010 的给定指标选用。

2.8　软起动器

软起动器是一种集软起动、软停车、轻载节能和多功能保护于一体的电动机控制装备。它能够根据负载特性调节起动/停机过程中的限流值、起动/停机时间等参数，减少起动/停机对电网的冲击，可实现电动机的平滑起动/停机。

软起动器是电动机从直接起动、自耦变压器和星三角起动向变频驱动发展演变过程中的过渡产品。软起动器的使用，可减少配电容量，降低增容成本，延长电动机寿命。软起动器的软停机功能可有效地解决惯性系统的停车喘振问题，产品可设计完善的节能和保护功能，保护电动机及相关生产设备的使用安全，节能降耗。根据电压分类，软起动器可分为高压软起动器和低压软起动器；根据运行方式分，软起动器可分为在线运行软起动器、旁路运行软起动器和内置晶闸管旁路型在线运行软起动器。

（1）在线运行软起动器

在线运行软起动器是早期产品，采用集电动机的起动、保护与控制于一体的设计电路，结构简单、维修方便，但晶闸管长期在线运行功耗大，需要散热装置，晶闸管的长期在线运行也会对电网造成谐波污染。

（2）旁路运行软启动器

电动机完成起动后，由旁路接触器和电动机的主接触器接通电动机动力回路的软起动器。电动机起动完成后通过旁路到接触器上运行，避免了晶闸管在线运行的缺点，但这种软起动器电路较复杂，不能充分发挥智能控制对电动机的保护，装置体积和成本增加，维修难度增大。

（3）内置晶闸管旁路型在线运行软起动器

内置晶闸管旁路型在线运行软起动器（简称内置旁路型软起动器），在线运行软起动器内部设置了一套机械触点与晶闸管并联，软起动器内部集成了接触器，并能保证体积不增加。电动机软起动和软停机过程软起动器的晶闸管运行，机械触点断开；电动机正常运行时不用晶闸管，机械触点闭合。内置旁路型软起动器具备上述两种类型的所有优点，电路简单、功耗小、散热容易且体积小。

软起动器原理如图 2-26 所示，由一组串接于电源与被控电动机之间的三相反并联晶闸管、电子控制线路及旁路接触器组成。采用软起动器起动电动机时，控制三相反并联晶闸管的导通角从零逐渐上升，被控电动机的输入电压按预设函数逐渐增大，电动机转速也逐渐上升，当起动转矩满足要求，起动过程结束，整个升压过程平滑，具有电流限流功能。电动机额定电压工作时可接通旁路接触器，将晶闸管从线路中切除，以避免对电网造成谐波污染，延长晶闸管寿命。停机时，不立即切断电源，而是切换至晶闸管控制，通过控制晶闸管导通角按预设函数逐渐减小，使电压逐渐减小，转速逐渐下降，直至停机，停机时间可控。

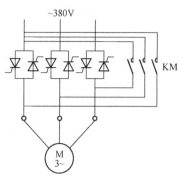

图 2-26　软起动器原理示意图

软起动常见的起动方式有以下几种。

1）斜坡恒流起动：这种起动方式在电动机起动初始阶段，起动电流逐渐增加，当电流达到预先设定值后保持恒定（$t_1 \sim t_2$ 阶段），直至起动完毕。起动过程中，电流上升变化的速率可根据电动机负载调整设定，如图 2-27a 所示。电流上升速率大，起动转矩大，起动时间短。这种起动方式应用较多，适用于风机、泵类负载的起动。

2）脉冲阶跃起动：在起动开始阶段，晶闸管在极短时间内以较大电流导通，一段时间后回落，再按原设定值线性上升，进入恒流起动，如图 2-27b 所示。这种起动方法在一般负载中较少应用，适用于重载起动并需克服较大静摩擦的起动场合。

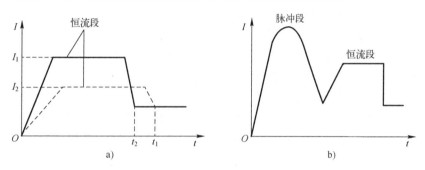

图 2-27　常见起动方式
a）斜坡恒流起动　b）脉冲阶跃起动

2.9　智能化低压电器

智能化低压电器是现代科学技术与传统电器技术相结合的产物，综合了现代高电压零飞弧技术、电子技术、电气自动化技术、网络通信技术和计算机技术等，采用模块化结构，集保护、测量和监控于一体，除具备过载、过电流、速断、剩余电流和接地等常规控制、保护、报警和整定功能外，还具备人机对话显示、存储、记忆、逻辑分析、判断、选择及网络通信等功能，能够实时显示温度、电流、电压、功率因数、有功和无功等各种特征参数，进行故障参数及类型的存储，具有自诊断能力，为维护人员进行信息查询和故障判断提供现场资料，为系统运行方式的优化奠定了基础。通过网络通信技术，可以使多台智能化低压电器产品实现与中央控制计算机的双向通信，构成智能化供配电系统，实现"四遥"功能，为无人化站所和实现区域联锁、远方监控和远方调整等创造必要的设备技术保障。随着用电环境的日益复杂和用电行业需求的多样性发展，低压电器的智能化是电器行业的大势所趋，将成为未来市场的主流产品。

现阶段，智能化低压电器虽没有明确的明文规定，但关于低压电器智能化的标准在相关领域工作人员中却已经有了广泛的共识。智能化低压电器需具有4个明显特征：

1）电器的保护功能齐全，能最大限度减少意外的发生。

2）可以测量电流参数。

3）可以记录并显示故障。

4）可以自行诊断内部的故障。

与普通低压电器相比，智能化低压电器的优点总结如下：

1）精确度高。智能化的配电电器通过消除配电系统中的高次谐波来减少操作失误的概率，提高了低压智能电器的准确度。

2）可靠性高。智能化低压电器的启动条件和适应范围比普通电器更广，因此，可靠性更高。

3）自动化。智能化低压电器可自主进行配电、调度、维护等操作，自动化程度高。

4）数据共享。通过实现数据和信息之间的共享，减少了额外数据的运行，提高工作效率。

从用户未来需求角度看，智能化低压电器产品还应具有感知、思维判断和自动执行等功能。实现上述功能，需突破以下技术难点：

1）感知功能的实现必须依托现代传感器技术。传感器将电压、电流、距离及温度等信息转换成能被识别和处理的各种信号，保证信号能准确、可靠且灵敏地反映信息的变化，传感器必须具有准确度高、可靠性高及体积小的特点。

2）实现思维判断功能必须依靠现代电子技术、计算机技术和通信技术。智能控制器的信息输入来自于感知功能信息、执行功能的反馈信息和系统的控制信息，智能控制器的输出为执行功能提供操作指令、为系统提供低压电器的工作状态信息。智能控制器除具有智能思维判断功能外，还必须具有高可靠、长寿命和强抗电磁干扰功能。

3）执行功能必须按控制器发出的操作指令进行可靠操作。以智能化断路器为例，执行机构必须能可靠完成断路器的分合，要求具有高可靠、长寿命且小体积的特点，目前已开发和应用的永磁操作机构已基本能满足智能化断路器对执行功能的要求。

低压电器是构建智能电网系统的重要组成部分，智能化电网建设为低压电器的智能化技术发展提供新的机遇，低压电器的智能化技术也为智能化电网的完善提出了新的发展需求。

2.9.1　智能化低压断路器

电网对可靠性及自动化要求的不断提高推动了断路器的智能化发展，发电、输电、配电及用电环节都提出了监测、控制及保护等方面的自动化和智能化要求。断路器作为电力系统中最重要的控制元件，它的自动化和智能化是电气设备智能化的基础。

智能化断路器采用模块化结构，集保护、测量和监控于一体，综合了现代高电压零飞弧技术、电子技术、电气自动化技术、网络通信技术和软件技术等，除具备过载、过电流、速断、剩余电流和接地等常规控制、保护、报警及整定功能外，还具备人机对话显示、存储、记忆、逻辑分析、判断、选择及网络通信等功能，能够实时地显示温度、电流、电压、功率因数、有功和无功等各种特征参数，并进行故障参数、类型的存储，具有自诊断能力，为运行维护人员进行信息查询和故障判断处理提供现场的实际运行资料，为系统运行方式的优化奠定基础。

目前，具有智能操作功能的断路器是在现有断路器的基础上引入智能控制单元，由数据采集、智能识别和调节装置 3 个基本模块构成。智能化断路器所带的串行通信接口，可将断路器连接到现场总线，将配电系统组成一个局域网，计算机作为主站，若干带通信接口的智能断路器组成从站。断路器的编号、分合闸状态、各种设定值、运行电流、电压、故障电流、动作时间及故障状态等多种参数信息可通过网络传输，实现多台智能化断路器与中央控制计算机双向通信，构成智能化的供配电系统，完成对现场设备的远方监控和遥测、遥信、遥调、遥控功能。通过智能化断路器的网络通信技术，为无人化站所和实现区域联锁、远方监控、远方调整等创造必要的设备技术保障。

2.9.2 智能化交流接触器

智能化接触器主要包含以下几个方面：

1）控制电磁系统的选相和合分闸。智能化交流接触器能够合理监测控制电源的电压，进行有效选相，使合分闸与吸反力特性良好地进行配合。通过智能操作使触头可靠闭合，有效降低衔铁的撞击力度，避免触头熔焊，减少触头的弹跳程度，提高器件的使用寿命。

2）吸反力的智能配合。利用电流对电磁线圈电压的反馈原理，设计闭环结构，避免电网波动对线圈电压的影响，实现宽电压合闸下吸反力特性的最佳配合。电闸闭合过程中，要避免衔铁的冲击和触头的震动，使电器在低电压下稳定运行，提高电器的使用寿命。

3）组合式无弧通断。组合式无弧通断接触器采用有触点开关和晶闸管的组合，依靠晶闸管作为桥梁，晶闸管导通后，触点闭合；触点断开后，晶闸管及时关断，实现了无电弧通断，具有高过电压、过电流能力，大大提高了接触器的使用寿命。由于组合式无弧通断接触器的高安全性能，可取代爆炸危险场合的防爆电器，其经济效益显著。

4）自诊断功能。智能化交流接触器能够对自身的运行状态进行监控，有异常出现时能够及时发现并报警。

5）通信功能。智能化接触器通过通信接口与网络总线联网，进行双向通信，对接触器的运行状态进行检测和调整。

智能化交流接触器技术的发展趋势主要是小型化、高度模块化、短距离飞弧和高安全性。在交流接触器内设置高性能的微处理芯片，使接触器具有数字化的特点，故其使用寿命长、性价比高。

2.9.3 智能化继电器

传统继电器存在着控制和保护功能精度不高、定时范围窄、延时方式单一及可靠性较差等缺点，智能化继电器不仅可以克服这些缺点，还可通过改变结构增加许多功能。

智能化继电器包括微处理器或单片机、A-D 转换、计时时钟、输入通道、输出通道、显示、键盘（延时设定）和通信通道等。

智能化继电器的控制输入可分为开关量和模拟量，模拟量要经 A-D 转换；输出通道接到电力系统断路器的脱扣装置或自动控制系统的接触器线圈，控制信号输入时，CPU 便按要求发出执行指令并显示，实现保护或其他自动控制动作。通信接口与工业现场进行通信，这样就能方便地实现通信和对用电设备运行状态的监视和远程控制，并能在网络上实现继电器参数的信息共享。

智能化继电器有如下优点：

1）控制精度高。智能化继电器以微处理器为核心进行控制工作，具有很强的控制和数据处理功能，反应速度快，控制精度和可靠性高。

2）保护可靠。智能化继电器在自动控制过程中，可以提前预测出被控对象的故障，做出预报警，能在危急时刻用脱扣器来保护用电设备，减少停工期和维护时间。

3）具有通信功能。通过通信接口与工业现场进行通信，实现通信和用电设备运行状态的监视及远程控制，并能将运行参数传输到网络上实现信息共享。

4）结构高度集成化，成本低。智能化继电器按固态设计方案制作成多种小型保护功能组件，使其具有高度的集成性，降低了组装成本。

第3章 低压电器的设计

3.1 低压电器产品设计的基本流程

不同公司低压电器新产品的设计流程虽各不相同，但一般电器新产品的设计主要包括计划决策、设计、试制和投产4个阶段。图3-1列出了新产品从开发到生产过程中的主要阶段和程序。

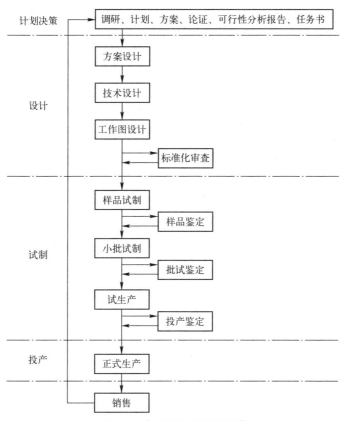

图3-1 产品开发阶段和程序

（1）计划决策

第一阶段首先要对新产品进行构思，调查用户和国内外市场需求，以及国内外同类型产品的技术水平，通过分析研究和预测，结合企业技术条件和生产发展方向，提出发展新产品的方向，确定质量目标，制订出新产品的发展实施计划。

（2）方案设计

方案设计阶段主要针对设计中初次采用的新技术、新原理、新系统及新结构进行初步研究分析。编制技术任务书、产品总图（草案）、主要工作原理及系统图等。确定试验大纲和研究试验报告。

（3）技术设计

技术设计的目的是在已经批准方案设计的基础上，完成产品的主要计算和主要零部件设计。技术设计中要完成的技术文件有设计计算书、主要零部件图纸、技术经济分析报告、研究试验大纲、研究试验报告及技术设计说明书等。

（4）工作图设计

工作图设计的目的是在技术设计的基础上完成供试制（生产）及随机出厂的全部工作图样和设计文件，包括图样目录、明细表、零件图、部件装潢配图、总装配图、技术条件、试制鉴定大纲、产品说明书、包装设计图样或文件、工艺文件、随机出厂图样及文件等。

（5）样品试制和小批试制

新产品样品试制的目的是考核图样和设计文件的质量，小批试制的目的主要是考核工艺工装的质量和进一步验证图样及设计文件。在样品试制和小批试制结束后，应分别对考核情况进行总结，并编制试制总结、型式试验报告、试运行报告及文件目录等。

（6）投产鉴定

投产鉴定是对新设计和新试制产品的总结和评价。鉴定的内容应包括：

1）被鉴定产品的型号、规格和技术性能。

2）试制时间。

3）列出审查的设计图样和设计文件，并提出审查意见和结论。

4）对工艺、工装质量及其应用性的评价，并对能否在批量生产中使用做出结论性意见。

5）经济分析和标准化情况分析。

6）结论及鉴定人员签字。

3.2 触点系统设计

3.2.1 触点系统概述

触点系统是低压电器的核心部件之一，本节重点讨论低压电器触点系统的结构选型、触头材料选择及主要参数的计算方法。

触点系统设计的主要步骤如下：

1）结构形式选择。

2）触头材料。

3）主要参数的计算分析，如接触电阻、温升及电动斥力等。

4）触点系统设计的注意事项。

5）主要参数的仿真分析方法。

3.2.2 触点系统的结构形式

根据动静触头在分断状态的断点数，可分为单断点及双断点。图 3-2a 为指式单断点触头，多用于微断或塑壳断路器，图 3-2b 为双断点触头，多用于塑壳断路器和接触器。低压电器产品的一些常见典型结构见表 3-1。

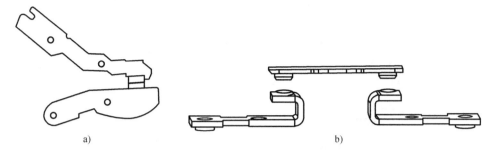

图 3-2 断点形式

a）单断点触头 b）双断点触头

表 3-1 低压电器产品的常见典型结构

结构形式	图 例	应用范围	特 点
簧片单断点		小型继电器	触头铆或焊于簧片上，触头簧片层数多，触头电压低，电流小于 1A
		小型继电器	同上，为了保证触头接触可靠，每个簧片上有两个触头，构成并联，电流小于 0.2A
		极化继电器	触头铆或焊于两片互压着的弹簧片上以减小振动，电流为 0.06~0.2A
舌簧触头		舌簧继电器	细玻璃管内两片导电片是用导磁金属片制成的，在外磁场作用下，片间产生吸力使得触头闭合，管内充惰性气体，寿命长，动作快
桥式触头		控制继电器	结构简单，调节方便，无特殊灭弧措施，电流在 1A 以下
		直动式接触器	触头压力较上例大，有灭弧室，电流为 20~360A
单断点触头		空气断路器	触头多采用银或银基合金，动静触头导板部分平行，可利用其电动斥力获得补偿力

77

结构形式	图　例	应用范围	特　点
多档触头		空气断路器	带有弧触头及主触头，多用于电流大于 1000 A 的空气断路器
刷形触头		变阻器等	由弹性铜片装配而成，接触电阻较小，靠刷片本身弹性建立触头压力，不宜用于频繁操作的场合
插入式触头		熔断器或隔离开关	插刀插入弹性触头座内
杠杆式触头		电流大于 100 A 的控制电器中	触头在闭合时可以产生滚动或滑动，使通断点与最后闭合点不在一处，滑动使触头闭合时刻消除表面氧化层
对接式触头		真空断路器、接触器	开断能力不超过 6 kA（有效值）
		真空断路器	开断能力为 40~60 kA

3.2.3　触点系统的材料选择

一般触头材料的选择总是从通断电流、电压、触头压力、通断频率、电流的性质（直流或交流）以及使用环境等考虑。开关电器在正常情况下，承载和分断的电流不大于额定值，但有时会遇到过电流和短路情况；触头接通之际会发生因弹跳造成的机械磨损、电弧造成的烧损和熔焊；触头闭合状态下会发生负载电流时的接触电阻增高和发热问题；在过电流和短路情况下，会造成触头的熔焊，以及因电动力斥开时燃弧造成的熔焊；触头断开之际则会发生机械磨损和燃弧造成的烧损。以上这些问题与开关电器的结构有关，但是不同的触头材料在各种情况下的表现也是不同的。因此，在选用触头材料的时候，必须详尽地考虑以上所提到的各种条件。

低压电器触头材料选择的要求有：

1）良好的导电性能和导热性。

2）抗熔焊性。

3）耐电磨损性。

4）分断大电流时不易发生电弧重燃。

5）低的截流水平。

6）低的气体含量。

7）化学稳定性。

8）抗有机物污染。

9）具有良好的机械加工性能及焊接性能。

常用的触头材料见表3-2。

表3-2　部分常用触头材料的特点及应用范围

材　料	优　点	缺　点	应　用　范　围
Ag	电导率和热导率最高，抗氧化，易加工	低熔点，低硬度，会产生硫化物，直流下有材料转移，易熔焊	电话继电器、温度调节器、程序开关、时间开关、主令开关、辅助开关、微型速动开关、辅助接触器、电动机保护开关、中大容量真空接触器、隔离开关
Cu	电导率和热导率高、易加工和焊接	易氧化和硫化	大容量断路器弧触头、导线保护开关等
Ag-Ni$_{0.15}$（细晶银）和 Ag-Cu$_{3\sim10}$（硬银）	与 Ag 相似，但机械强度和耐电腐蚀性能好，材料转移比 Ag 少，峰值电流低于 100 A 时不易熔焊	含金属元素增加时接触电阻增大，含 Cu 量高时较易氧化	电灯开关、继电器、电压调节器、程序开关、时间开关、主令开关、辅助开关、辅助接触器、控制接触器、凸轮转换开关、手动转换开关、隔离开关、大容量断路器主触点、中压和高压负荷开关主触点及长期接触部位
Ag-Cd	硬度适当、低接触电阻，灭弧性能好，转移特性好	低熔点	低灵敏度电流继电器、控制继电器
Ag-Ni$_{10\sim20}$	接触电阻与硬银相似，但在寿命期内增得很少，峰值电流 100 A 以下时不发生熔焊，直流时材料转移少，喷溅物不导电	接触电阻稍高，容易硫化	100 A 以下的直流和交流控制开关、调节器、家用电器开关、选择开关、额定电流 25 A 以下的微型断路器、电动机控制开关和接触器
Ag-Ni$_{30\sim40}$	接触性能与 Ag-Ni$_{10\sim20}$ 相似，但较耐磨损	接触电阻比 Ag-Ni$_{10\sim20}$ 高	直流和交流断路器
Ag-Fe$_{7\sim10}$	接触性能与 Ag-Ni$_{10\sim20}$ 相似	与 Ag-Ni$_{10}$ 相似，但易氧化和生锈	电灯开关、控制器、继电器和 40 A 以下的交流接触器

材料	优　点	缺　点	应用范围
$Ag\text{-}CdO_{10\sim15}$	接触电阻比 $Ag\text{-}Ni_{10}$ 稍高，峰值电流 3000 A 以下不熔焊。100～3000 A 范围内电弧烧损率低。灭弧性能优良	电弧运动特性稍差，加工性有限，多元合金内氧化材料电阻率较高	电灯开关、恒温器、程序开关、时间开关、电动机开关和电动机保护开关，额定电流 100 A 以下的断路器，峰值电流 3000 A 以下的断路器和剩余电流保护断路器
$Ag\text{-}SnO_2$	接触性能与 $Ag\text{-}CdO$ 相似，但耐电弧烧损性更好	同 $Ag\text{-}CdO$ 多元合金内氧化材料，电阻率也较高	中大容量接触器、电动机开关和保护开关、小容量断路器
$Ag\text{-}ZnO_{8\sim10}$	类似 $Ag\text{-}CdO$，3000～5000 A 电流范围内烧损较小，抗熔焊性较好	同 $Ag\text{-}CdO$，100～3000 A 范围内烧损比 $Ag\text{-}CdO$ 大些，接触电阻较高，多元合金内氧化材料电阻率也较高	额定电流 200 A 以下的塑壳断路器、剩余电流保护开关、重负荷交直流接触器、大电流框架断路器主触点
$Ag\text{-}C_{3\sim5}$	低接触电阻，对熔焊有非常好的可靠性，摩擦性能好，挤压法制造的耐电弧烧损性能比一般烧结法好	机械磨损和电腐蚀率高，电弧运动性能不良，加工性差	与其他材料非对称配对。用于微型断路器和剩余电流保护断路器，与 $Ag\text{-}Ni_{30}$ 配对用于塑壳断路器，还可用作电容器、保护继电器及自润滑滑动触头
$Ag\text{-}WC_{20\sim80}$	电弧烧损率很低，抗熔焊性能一般	通断过程中易产生氧化物和钨酸，接触电阻高而不稳定，电弧运动性能不良，加工差	断路器、保护开关、含 W50% 以下的可对称性配对或与 $Ag\text{-}C$ 非对称性配对用作主触点，允许接触电阻高的场合
$Ag\text{-}WC_{20\sim80}$ （$Ag\text{-}WC\text{-}C$）	电弧烧损率稍优于 $Ag\text{-}W$，抗氧化性能好	比 $Ag\text{-}W$ 韧性低	同 $Ag\text{-}W$。含 WC 高的一般用作弧触头，低的可对称性使用，含石墨和 Ni 的可单独用于额定电流 100 A 以下的塑壳断路器，只含石墨的材料与 $Ag\text{-}Ni_{30}$ 配对使用

3.2.4　触点系统参数的计算

1. 触头压力、超程及开距的确定

触头终压力的作用是保证触头通过额定工作电流时触头温升不超过允许值以及触头通过规定的过载或短路电流时触头不发生熔焊。

触头的终压力通常是根据触头通过 I_e 时，不要过分发热这个原则来确定的，即应使得触头的接触电压降 U_{jy} 低于触头材料的软化电压降 U_{jr}，并有一定的裕度。一般接触电压降为

$$U_{jy} = \frac{U_{jr}}{2\sim3} \tag{3-1}$$

触头终压力为

$$F_z = 9.8 \sqrt[m]{\frac{K_j}{R_{jy}}} = 9.8 \sqrt[m]{\frac{I_e K_j}{U_{jy}}} \tag{3-2}$$

式中，F_z 为触头终压力（N）；R_{jy} 为接触电阻（μΩ）；m 为与接触形式有关的系数，面接触为 1，点接触为 0.5，线接触为 0.5～0.8；K_j 为与接触材料、表面情况、接触方式等有关的系数；I_e 为额定工作电流（A）。

触头初压力是指动、静触头刚开始接触时的触头压力。它的作用主要是减小触头闭合过

程中的震动。

$$F_{c} = (0.4 \sim 0.7) F_{z} \tag{3-3}$$

触头超程的作用主要是保证触头在磨损后仍能可靠接触。超程的大小主要取决于触头的磨损量，目前大多参照同类产品或根据经验数据来确定。

触头开距是指触头处于打开位置时，动静触头之间的最短距离。它的主要作用是保证可靠地熄灭电弧，以及触头处于打开位置时保证触头间隙的可靠绝缘。

如图 3-3 所示为巴申曲线，从曲线中可查得在一定气体压力下刚发生击穿的触头间隙。其值可用于参考确定触头开距大小。触头开距目前主要参考同类产品或根据经验数据确定。

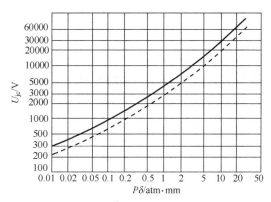

图 3-3 巴申曲线

2. 接触电阻

准确地计算接触电阻是很困难的。在实际工作中，常常利用经验公式来表示在一定的条件下接触电阻与压力的函数关系，常用的经验公式是

$$R_{j} = \frac{K_{j}}{(0.102F)^{m}} \tag{3-4}$$

式中，F 为触头压力（N）；R_{j} 为接触电阻（μΩ）；m 为与接触形式有关的系数，面接触为 1，点接触为 0.5，线接触为 0.5 ~ 0.8；K_{j} 为与接触材料、表面情况、接触方式等有关的系数。

考虑到接触电阻与温度有关，式（3-4）可写成如下形式：

$$R_{j} = \frac{K_{j}\left(1 + \frac{2}{3} a_{w\theta_{j}}\right)}{(0.102F)^{m}} \tag{3-5}$$

式中，a_{w} 为电阻温度系数（1/℃）；θ_{j} 为接触点的加热温度（℃）。

3. 温升

在触头长期通过电流、发热到稳定的情况下，触头的温升称为触头稳定温升。它不但与流过触头的电流大小，触头的材料、尺寸、结构形式及触头压力等因素有关，而且也与导电板等载流导体的结构尺寸有关。触头稳定温升取决于它的发热与散热之间的热平衡。触头发热的热源主要是电流流过触头时接触电阻上的损耗，所以触头稳定温升要高于导电极的稳定温升。触头接触点的温升最高，触头与导电板连接面上的温升则较低。触头的表面温升一般近似认为等于触头与导电板连接面上的温升。单断点触头温升分布的示意图如图 3-4 所示。

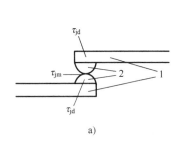
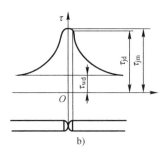

图 3-4 单断点触头的温升分布

a）单断点触头　b）触头温升分布

1—导电板　2—触头

为保证触头的可靠工作，触头长期发热时的表面稳定温升不应超过标准规定。IEC 及各国电气技术标准对触头的极限允许温升场做了明确的规定。我国标准 GB/T 14048.1—2012《低压开关设备和控制设备 第 1 部分：总则》中规定了电器的接线端温升极限，见表 3-3。

表 3-3　接线端温升极限

接线端子材料	温升极限/K
裸铜	60
裸黄铜	65
铜（或黄铜）镀锡	65
铜（或黄铜）镀银或镀镍	70
其他金属	温升极限按使用经验或寿命试验来确定，但不应超过 65 K

电器其他部件（例如，主触点、辅助触点及产品内部导线连接处等）的温升极限也应满足产品标准。

4. 触头间的电动力

触点系统的电动力包括触头接触点的电动斥力（霍尔姆力）和导电回路的电动力。

（1）触头触点的电动斥力计算

一对载流触头具有若干个接触点，其中一个接触点的电流分布如图 3-5 所示。由于在接触点附近电流线收缩而产生电动斥力：

$$F_B = \frac{\mu_0 I^2}{4\pi} \ln \frac{R}{a} \qquad (3-6)$$

式中，I 为瞬时电流值（A）；R 为触头半径（cm）；a 为收缩点半径平均值（cm）。$\ln \frac{R}{a} = \frac{1}{2} \ln \left(\frac{R}{a}\right)^2$，接触面积 $A = F/H$，其中 F 为接触压力，H 为接触材料的硬度。于是可得：

$$F_B = \frac{\mu_0 I^2}{8\pi} \ln \frac{HA}{F} \qquad (3-7)$$

当触头的弹簧压力一定时，F 随着触头电动斥力 F_B 的增加而减小，因此式（3-7）是一个隐式方程，

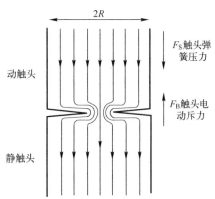

图 3-5　接触点的电流分布示意图

不易直接求解。Barken 通过计算分析，得到了触头弹簧压力的计算公式：

$$F_s = \frac{\mu_0 I^2}{8\pi}\left(1 + \ln\frac{8\pi HA}{\mu_0 I^2}\right) \tag{3-8}$$

如果触头被电动力斥开，则斥力随触头间隙的增加而迅速减小。但是如果触头斥力足够大，使得触头分开一定距离并产生电弧，则电弧区被加热的气体所产生的力足以维持触头处于这个开距下，这种触头间距离很近情况下产生的电弧叫作悬浮电弧，它能够使得触头材料严重磨损，还可能导致严重的触头熔焊。

（2）触杆之间的电动力计算

作用在导体上的力是电流与磁场相互作用的结果。导体上受到的电动力可以由毕奥-萨伐尔定律来计算，电动力等于

$$\frac{F}{l} = \frac{\mu_0 i_1 \times i_2}{2\pi d} = \frac{(4\pi \times 10^{-7})i_1 i_2}{2\pi d} = 2 \times 10^{-7}\frac{i_1 i_2}{d} \tag{3-9}$$

式中，F 为电动力（N）；l 为导体长度（m）；d 为导体之间距离（m）；i_1、i_2 为电流（A）；μ_0 为磁导率常数（Wb/A·m），$\mu_0 = 4\pi \times 10^{-7}$ Wb/A·m。

从上述方程式可知，两个导体之间的电动力与导体中的电流 i_1 和 i_2 成正比，与磁导率常数成正比，还与导体间的几何位置所决定的常数成正比。

3.3 灭弧系统设计

3.3.1 直流电器的熄弧原理和方法

直流电弧熄灭的原理和方式与电路的工作条件、电流和电压的大小有关。在低压电器中，直流电弧熄灭的方式有自然灭弧和强制灭弧两种。

自然灭弧是靠电器本身的机械力或电弧电流本身的电磁力把电弧拉长或移动而使电弧熄灭。电弧熄灭时的长度与电流有关，而与拉长的速度无关。电弧运动的速度为法线方向，其法线速度 v_n 与电流成正比，并与电极材料有关。

$$v_n = 2.5I(\text{sm/s}) \tag{3-10}$$

在图 3-6 上示出了引弧角在不同电流时，燃弧时间与法线速度的关系。

强迫灭弧采用的主要措施是运用外加磁场，以加强电弧的运动速度，简称磁吹。在低压直流电器中除采用磁吹外，还同时应用窄缝、横隔板、迷宫或灭弧栅式灭弧室，以更好地限制、熄灭电弧和弧焰。

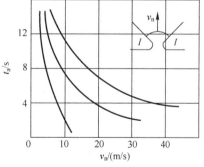

图 3-6 不同电流时，法线速度对燃弧时间的影响

3.3.2 交流电器的熄弧原理和方法

目前，低压供电系统中绝大多数采用交流低压电器，因此弄清交流电弧的灭弧理论具有重要意义。图 3-7 示出了开断交流电路时的电源电压、开断电流、电弧电压、恢复强度等参数随时间变化的曲线。

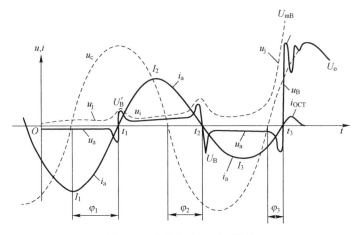

图 3-7　交流电路的开断特性

交流电弧熄灭和重燃过程的分析存在着两种理论，即弧隙介质强度恢复理论和弧隙能量平衡理论。

弧隙介质强度恢复理论是斯列宾提出的，他认为电弧的里燃是由于外加电场将间隙击穿的结果。从图 3-7 中看出，从电流过零时刻开始，一方面弧隙上的电压从熄弧电压开始上升，要恢复到电源电压；另一方面在电流过零时弧隙有一定的介质强度，并随着去游离程度而不断上升。电弧的熄灭或重燃取决于这两过程的"竞赛"结果。交流电弧的熄灭条件可概述为交流电流过零后，弧隙介质恢复强度始终高于弧隙上的恢复电压。

弧隙能量平衡理论是克西提出的，他认为电弧重燃不是电流过零后简单的电压击穿，而是电路及弧隙之间能量平衡的结果。电弧熄灭的条件是弧隙的输入能量小于弧隙的散出能量，弧隙电阻的变化取决于电弧能量输入与散出之比，随着能量散出的增加，电弧温度下降，弧隙电阻增加，电弧熄灭。

低压电器设计时，运用弧隙介质强度恢复理论的较多。

3.3.3　常用灭弧方法

1. 自然熄弧

触头不用特殊灭弧室，触头开断时交流电流自然过零时熄弧称为自然熄弧。除依靠触头分开拉长电弧外，还可依靠导电回路电流产生的磁场使电弧弯曲来拉长电弧，可沿电弧的轴向（切向）拉长电弧，也可沿着垂直于弧轴方向（法向）拉长电弧，如图 3-8 中的 v_t 和 v_n。

法向拉长电弧在使电弧长度增加的同时使电弧产生横向运动，获得更多空气冷却，灭弧效果好，故广泛用于低压开关电器。

刀开关、主令电器和接触器等电器的副触头通常采用自然熄弧，如图 3-9 所示，可制成双断点分断 50 A 以下的控制电路。

刀开关结构形式作用在单位电弧上的电动力 F_d 可用下式近似计算：

$$F_d = \frac{I^2}{4\pi l}\frac{\mathrm{d}L}{\mathrm{d}l}(\mathrm{N/cm}) \qquad (3-11)$$

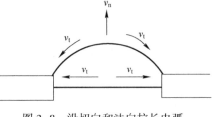

图 3-8　沿切向和法向拉长电弧

式中，I 为闸刀中流过的电流（A）；L 为闸刀回路的电感（H）；l 为闸刀长度（cm）。

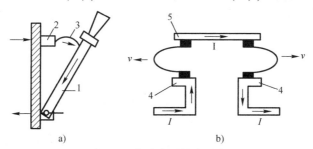

图 3-9　自然熄弧触头形式

a）刀开关　b）接触器

1—闸刀　2—静触头　3—电弧　4—静触头　5—动触头

应当指出，采用自然熄弧的方式断开很大电流时，虽然电弧有可能被熄灭，但触头烧损严重，而且电弧扩展区域很远，如不采取专门措施，则可能引起相间或相对地短路，损伤周围其他设备，甚至造成人身安全事故。为此，自然熄弧一般只用来开断电压不超过 380 V、电流约几十安培的工作电流。

2. 磁吹熄弧

利用磁场对电流的作用力驱使电弧拉长实现灭弧，或同时进入灭弧室从而实现灭弧的方法称为磁吹灭弧。

采用磁吹时，作用在断开的触头间电弧上的力可由下式计算：

$$F = HIS \tag{3-12}$$

式中，I 为流过电弧的电流（A）；H 为磁场强度（A/m）；S 为电弧长度（m），当电弧未离开触头间隙以前，它就等于触头间的距离。

产生灭弧磁场的方法有串励、并励和他励 3 种。

（1）串励

当需要较大的电动力将电弧吹入灭弧室时，要采用专门的磁吹线圈建立足够强的磁场。它通常有一匝到数匝，与触头串联。为使磁场较集中地分布在弧区以增大吹弧力，线圈中央穿有铁心，其两端平行地设置夹着灭弧室的导磁钢板。串联磁吹线圈的吹弧效果在触头分断大电流时很明显，分断小电流时则差一些，磁吹线圈的结构和工作原理如图 3-10 所示。

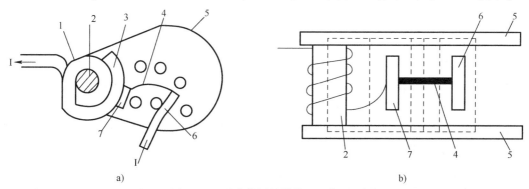

图 3-10　磁吹线圈的结构和工作原理

a）结构　b）工作原理

1—磁吹线圈　2—铁心　3—引弧角　4—电弧　5—磁性夹板　6—动触头　7—静触头

在交流串联磁吹灭弧室中，电弧在均匀的磁场中运动，它受到的吹力与直流情况相同。当串励线圈中的电流还未使得灭弧装置中的铁心饱和时，磁吹力 F 大小为

$$F = KI^2NS \tag{3-13}$$

式中，N 为线圈匝数；K 为常数。

从式（3-13）可知：

1）电弧上的作用力 F 与电流的二次方有关，电流方向改变对力 F 的方向没有影响，串励是无极性的，因此串励也可用于交流系统。

2）在小电流时，为了产生足够的作用力 F，N 必须选得较大或加大开距。

3）串励线圈流过的是电器的额定电流，截面较大时，铜耗量大。在电流较大的电器中，有时用串励线圈串联在与主触点并联的弧角上，电流只是在断开过程中才经过灭弧线圈，铜的消耗量可降低很多。

在交流电弧的情况下，电弧电流按正弦规律变化，磁场强度也按正弦规律变化，不过其相角比电流滞后一个角度 φ：

$$H_t = H_m \sin(\omega t - \varphi) \tag{3-14}$$

磁滞角由导磁体中的磁滞和涡流损失引起。磁滞角不仅降低了灭弧效果，甚至可能使得电弧产生停滞甚至反吹（i 与 H_t 方向相反时）现象，引发事故。磁滞和涡流损耗与频率有关，磁滞角的影响在高频电器中特别显著，因此交流磁吹灭弧室的磁导体大多用硅钢片叠成。

（2）并励

并联励磁时，电弧在并联灭弧线圈的均匀磁场中所受到的力可表示为

$$F = HIS \tag{3-15}$$

式中，H 是和 I 无关的恒定量，因此 F 和电流成正比。

串联励磁时，作用在电弧上的力和电流二次方成正比。并联励磁时，作用在电弧上的力和电流成正比。额定电流下两者设计的 H 值相等，当电流小于额定电流时，并联励磁作用在电弧上的力大于串联励磁时的力。与此相反，当电流大于额定电流时，前者的力要小于后者。因此并励灭弧时线圈安匝数比串励时小，成本更低，相同的安匝数，并励的电弧燃烧时间短很多。

与串励比较，并励有如下缺点：

1）在灭弧罩内，并励线圈和主回路要有良好的绝缘，由于与电弧很近，结构可靠性差。

2）并励有固定的极性，当主回路或灭弧线圈接反时，会产生电弧反吹现象。

3）并励的 H 受电网电压影响，当电网电压降低很多时会产生灭弧不可靠问题。

（3）永磁

以永磁铁代替并励线圈灭弧，不但保留了并励灭弧的特性，还有以下优点：

1）不需要灭弧线圈，因而可以节约铜，不必担心绝缘问题。

2）电网电压的变化对灭弧系统的工作不发生影响。

3）可以节能。不需要灭弧线圈，因而节省电能的同时还能降低电器的发热。

4）永磁铁可以减小触头开距。

永磁铁灭弧磁场的缺点是永磁铁存在磁性的时效问题且电器是有极性的，接线不正确

时，电流方向的改变将发生故障。

3. 栅片灭弧

金属栅片灭弧室的结构如图3-11所示。灭弧室内装有许多1~2.5mm钢板冲成的横向栅片，栅片外表面镀铜或镀铬以增大灭弧能力和防止钢片生锈。每一栅片上冲有三角形的缺口。缺口的位置稍许偏载栅片中心线的一边。安装时，将上下栅片的缺口错开（见图3-11b）。栅片间缝隙为2~6mm，当装在缺口附近的动、静触头分开并产生电弧时，由于栅片的存在，电弧电流在周围空间产生的磁通路径发生畸变，如图3-11b中虚线所示。这样就产生一种将电弧拉向栅片的吸力。栅片缺口错开的作用是减少电弧开始进入栅片时的阻力。由于栅片本身有吸引电弧进入的能力，所以这种灭弧室一般不需装设磁吹线圈。

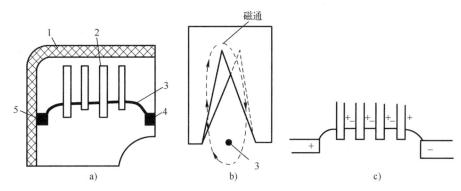

图3-11　金属栅片灭弧室的原理结构

a）灭弧室原理结构　b）栅片结构　c）栅片将电弧分成短弧

1—灭弧室　2—金属栅片　3—电弧　4、5—动、静触头

电弧进入栅片后就被分割成许多串联的短弧，如图3-11c所示。每一电弧都有一近极电压降U_0，它们的数值几乎不随电弧电流大小而变。

设电弧进入栅片之前的电弧电压为

$$U_a = U_0 + El \tag{3-16}$$

式中，E为电弧弧柱电场强度（V/m）；l为电弧长度（m）。

电弧进入栅片之后，电弧电压为

$$U_a' = nU_0 + El' \tag{3-17}$$

式中，n为被栅片分成的短弧数；l'为考虑到栅片厚度的电弧长度（m）。

通常l'和l相差不大。另外，当n值较大时，$El' \ll nU_0$，所以电弧电压U_a'近似等于nU_0，而且与电弧电流几乎无关。

在熄灭交流电弧时，金属栅片灭弧室在电流过零前由于电弧电压升高，可以减小电弧电流幅值和改善被开断电路的功率因数，降低电流过零时的工频恢复电压瞬时值；在电流过零后，由于每一短弧都有一近阴极效应，n个短弧就有n个近阴极效应，从而提高了弧隙的介质恢复强度特性，使交流电弧易于熄灭。

研究表明，金属栅片灭弧装置的介质恢复强度特性也可用下式表示，

$$U_j = U_{j0} + kt \tag{3-18}$$

但当采用平板形栅片时，其介质初始恢复强度U_{j0}和介质恢复强度的上升速度K_0并不与

短弧数 n 成正比。所以呈现这一现象是因为，当电弧进入栅片分成许多短弧后，它们在栅片中的运动速度不可能完全一致。金属栅片除常用的缺口平板型和 V 型栅片外，梳状形栅片的应用也很广泛，它可减小电弧进入栅片时的阻力，并有撕裂电弧的作用。

金属栅片灭弧室的缺点为，灭弧室中除电弧能量损耗外，还有栅片中的电阻、磁滞和涡流引起的损耗；加之栅片间隙较小，阻碍了热量的散发，这些都易使灭弧室的温度升高。而灭弧室温度的升高加重灭弧条件的恶化。因此这种灭弧室不适于频繁操作，通常用于操作频率 600 次/h 以下。

在金属栅片灭弧室中，通常弧柱中的现象对栅片灭弧过程影响不大，设计时可把片间距离选得小一些，但也有一定限度，因片间距离太小，在电弧的作用下片间会形成金属桥，使栅片彼此短接而失去作用。对钢栅片来说，这一距离应大于 2 mm。

4. 纵缝灭弧

纵缝灭弧室除应用于直流电器外也广泛用于交流接触器中。交流电弧的熄灭过程与直流电弧有本质上的差异。熄灭交流电弧中的关键问题是当电流经过零点后如何能阻止它复燃。

在直流电器中，必须有磁吹装置驱使电弧进入纵窄缝中，如磁场强度不够，不足以移动电弧时，电弧在窄缝中会停止不动，成为稳定燃烧的情形。交流电器则没有这种现象，电流过零后就会熄灭，在气体中产生着强烈的去游离作用，使电弧间隙中介质强度很快增加，电弧无法复燃。随着缝宽的减小，这种去游离过程会加强。多纵缝灭弧室示意图如图 3-12 所示。

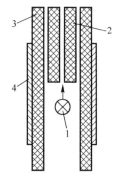

图 3-12　多纵缝灭弧室示意图
1—电弧　2—绝缘隔板
3—灭弧室壁　4—钢夹板

我国自行设计的交流接触器中应用这一理论并设计成多纵缝形式，缝宽达到 1 mm 左右，这主要由陶土压铸工艺决定的。为了便于电弧驱入多纵缝内，设计时尽可能利用触头导体的回路电动力和产生电弧时的气功力（使电弧冲向弧室外的出气口），同时设计合适的弧室形状和齿形（构成电弧纵缝的绝缘板），便于电弧进入多纵缝内。合适的缝数、齿形及出气口的大小，往往要通过试验来决定。目前的试验结果证实，多纵缝灭弧室很适合于额定电压为 660 V 及以下的交流接触器中，并可代替栅片灭弧室，其性能也十分接近，但工艺简单得多，零件数少，成本低，灭弧室的耐电磨损性能好。

5. 封闭式压力灭弧（气吹）

利用固体材料产气，提高气压以进行灭弧的密封式熔断器如图 3-13 所示。当流过短路电流时，熔片的所有狭窄部分迅速熔化、气化，形成几个串联的短弧，在电弧的高温作用下，熔片狭窄部分的金属进一步剧烈气化，同时，钢纸纤维管内壁分解，产生气体，因而管内的压力迅速升高。由于采用了串联短弧和提高介质气压两种措施，这种熔断器的电弧电压上升很快，它甚至可使短路电流上升到稳定值之前就被强制下降，并将电弧熄灭。不过，由于其限流系数较大，一般不作为限流式熔断用，密封式熔断器开断短路电流时管内压力可达 48 个大气压。

另一种采用石英砂灭弧的熔断器结构如图 3-14 所示。熔管 1 由瓷制成，2 和 3 分别是端盖和接线板。为在通过大电流时能迅速熔断和减少弧隙中金属蒸气以增大灭弧能力，熔片

4 采用纯银冲成变截面的形状，管内充满石英砂颗粒。当短路电流流过时，熔片狭颈处熔断、气化，形成几个串联的短弧。这些短弧继续将熔片狭颈部分气化。由于熔片金属从固态变为气态后，体积受石英砂的限制，不能自由膨胀，于是，在燃弧区形成很高的压力推动弧隙中游离气体迅速向周围石英砂中扩散，并受石英砂的冷却和消游离，加强了对弧隙的冷却作用。石英砂灭弧的熔断器中采用了多断口串联、提高弧隙中的气压以加强游离气体的扩散作用和利用窄缝冷却的熄弧原理，所以灭弧能力强、限流作用显著。

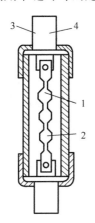

图 3-13　密闭式熔断器的结构
1—熔片　2—熔管　3—触刀　4—端帽

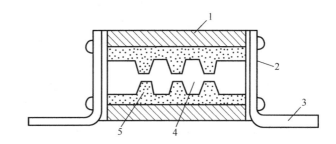

图 3-14　石英砂熔断器的结构
1—熔管　2—端盖　3—接线板　4—熔片　5—石英砂

6. 同步接触器和混合式接触器的灭弧

除加强弧隙介质恢复强度和采用并联电阻改变电路参数外，还可采用特殊的熄弧原理。

（1）附加同步开断装置（同步开关）

50 Hz 的交流电流每秒通过零点 100 次，如果能使开关电器的触头在电流刚过零时分开，并以极高的速度拉开足以承受恢复电压而不发生间隙击穿的绝缘距离，此时弧隙中将不产生电弧，也不存在热击穿现象。由于弧隙气体未游离，只需较小的极间距离就可承受较高的恢复电压。这种开断电路的方法叫作同步开断，而相应的开关电器叫同步开关。这种理想的同步开关可不采用灭弧装置，但这一方案的具体实现很困难，因为一是技术上还不能保证开关电器的触头稳定地在电流过零时分开；二是还没有比较简单的方法使动触头获得所需的高速度。

目前，已实际应用的是带灭弧装置的同步接触器，即在现有的交流接触器上经改进后再加装同步装置，使一相触头在电流过零前短时间内（如 1 ms 左右）分断，同时，由结构参数保证另两相的触头滞后于此相开断（滞后约 5 ms）。试验证明，当电压升至 660 V 时，即使触头在电流过零前分断，触头也会产生电弧，因此限制了它的应用。

（2）附加晶闸管装置（混合式开关）

晶闸管具有可控单向导电的性质。如图 3-15 所示，将晶闸管 VT 和开关 K 并联，当电流 i 的方向如图所示时，将开关 K 的触头分开，同时使晶闸管 VT 触发导通，那么开断电流将从晶闸管中流过。由于晶闸管的电压降远低于生弧电压，弧隙中将无电弧。当晶闸管中交流电流过零时它将自动闭锁，电路被断开。这种综合有触点开

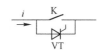

图 3-15　混合式开关
工作原理

关电器和晶闸管而成的开关称为混合式开关。混合开关虽然具有较高的开断能力和较长的电寿命，但因其结构复杂，价格昂贵，目前并未获得普遍应用。

3.4 电磁系统设计

3.4.1 电磁系统概述

电磁系统是电磁式低压电器中把电磁能转换为机械能的元件。电磁系统的设计是在满足规定的工作特性要求下，选择电磁系统的结构形式，确定其结构尺寸和参数等。

设计电磁系统的原始数据：电压线圈的额定电压 U_e、电流线圈的额定电流 I_e 及其允许的波动范围、负载的反力特性 $F_f=f(\delta)$、线圈与铁心的允许发热温升 τ 以及电磁系统的工作制等。电磁系统的设计，一般需要经过多次反复才能得到满意的结果。电磁系统的设计步骤如下：

1）确定设计点的工作气隙 δ_0 和吸力 F_0。一般选择衔铁释放位置或反力特性的突跳点作为设计点，设计点的 F_0 可由对应于 δ_0 的反力 F_{f0} 乘以安全系数 k_a 来确定。

2）根据负载的反力特性选择电磁系统的结构形式。

3）确定电磁系统的结构尺寸和参数。合理选择设计参数，利用简化的基本公式进行初步设计。

4）验算。按确定的尺寸和参数，验算线圈与铁心温升，计算静态吸力特性和其他特性，评价经济技术指标。

3.4.2 电磁系统的结构形式

1. 磁路基本概念

（1）磁路概念

磁路是一种简化的电磁系统计算方法，将磁通看成在磁通管内流动着的物质，就像电流在电导体中流动一样，磁通相当于电流，磁通管相当于载流导体，磁场就相当于磁路。对于大多数工程电磁系统的磁场，以磁导率非常大的铁磁材料作为磁通的主要路径，磁场中的大部分磁通沿着磁导体形成闭合回路，因此可以将磁导体的外壁看成磁通管，根据磁导体的几何参数计算磁路各段的磁阻，将磁场问题变换成磁路问题，根据磁路的基本定律进行计算，从而使电磁系统的计算大为简化。

（2）磁路计算的基本定律

由磁通连续性定理导出磁路基尔霍夫第一定律：

$$\sum \Phi = 0 \tag{3-19}$$

式（3-19）表明，对于磁路中的任一节点，进入该点的磁通之和等于自该点流出的磁通之和。

由安培环路定律导出磁路基尔霍夫第二定律：

$$\sum_{k=1}^{n} \Phi_k R_{mk} = \sum_{j=1}^{m} (iN)_j \tag{3-20}$$

式（3-20）表明，对于磁路中的任一闭合回路，磁动势的代数和等于该回路各段上磁压降的代数和。

磁路欧姆定律:

$$U_{\mathrm{m}} = \Phi R \tag{3-21}$$

式(3-21)表明,磁路两端的磁压降等于通过磁路的磁通与其磁阻的乘积。

(3)磁路的特点

1)磁导体的相对磁导率是磁感应强度 B 的函数,一般磁路是非线性的。

2)磁导体与一般媒质的磁导率比值通常只有 103～104,忽略漏磁通会给计算带来较大误差。

3)磁路中的磁动势和磁阻都是分布参数。

2. 气隙磁导的计算

电器中各种形式的电磁系统一般都有空气隙,气隙磁导的大小取决于气隙极面的几何形状和相对位置以及气隙的磁场分布情况。气隙磁场分布比较复杂,准确计算气隙磁导是非常困难的。为简化计算,工程上常假定:

1)空气的磁导率等于真空的磁导率。

2)导磁体表面看作等磁位面,磁力线垂直于导磁体表面。

气隙磁导计算的准确度,对磁路计算的结果影响很大。在设计计算中常用解析法和分割磁场法计算气隙磁导。尽管磁导体部分的磁路长度比气隙大得多,但由于空气的磁导率仅为磁导体的 $10^{-3} \sim 10^{-4}$,因此气隙磁阻远比磁导体的大,要准确计算磁路,首先必须准确计算气隙磁导。

假设磁极间的磁力线均匀分布,可以通过下式计算气隙磁导:

$$\Lambda_{\delta} = \frac{\mu_0 A}{\delta} \tag{3-22}$$

式中,Λ_{δ} 为气隙磁导(H);δ 为气隙长度(m);A 为气隙截面积(m^2);μ_0 为真空磁导率(H/m)。

实际上由于气隙间的磁力线相斥作用,磁通向外扩散,磁极的边缘部分磁力线分布不均匀,用式(3-22)计算气隙磁导会带来较大误差。但式(3-22)是计算气隙磁导的基础,若磁极形状为规则的几何形状、气隙内的磁通和等位线分布均匀,忽略磁极的边缘效应及磁通的扩散效应,可以运用磁场理论和数学推导直接求得气隙磁导的计算公式。

当磁极几何形状比较复杂时,通常采用磁场分割法来计算气隙磁导,磁场分割法是首先确定磁极之间气隙磁场的分布规律,估计磁通的可能路径,将整个气隙磁场划分为若干个有规则形状的磁通管,分别按式(3-22)求出磁导,最后根据磁通管的串并联关系得出整个气隙的磁导。磁场分割法满足工程计算所需的准确度,并且计算方便,在电磁系统设计计算中广泛应用。

3. 直流磁路分析与计算

磁路计算的复杂性在于漏磁分布性和铁心磁阻的非线性,同时漏磁的分布性使得铁心磁阻也带有分布性,铁心磁阻的非线性又使得漏磁计算也在非线性问题。另外,作为场源的套于铁心柱上的励磁线圈产生的磁动势也是沿铁心长度分布的。因此,磁路是兼具分布性和非线性的路径,求解比较困难,一般采用近似方法求解。

(1)漏磁通的处理

漏磁的路径和分布规律在磁路计算中比较重要,因为等效磁路主要是根据它得到的。但漏磁通的分布复杂，不同电磁系统结构的漏磁通分布也不同，没有通用的方法准确确定漏磁通的路径和分布，可采用以下近似方法：

1）实验法。当电磁系统具有实物或模型时，可通过实验大致确定漏磁通的路径和分布情况。

2）作磁位分布图形法。根据参考点画出磁动势、磁路上的磁压降和磁位分布图，存在磁位差的空间必定有漏磁通，即可确定漏磁通的分布。

3）运用磁场图景的方法。根据磁场性质描绘磁场图景，确定漏磁通的路径和分布规律。

（2）直流磁路的计算

对于大多数实际电磁系统的漏磁，将其看成集中的参量方便计算，此时等效磁路是多回路的非线性磁路，可以借鉴求解复杂直流电路的节点电位法、回路电流法，采用节点磁位法和回路磁通法进行计算。

直流磁路的特点是在稳定工作时，线圈中的励磁电流 I 与工作气隙 δ 的大小无关，即线圈磁动势 IN 等于常数。

在电磁系统的结构尺寸给定的情况下，直流磁路计算的任务有两类：

1）已知工作气隙磁通 Φ_δ，求线圈磁动势 IN。

2）已知线圈磁动势 IN，求工作气隙磁通 Φ_δ。

由于磁路的分布性和非线性，工程上一般采用分段法和漏磁系数法计算直流磁路。

分段法是将分布参数磁路简化为若干个集中参数磁路的计算方法，由于磁路的分布性，磁导体材料的磁导率在整个磁路中处处不同，因此将电磁系统分成若干段，在每一段内将磁动势和漏磁通都看成集中参量进行计算。分段法的实质是认为磁导体中各段内的磁通不变，这样方便非线性磁阻的计算。分段数越多，计算结果越准确，但计算工作量也越大，因此在计算时根据实际情况选择合适的分段数即可。分段法适合当磁路各部分截面积不等，或单位长度漏磁导为非常数的情况。

漏磁系数法是工程上常用的比较简便的近似计算方法，漏磁系数是指铁心中任一截面内的磁通与气隙磁通之比。在铁心柱的任一截面内，其磁通可表示为气隙磁通和该处至气隙的全部漏磁通之和，即

$$\Phi_y = \Phi_\delta + \Phi_\sigma = \sigma_y \Phi_\delta \tag{3-23}$$

式中，σ_y 为漏磁系数。

下面通过一个实例介绍漏磁系数法的应用。如图 3-16 所示的拍合式电磁系统，线圈磁动势是分布的，考虑漏磁通，沿铁心和铁轭的高度，导磁体各处的磁通不同。为便于计算，将铁心底部的总磁通 Φ_0 对工作气隙磁通 Φ_δ 的比值定义为漏磁系数，建立忽略铁磁体和非工作气隙磁阻时的等效磁路如图 3-16 所示。

图 3-17 中用一个集中磁动势 IN 代替实际上为分布的线圈磁动势，用一个靠近工作气隙处的集中漏磁导 G_Φ 按漏磁通不变的原则等效分布的漏磁导，因此

$$G_\Phi = \frac{G l_c}{2} \tag{3-24}$$

式中，G 为铁心单位长度的漏磁导（H）；l_c 为产生漏磁的铁心长度（m）。

漏磁系数为

$$\sigma = \frac{\Phi_0}{\Phi_\delta} = \frac{\Phi_\delta + \Phi_1}{\Phi_\delta} = \frac{G_\phi + G_\delta}{G_\delta} = 1 + \frac{G_\phi}{G_\delta} \quad\quad (3\text{-}25)$$

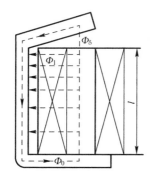

图 3-16　拍合式电磁系统磁通分布

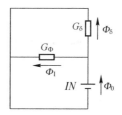

图 3-17　忽略铁磁体和非工作气隙磁阻的等效磁路

首先根据气隙大小计算工作气隙、非工作气隙磁导和铁心单位长度漏磁导,根据式 (3-25) 计算漏磁系数。

对于已知工作气隙磁通 Φ_δ,求线圈磁动势 IN 的正求问题:根据气隙的磁通和漏磁系数可以计算铁磁体的磁通,根据磁路欧姆定律,由磁通和磁路长度计算铁磁体上的磁压降,以及工作气隙和非工作气隙的磁压降,最后利用安培环路定律计算线圈磁动势 IN。

对于已知线圈磁动势 IN,求工作气隙磁通 Φ_δ 的反求问题:先假设一个气隙磁通求线圈磁动势,根据结果调整假设值,辅之以作图,即可求解。

4. 交流磁路分析与计算

交流磁路与直流磁路相比有以下特点:

1) 交流磁路中的电压、电流和磁通都是交变的。为简化计算,认为它们的波形为正弦。磁路计算时,磁通和磁通密度用幅值表示;电压、电流、磁动势和磁场强度均用有效值表示。

2) 由于交变磁通的作用,在导磁体中产生磁滞和涡流损耗使磁通与励磁电流不同相。磁路计算时,磁路的欧姆定律和基尔霍夫两定律仍适用,但应采用复数形式。

3) 对于交流并励电磁系统,由于外加电压是固定的,因此磁链基本上是固定的,不随工作气隙的大小变化,而线圈电流则与气隙大小有关。

交流磁路的计算方法大体上与直流磁路相同,但有其特点。对于交流串励交流电磁系统,线圈电流不随气隙改变,其磁路计算方法与直流磁路完全相同。而交流并励电磁系统为恒磁链系统,其磁路计算方法不同于直流磁路计算方法。

交流磁路的分析方法有等效正弦波形法和波形分析法。等效正弦波法适用于铁心未充分饱和或气隙较大、波形畸变不严重的情况,通过有效值相等的正弦波电压(电流)表示畸变的电压(电流)。分析时磁路的各种参数均以相量和复数表示。波形分析法适用于无气隙且经常工作于饱和状态的磁路,特别是磁导体具有接近于矩形或直角形动态磁滞回线的磁路。

交流并励电磁系统的计算任务有两类:

1) 已知工作气隙磁通 Φ_δ,求线圈磁动势 IN。

2) 已知电源电压 U,线圈匝数 N,求工作气隙磁通 Φ_δ 和线圈磁动势 IN。

对于任务 1：首先是作等效磁路图，计算全部的磁阻和磁抗，由计算的磁阻、磁抗和已知的磁通，根据交流磁路欧姆定律计算漏磁导两端的磁压降，根据基尔霍夫定律计算各部分磁通，最后由交流磁路的安培环路定律计算线圈磁动势。

对于任务 2：先根据给定的 U 值，按 $U = 4.44fN\Phi_\mathrm{m}$，先假设一个气隙磁通值，然后按任务 1 计算 U，将所得 U 值与给定的 U 值加以比较，不断调整假设值，直到两者相等或满足准确度要求即可。

3.4.3　电磁系统的吸力特性计算

合理的电磁系统结构形式应能使其静态吸力特性与反力特性得到良好的配合，不同形式的电磁系统具有不同的吸力特性。

直流电磁系统常用的结构形式有盘式、拍合式和螺管式等，其吸力特性曲线如图 3-18 所示。

由于盘式电磁系统的磁极面积很大，磁路很短，在气隙小时能获得较大吸力，它有两个串联的工作气隙，随气隙的增大，吸力下降很快，吸力特性陡峭。拍合式电磁系统有一个工作气隙和一个棱角气隙，随工作气隙的增大，吸力下降很快，但比盘式慢一些，吸力特性也比较陡峭。螺管式电磁系统除磁极端面的吸力外，还有漏磁产生的螺管力作用在动铁心上。对于无挡铁螺管式，磁极端面的吸力较小，由于气隙增大时漏磁产生的螺管力变化不大，吸力特性比较平坦。对于有挡铁的螺管式，磁极端面的吸力较大，在小气隙部分的吸力特性接近拍合式。对于同一类型的电磁系统，采取不同的磁极形状，也可获得不同的吸力特性。

交流电磁系统的结构形式小容量采用直动式，大容量采用转动式。直动式电磁系统的结构有单 E 型、双 E 型、单 U 型、双 U 型、T 型及螺管式。

假设：①电磁系统的材料相同，导磁体的截面也相同，即 E 型中柱铁心截面与 U 型相同，两边柱铁心截面为中柱铁心的一半，螺管式铁心柱截面与 U 型相同；②线圈电压、电阻及匝数均相同；③铁心柱间距离相同，线圈窗口面积相同。这几种不同交流电磁系统结构的吸力特性如图 3-19 所示。

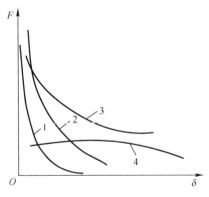

图 3-18　直流电磁系统的吸力特性
1—盘式　2—拍合式
3—有挡铁螺管式　4—无挡铁螺管式

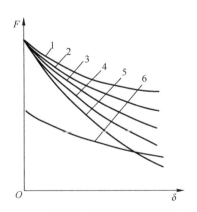

图 3-19　不同交流电磁系统结构的吸力特性
1—双 U 型　2—双 E 型　3—T 型
4—单 U 型　5—单 E 型　6—螺管式

双 U 型电磁系统气隙增大时，气隙磁通减小较少，又有螺管力，所以吸力特性比较平坦。双 E 型电磁系统漏磁比 U 型多，因此主磁通比 U 型的少，而且差别在气隙越大时越明显，所以吸力特性比 U 型陡峭。单 E 型和单 U 型的漏磁通较多，且没有螺管力，因此吸力特性比双 E 型和双 U 型陡峭。T 型电磁系统的工作气隙磁导大于双 E 型小于单 U 型，所以吸力大于双 E 型小于单 U 型，这种差别气隙越大越明显，因此吸力特性介于两者之间。螺管式电磁系统气隙增大时主磁通减少小，且有螺管力的作用，因此吸力平坦，动铁心处于闭合位置时只有一个工作气隙，吸力约为其他形式的一半。

3.4.4 电磁系统动态特性的分析计算

电磁式低压电器的传统设计方法是按照电磁系统的静态吸力特性来判断其工作特性，要求在动铁心全部行程范围内，静态吸力大于反力。实际上电器的接通过程并不是取决于静态特性而是动态特性，即随时间而变化的工作过程。

动态特性通常包括电磁铁线圈中的电流 i、电磁吸力 F、线圈磁链 ψ、运动部分的位移 x 及其速度 dx/dt、加速度 d^2x/d^2t 随时间而变化的关系。静态吸力特性由电磁铁线圈中电流的稳态值所决定，动铁心运动过程中，电流值不同于稳态值。因此，在同一动铁心位置时动态吸力不同于静态吸力。所以要设计具有高的机械寿命和电气寿命，并且动作可靠的电器，必须研究其动态过程。只有计算动态过程，才可能合理地确定电磁铁结构参数间的关系，以保证工作的可靠性和一定的使用寿命。

1. 直流电磁系统的动态特性

电磁机构的动态特性可用电路、运动和吸力的一系列微分方程描述。

电磁机构吸合的动态过程包括触动阶段和吸合运动阶段，触动阶段动铁心尚未运动，只需从电磁方面来分析。直流电磁系统的电压平衡方程式为

$$u = iR + L\frac{di}{dt} \tag{3-26}$$

式中，L 为励磁线圈的电感（H）。

电磁系统吸合阶段，由于电磁吸力大于反作用力，故动铁心开始运动，已有运动速度，在线圈中会产生阻碍电流增大的运动反电动势。刚开始速度较小，运动反电动势在总反电动势中占比较小，所以线圈电流继续增大。随着速度的增大，运动反电动势不断增大，增至一定的数值后，电流开始减小，以维持电压的平衡。电流减小的速率和幅度由具体参数决定。当动铁心运动到吸合位置后，运动反电动势恢复为零，线圈电流又在新的基础上重新增大。动铁心运动过程结束后，机械运动过程虽已结束，但电磁过渡过程仍在继续，线圈电流和磁通继续增大，直到它们分别达到各自的稳态值为止。

2. 交流电磁系统的动态特性

和直流电磁系统一样，交流电磁系统在其励磁线圈接通或断开电源后，也将经历一个过渡过程。但交流电磁系统的励磁电压或电流是交变量，过渡过程与直流时不同。电源电压合闸相角对过渡过程也有很大影响。交流电磁系统动态过程的分析计算较直流系统复杂很多。

和直流电磁系统一样，交流电磁系统的动态过程也可分为触动阶段和吸合运动阶段。触动阶段是从电源励磁线圈接通电源开始到作用在动铁心上的电磁吸力等于释放位置上的反作用力为止，此时动铁心一直处于释放位置上，磁路基本上是线性的。

吸合阶段从动铁心开始动作到动铁心运动到最小工作气隙为止。交流电磁系统动态特性的计算比直流电磁系统复杂很多，主要是由于在这个阶段中，磁导体不仅有磁滞损耗和涡流损耗，而且大都设有分磁环，还有如合闸相角等很多其他因素也会对运动过程产生影响。因此，求解这个阶段时，必须采取一些相应的措施，而不能直接运用传统的计算方法来求解。

3.4.5　电磁系统的工程设计方法

电磁系统设计是在满足规定的工作特性要求下，确定电磁系统的结构参数，如电磁系统的几何尺寸、线圈尺寸、匝数和线径等。电磁系统的基本特性有电磁特性和发热特性，电磁特性主要是电磁系统的吸力特性，发热特性是指电磁系统各部分的发热温升。

电磁系统的设计步骤如下：

1）根据负载的反力特性选择电磁系统的结构形式。

2）初步设计确定电磁系统的结构参数。

3）按确定的尺寸和数据，验算线圈温升，计算电磁系统静态吸力特性及其他特性，评价电磁系统的经济技术指标。

1. 电磁系统结构形式的选择

（1）按特性配合选择电磁系统结构形式

合理的结构形式应该能使电磁系统的静态吸力特性和反力特性得到良好的配合，结构形式选择应从反力特性出发，负载反力特性的种类如图 3-20 所示。

（2）按结构因素选择电磁系统结构形式

设计电磁系统的原始数据之一是设计点的工作气隙 δ_0 和吸力 F_0，为了能从这个设计点来选择电磁系统的结构形式，引入比值系数 K_j。因为在一定条件下，吸力 F_0 与铁心直径 d_t 的二次方成正比，而动铁心行程 δ_0 与铁心长度 z 成正比，因而比值系数可写成

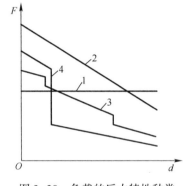

图 3-20　负载的反力特性种类
1—不随动铁心行程改变的常值负载
2—反力随行程增加的负载
3—继电器的反力特性
4—接触器的反力特性

$$K_j = \frac{\sqrt{F_0}}{\delta_0} \propto \frac{d_t}{l_t} \qquad (3-27)$$

系数 K_j 实际上表示了电磁系统的尺寸比例，称为结构系数，它是选择电磁系统最佳结构形式的依据。为评价电磁系统的结构形式，采用经济重量指标 m 来衡量：

$$m = \frac{电磁铁重量}{拟定功} \qquad (3-28)$$

式中，拟定功为吸力特性上任一点的工作气隙 δ 与吸力 F 的乘积。

一个电磁系统的经济重量 m 最小，即表示它所获得的拟定功最大，电磁铁的重量最轻。根据大量计算和实践经验表明：不同类型电磁系统的经济重量最小值对应的结构系数 K_j 范围不同。利用这一点，当已知 K_j 时，选择在此值范围内所对应的电磁系统形式，是比较适宜的形式。用结构因数来选择电磁系统的结构形式，比较适用于直流电磁系统。各类直流电磁系统适用的结构系数范围见表 3-4。

表 3-4 　直流电磁系统结构系数适用范围

电磁系统类型	K 的适用范围/($N^{0.5}$/cm)
无挡铁螺管式	280 以上
具有圆锥磁极（顶角 $\alpha = 60°$）的螺管式	5.5~12.5
具有圆锥磁极（顶角 $\alpha = 45°$）的螺管式	12.5~52
平面磁极螺管式	50~280
U 型拍合式	8.4~84

2. 直流电磁系统的设计

初步设计计算中的选型与计算，通常是以反力特性为原始依据。根据反力特性画出应有的吸力特性。在还没有求得吸力特性之前，初步设计需要选择一个设计点，保证在该点的吸力可以克服反力动作。一般选取最大气隙点 δ_0、吸力 F_0 作为设计点。在设计点处有一相应的结构指数 K_j，这个指数即可作为选择电磁系统形式的一个依据。

电磁系统的初步设计是根据一些基本关系式来确定电磁系统的尺寸和线圈数据。基本关系式主要有：

（1）吸力与铁心尺寸的关系式

电磁铁的表面吸力近似用麦克斯韦公式，不装极靴时为

$$F = \frac{B_\delta^2 A_c}{2\mu_0} \tag{3-29}$$

式中，F 为电磁铁磁极表面吸力（N）；A_c 为铁心截面面积（m^2）；B_δ 为工作气隙磁通密度（T）；μ_0 为真空磁导率（H/m）。

装极靴时为

$$F = \frac{B_\delta^2 A_p}{2\mu_0} \tag{3-30}$$

式中，A_p 为极靴面积（m^2）。

对于电磁系统具有两个相同的工作气隙时，吸力计算公式中需要乘以 2。对于具有螺管力的螺管电磁系统，除了磁极表面的吸力外还存在螺管力，此时吸力表示为

$$F = \frac{B_\delta^2 A_c}{2\mu_0}(1+k_1) \tag{3-31}$$

式中，k_1 为螺管力系数（短行程时 $k_1 = 0$，长行程时 $k_1 = 0.3 \sim 0.6$）。

根据吸力的计算公式，为了计算铁心的尺寸，还要选定工作气隙磁通密度值 B；B 一般在 0.1~1T 的范围内变动，可以根据 K_j 选择 B。

（2）磁动势方程式

电磁铁的线圈磁动势 IN 等于磁路各部分磁压降之和，当工作气隙为 s 时磁动势方程为

$$IN = \frac{B_\delta \delta_0}{\mu_0} + \sum (IN)_C + \sum (IN)_{fg} \tag{3-32}$$

式中，$\dfrac{B_\delta \delta_0}{\mu_0}$ 为工作气隙中磁压降（AT）；$\sum (IN)_C$ 为导磁体部分磁压降的总和（AT）；$\sum (IN)_{fg}$ 为非工作气隙磁压降的总和（AT）。

初步设计时，电磁系统结构尺寸未定，所以导磁体和非工作气隙的磁压降无法确定，根据经验，在打开位置一般取这两部分磁压降为气隙磁压降的 0.2~0.55 倍，因此

$$IN = (1.2 \sim 1.5) \frac{B_\delta \delta_0}{\mu_0} \tag{3-33}$$

系数与 B_δ 大小有关，B_δ 大时取大值，B_δ 小时取小值。

（3）线圈发热方程式

长期工作制时，电磁铁线圈温升可用牛顿公式计算：

$$\tau = \frac{I^2 R}{K_T A} \tag{3-34}$$

式中，τ 为线圈温升（℃）；I 为线圈电流（A）；R 为线圈电阻（Ω）；A 为线圈散热面积（m^2）；K_T 为线圈表面综合传热系数 [$W/(m^2 \cdot K)$]。

线圈电阻为

$$R = \frac{\pi \rho (c + r_c) N^2}{k_{tc} h \Delta} \tag{3-35}$$

式中，ρ 为导体的电阻率（Ω·m）；c 为线圈外半径（m）；r_c 为线圈内半径（m）；k_{tc} 为线圈填充系数；h 为线圈高度（m）；Δ 为线圈厚度（m）。

取线圈厚度比值系数 $\beta = \frac{h}{\Delta}$ 和 $n = \frac{\Delta}{2r_c}$，则线圈高度为

$$h = \sqrt{\frac{\rho (n+1)(IN)^2}{2 k_{tc} K_T (1 + 2n + k_\beta) n r_c}} \tag{3-36}$$

式中，k_β 为线圈内表面与外表面散热率之比，按经验数据选取。

对于短时工作制和反复短时工作制，根据等效发热原理和工作通电时间引入线圈的比值系数 β 进行计算。β 可根据以下经验数据选择：

1）对于拍合式电磁系统，大尺寸 $\beta = 4 \sim 5$，小尺寸 $\beta = 6 \sim 7$。

2）对于螺管式电磁系统，长行程 $\beta = 6 \sim 8$，短行程 $\beta = 3 \sim 5$。

线圈的比值系数 n 根据如下的经验数据选择：

1）对于小尺寸电磁铁，大尺寸 $n = 0.5 \sim 0.8$。

2）对于大尺寸电磁铁，大尺寸 $n = 0.25 \sim 0.5$。

（4）电路方程式

直流电压线圈的电路方程式为

$$U = IR = \frac{4\rho(c + r_c)}{d^2} IN \tag{3-37}$$

式中，U 为线圈外施电压（V）；d 为线圈导线线径（m）；P 为导线电阻率（Ω·m）；c 为线圈外半径（m）；r 为线圈内半径（m）。

线圈导线直径为

$$d = \sqrt{\frac{4\rho(c + r_c)}{U} IN} \tag{3-38}$$

为保证电磁系统可靠工作，线圈电压取 $0.85U_N$，电阻率 ρ 取允许发热温度的热态值。

线圈匝数为

$$N = \frac{4k_{tc}h\Delta}{\pi d^2} \quad (3-39)$$

对于电流线圈，线圈电流为 I_N，匝数为 $N = IN/I_N$，线圈导线线径为 $d = \sqrt{4k_{tc}h\Delta/(\pi N)}$。

根据上述计算，确定电磁系统的尺寸和线圈参数，再进行反复的特性验算和修正，直到满足设计要求。

3. 交流电磁系统的设计

交流电磁系统的设计原理和步骤与直流电磁系统类似，设计目的也是计算它的尺寸及线圈参数，并加以特性验算。初步设计也是根据反力特性选择一个计算点和初始力，根据初始力和行程来确定铁心截面等结构尺寸和线圈参数。

初步设计的基本关系式如下：

（1）吸力方程式

一个工作气隙的电磁系统，用麦克斯韦公式计算一个周期电磁吸力的平均值为

$$F = \frac{B_\delta^2 A_c}{4\mu_0} \quad (3-40)$$

式中，B_δ 为工作气隙交变磁通密度的幅值（T）；A_c 为铁心截面积（m²）。

$$B_\delta = 0.85\frac{B_c}{\sigma}k_N \quad (3-41)$$

式中，B_c 为动铁心在闭合位置，线圈加额定电压 U_N 时铁心磁通密度（T）；σ 为漏磁系数（动铁心打开位置时铁心磁通与气隙磁通的比值）；k_N 为动铁心打开位置时线圈反电动势与电源额定电压的比值，一般取 $0.75 \sim 0.96$。

铁心截面积为

$$A_c = \frac{4\mu_0 F_0}{B_\delta^2} \quad (3-42)$$

（2）电路方程式

初步设计时线圈匝数为

$$N = \frac{(0.97 \sim 0.99)U}{4.44fB_cA_c} \quad (3-43)$$

式中，N 为线圈匝数；U 为线圈电源电压（V）；f 为电源频率（Hz）；B_c 为铁心磁通密度幅值（T）；A_c 为铁心截面积（m²）。

（3）动铁心吸合位置时磁动势方程式

动铁心吸合位置时线圈总磁动势为

$$IN = (1.65 \sim 2.5)\frac{\Phi_c}{\sqrt{2}\sum\Lambda} \quad (3-44)$$

式中，Φ_c 为铁心磁通的幅值（Wb）；$\sum\Lambda$ 为工作气隙与去磁间隙的总磁导（H）。

（4）线圈发热方程式

交流电磁系统的线圈发热和直流电磁系统不一样，不仅线圈电阻会产生损耗而且铁心也会产生损耗而发热，线圈温升可由下式计算：

$$\tau = \frac{I^2R + p_{ch}}{K_T A} \qquad (3-45)$$

式中，I^2R 为线圈电阻损耗（W）；p_{ch} 为线圈包围部分的铁心损耗（W）。

线圈散热面积为

$$A = (2a + 2b + 2\pi\Delta)h = (2 + 2\varepsilon + 2\pi n)ah \qquad (3-46)$$

式中，a 为铁心截面的宽度（m）；b 为铁心截面的厚度（m）；$n = \Delta/a$ 为线圈厚度与铁心边长的比值系数；h 为线圈高度（m）。

线圈平均匝长为

$$l_{pj} = 2a + 2b + \pi\Delta = (2 + 2\varepsilon + 2\pi n)a \qquad (3-47)$$

线圈电阻损耗为

$$I^2R = \frac{\rho(2 + 2\varepsilon + 2\pi n)}{k_{tc}hn}(IN)^2 \qquad (3-48)$$

线圈包围部分铁心损耗为

$$p_{ch} = p_c V \rho_c = k_c h \qquad (3-49)$$

式中，p_c 为单位重量铁心损耗（W）；V 为线圈包围部分铁心体积（m³）；ρ_c 为铁的密度（g/m³）。

$$k_c = p_c \varepsilon a^2 \rho_c \qquad (3-50)$$

因此线圈高度为

$$h = \sqrt{\frac{\rho(2 + 2\varepsilon + \pi n)(IN)^2}{[K_T\tau(2 + 2\varepsilon + 2\pi n)a - k_c]k_{tc}n}} \qquad (3-51)$$

初步设计时一般选：$n = 0.5 \sim 0.8$；$\beta = 2 \sim 4$。

线圈导线线径为

$$d = \sqrt{\frac{4k_{tc}h\Delta}{\pi N}} \qquad (3-52)$$

（5）分磁环的设计

为防止交流电磁铁的振动，在铁心磁极端面装设分磁环，设分磁环包围的磁极面积为 A_2，未包围面积为 A_1，$\gamma_1 = A_1/(A_1 + A_2)$，$\gamma_2 = A_2/(A_1 + A_2)$，设计分磁环时一般取 $\gamma_2 = 0.7 \sim 0.85$，分磁环电阻为

$$R_d = (0.2 \sim 0.4)\frac{\omega\mu_0(A_1 + A_2)}{\delta_p} \qquad (3-53)$$

式中，ω 为电源角频率（rad/s）；δ_p 为动铁心闭合时工作气隙长度（m）；μ_0 为真空中磁导率（H/m）。

分磁环截面积为

$$A_d = \frac{\rho l_d}{R_d} \qquad (3-54)$$

式中，ρ 为分磁环热态电阻率（Ω·m）；l_d 为分磁环平均匝长（m）；A_d 为分磁环截面积（m²）。

根据以上的初步设计关系式可以确定交流电磁系统的尺寸、线圈参数和分磁环尺寸，然

后进行反复的特性验算和修正，直到满足设计要求。

3.5 导电回路设计

导电回路指低压电器承载电流的回路，一般由出线排、软连接及触头回路组成。触头回路由于动、静触头接触存在接触电阻，且接触电阻随着触头工作状况的改变，特别是触头经电弧烧损后发生变化，所以触头是电器发热的主要环节。软连接由于产品结构、工艺上的原因，其截面积一般比其他导电回路小一些，所以软连接也是发热的重要部分。出线排的截面通常比其他导电回路截面大一些，是低压电器发热通过传导散热的通道。导电回路除正常工作时发热不超过各部件允许温升外，还需在短路情况下能承受发热和电动力的冲击，即所谓的动、热稳定性。

1）导电回路截面设计。导电回路截面设计首先要考虑电器在正常工作和非正常工作（过载、短路）条件下低压电器各部件的极限允许温升。极限允许温升应考虑以下因素：

① 电器的绝缘不致因温升过高而损坏或过分降低其使用寿命。绝缘材料和带绝缘的导体极限允许温升取决于绝缘材料老化及其介质强度。长期工作制和八小时工作制的允许温度应不超过绝缘材料耐热等级所对应的长期工作极限温度。短时工作制和间断工作制时的允许温升一般可以比长期工作制提高15℃左右。

② 导体和结构部件不因温升过高而机械性能降低。一般导体材料在长期和八小时工作制下，不应超过其长期通电发热时机械强度明显下降点的温度。长期工作铜导体的允许温度一般为150℃，发生短路时允许温度为300℃。

③ 电接触不致因温升过高氧化加剧引起的恶性循环而丧失其稳定性。电接触材料为铜时，当温度大于70~80℃时，将引起氧化加剧造成接触电阻和温升恶性循环。电接触材料为银及其合金时，接触稳定性好，其温度主要受邻近绝缘材料允许温度的限制。铜和铝导体连接处的允许温度与其有否涂复层以及涂复层的材料有关。例如，搪锡铝导体极限允许温度为95℃，搪锡铜导体极限允许温度为105℃，镀银铜导体极限允许温度为110℃。

2）导电回路应能承受短路时峰值电流引起的电动力和发热引起的热作用而不致损坏，这是低压电器的重要指标之一。对不具备短路分断能力的刀开关等配电电器就是动稳定和热稳定，对低压断路器来说就是短时耐受电流 I_{CW}。最新发展的新一代万能式断路器要求 $I_{CW} = I_{CU} = I_{CS}$，这是万能式断路器最难实现的指标。对于新一代中大容量塑壳断路器既要有良好限流性能和高分断能力，又要有较高 I_{CW}，这也是十分困难的一项指标。对控制电器来说主要是热稳定以及前级保护电器断开短路电流过程中控制电器不造成超过产品标准允许的损坏。

3）触点系统与相近导电回路设计在不明显增大体积和不明显增加铜损耗情况下，仍可能设计带有电动力补偿的结构。我国第二代万能式断路器 DW15 为了提高产品短路性能，导电回路形状设计带有电动力补偿结构，但是增加了体积和铜损耗。我国第三代万能式断路器为克服上述缺陷，采用主触点多回路并联结构，使短路时电动力大大降低，从而无须专门设计电动力补偿回路。第四代万能式断路器为大幅度提高短时耐受电流，除采用多回路触点并联外，触头导电回路还带有一定电动力补偿。

4）低压电器在长期工作和短路状态下，导电回路各组成部分温升应尽可能均匀，切忌导电回路某一段温升特别高，而另一段温升特别低，这样会造成产品性能下降，浪费材料。过去只能靠经验设计和试验验证，现在利用低压电器发热仿真分析就能较好解决这一问题。

3.6 操作机构设计

低压电器触头分合是通过操作机构的运动实现的。操作机构是低压电器的核心部件之一。操作机构的设计水平、加工准确度对低压电器产品性能及其可靠性影响很大。操作机构的具体任务如下：

1）力的传递与导向。利用各种杠杆、连杆及四连杆机构完成力的传递，利用导柱、导向套、滑块、滑槽和连杆机构可起到导向作用，即限制运动机构零件或导电零件、触头在规定的方向上运动。

2）改变力的方向、大小及作用平面。利用各种杠杆、齿轮、蜗轮、蜗杆、凸轮及空间机构实现上述要求。

3）改变运动速度。如电操作机构中电动机高速转动通过蜗轮、蜗杆机构，改变力的方向，同时减速，满足操作机构运动速度要求。也可以通过齿轮改变运动速度。

4）运动状态突变。许多低压电器为了满足接通、分断能力的要求，希望触头实现慢合、快分或快合、快分等要求。一般通过弹簧储能、释能或凸轮机构实现运动状态突变的要求。

5）定位。对限流型塑壳断路器，在发生短路电流时，动触头迅速斥开。为了确保断路器可靠分断，应设计可靠的卡位机构。这在新一代双断点触头塑壳断路器中尤为重要。

6）复位。利用弹簧可使动作后的零部件返回到初始位置。

低压电器的机构按所完成的功能大致可分为以下几个部分。

1）传动机构，即驱动机械与机构的组合。

① 电磁传动机构：如交流接触器、中间继电器中电磁系统与连杆或转轴的组合，带动触头合闸与分断。塑壳断路器中采用电磁铁通过连杆带动手柄运动的电操作机构。

② 电动传动机构：万能式断路器电操作机构，其驱动机械为电动机，通过蜗轮、蜗杆改变力的方向与速度，带动机构运动。新一代塑壳断路器电操作机构也采用电动机驱动。

③ 杠杆传动机构：改变力的方向与大小以满足触头运动需要。

④ 手操机构：万能式断路器、塑壳断路器一般均带有手操机构，在没有控制电源的情况下，可完成低压断路器合闸或分断操作。

2）储能与释能机构：储能驱动力可以是电动机或人力，多数是利用弹簧的压缩或拉长而达到目的。驱动力通过传动机构连杆、拉杆或齿轮、蜗轮及凸轮等作用到压簧或拉簧上，能量达到最大后（最大拉伸或压缩位置），由于连杆过死点或锁扣机构，使机构处于储能状态。通过连杆死点或锁扣释放使弹簧储能释放作用于触点系统，使其快速闭合，以满足接通大电流电路的需要。

3）脱扣机构：低压断路器或其他保护电器重要部件之一，它的作用是在外部电路发生故障时，采样电路获取的信号通过脱扣机构带动触头分断。

4）执行机构：故障采样电路获取信号后，一般通过信号放大（或其他转换）环节传送给执行机构，从而发出动作指令，使保护电器动作。电子式剩余电流保护电器，一般由剩余电流采样、放大和执行机构3部分组成。对电磁式剩余电流保护电器，因为没有剩余电流信号放大环节，所以其执行机构要求有相当高的灵敏度，一般采用高灵敏度继电器，如极化继电器。电磁传动机构和电动传动机构实际上也是一种执行机构。

5）定位与复位机构：使低压电器运动部件包括机构、触头等保持在某功能位置而设置的机构。如塑壳断路器触头斥开后卡住机构，或低压电器运动部件动作后要求返回到初始位置而设置的机构等。

3.6.1 四连杆机构的设计与计算

断路器的操作机构是四连杆-五连杆结构，其闭合与断开动作是由传动机构、自由脱扣机构和主轴（转轴）以及脱扣轴（牵引杆）等来实现的。

1. 传动机构

对于不同的断路器，如万能式（框架式）、塑料外壳式（包括小型断路器），它们的传动机构可分为手柄传动、杠杆传动、电磁铁传动、电动机传动和气压或液压传动5种。

2. 自由脱扣机构

自由脱扣机构是实现传动机构与触点系统之间联系的一种机构。自由脱扣机构再扣时，传动机构应带动触点系统一起运动，即通过手柄使触点闭合或断开。当自由脱扣后，即解脱了传动机构与触点系统的联系，传动机构的运动与触点系统无关，并且在发生脱扣的瞬间与传动机构的位置无关。一般自由脱扣分自动再扣和非自动再扣两种。

自动再扣的自由脱扣由手柄自身的重量或自复位弹簧作用下再扣。DW15和DW45系列万能式断路器的再扣可用手柄或电动机储能来实现。当手柄或电动机储能，手柄或释能电动机使断路器合闸时，扣片与连杆处于贴合，合闸后，扣片与连杆脱开，要使之再扣，应第二次储能（弹簧拉伸），扣片再与连杆贴合，实现再扣合闸。非自动再扣的自由脱扣机构用于塑壳式断路器。机构再扣时，五连杆变为四连杆机构。其中使用一对可折（活动）连杆，在闭合弹簧过死点后挺直，使触点快速闭合，并保持在闭合位置。这种机构结构紧凑，闭合和断开用同一弹簧实现，缺点是再扣力大，难以用电磁铁实现电动操作。

3. 主轴、脱扣轴

主轴（也有称为支架的），它是四连杆之一，机构的下连杆和动触头系统均与之相连。主轴与三个极或者四个极的动触杆相连，必须经受数千甚至数万次的寿命考核，因此要求有很高的机械强度；主轴连着多极（三极或四极）的导电系统，要求相间绝缘强度好（通常在铆上动触杆后，要进行4000V，1min的工频耐压试验）。为保证三相同步（合、分），对主轴的形位公差（如直度、同轴度等）也有较严格的要求（包括与下连杆、动触杆紧固后）。主轴一般采用热固性材料（如酚醛玻璃纤维压塑料，PM-MG、PM-EG酚醛树脂成型材料，以及DMC、SMC聚酯玻璃丝增强压塑料等）压制。

脱扣轴（又名牵引杆），它是一种解扣（解开自由脱扣机构——锁扣）的重要部件。当发生过载或短路时，双金属片或电磁铁的动铁心（衔铁）碰撞脱扣杆（牵引杆），使其上的锁扣与四连杆中的跳扣脱开，在主力弹簧的作用下，将四连杆变成五连杆，断路器跳闸。现在有一些塑壳式断路器，锁扣与牵引杆铆在一起，当牵引杆逆时针运动时，锁扣释放跳扣，从而断开断路器。脱扣杆（牵引杆）常使用三聚氰胺层压板或聚酯层压板制作，也有不少塑壳断路器采用尼龙（聚酰胺玻璃纤维加强）等热塑性塑料制造。工艺上必须采取措施，防止因牵引杆变形，造成脱扣力的严重分散，使脱扣力忽大忽小，形成封扣（在线路过载或短路时，不动作）或滑扣（无法合闸或断路器动作后无法再扣）。通常对尼龙等制作件，应进行20℃的老化处理，经老化处理后，测试其变形量（如直度、平面度等），凡超过图纸或工艺要求时，应舍弃不用。

4. 断路器操作机构的分析和计算

操作机构是一种四连杆机构。下面将以塑料外壳式断路器的操作机构为例，做一次较系统的分析和计算。

图 3-21 是手柄分闸和再扣位置时的四连杆机构图。图 3-22 是手柄合闸时的四连杆机构图。图 3-23 是断路器自由脱扣时的机构图（从四连杆变成五连杆）。

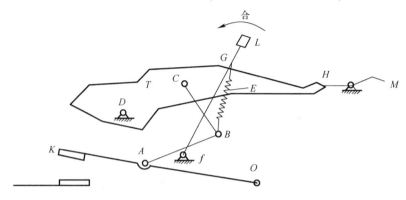

图 3-21　手柄分闸和再扣位置时的四连杆机构

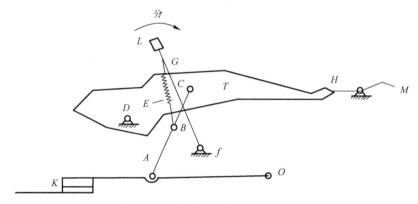

图 3-22　手柄合闸时的四连杆机构图

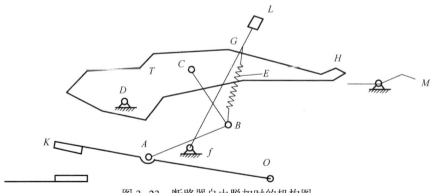

图 3-23　断路器自由脱扣时的机构图

104

以上三种状态图中：*L*—手柄；*T*—跳扣；*K*—触头；*CB*—上连杆；*BA*—下连杆；*E*—主弹簧（拉力弹簧）。

断路器分闸、自由脱扣后再扣位置时，由 *OA*、*AB*、*BC* 及固定点 *CO* 构成一四连杆机构，此时机构只有一个自由度，即分、合方向的自由度。当机构处于自由脱扣状态时，由 *OA*、*AB*、*BC*、*CD* 和 *DO* 构成五连杆，此时机构便有两个自由度，即围绕 *D* 点向前、向后运动的自由度。断路器的合闸力矩与反力矩，可由图 3-24 来计算。

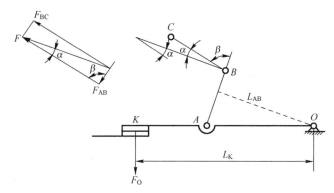

图 3-24　合闸力矩与反力矩的计算

由图 3-24 可见：

$$\frac{F_{AB}}{\sin\alpha}=\frac{F}{\sin\beta} \tag{3-55}$$

$$F_{AB}=\frac{\sin\alpha}{\sin\beta}F \tag{3-56}$$

式中，*F* 为操作主弹簧的拉力（N）；*α* 为合闸角（°）；*β* 为分闸角（°）。

触点系统的合闸力矩为

$$M_h=F_{AB}L_{AB} \tag{3-57}$$

式中，L_{AB} 为下连杆 *AB* 的分力 F_{AB} 到转轴支点 *O* 的垂直距离（m）。

触点系统在刚合闸瞬间所受到的反力是触头初压力 F_0 和它相应的反力矩（三极时）M_f。

$$M_f=3F_0L_K \tag{3-58}$$

式中，L_K 为触点中心线到转轴 *O* 的距离（m）。

一般要求 $\frac{M_h}{M_f}\geq1.2$，也就是 $M_h>M_F$，即

$$F_{AB}L_{AB}>3F_0L_K \tag{3-59}$$

$$\frac{\sin\alpha}{\sin\beta}FL_{AB}>3F_0L_K \tag{3-60}$$

$$F>\frac{3F_0L_K}{L_{AB}}\frac{\sin\beta}{\sin\alpha} \tag{3-61}$$

当触头完全合闸时，下连杆 *AB* 与上连杆 *BC* 几乎成一直线，以上计算是基于将要合闸时所需的合闸力和其反力来核算的。

从断路器的实际情况来看，四连杆中的 β 角必须很好地控制。从图 3-24 可以看出，β 角是上连杆 BC 与下连杆 AB 在 B 点延伸线的夹角。β 角越大，C 点的位置越往左移，而 C 点是与跳扣 T 铰链相连的，C 点左移，使得跳扣与锁扣 M 的啮合尺寸变小，跳闸越快；β 角越大，跳扣与锁扣的保持力越小，弹簧反力与合闸力之比越接近，就会使断路器处于不稳定状态，即处于滑扣状态。要使得脱扣力减少，既要提高断路器的灵敏度，又要使保持力增大，就应使 α 角增大一些（α 角大，归化到上连杆 BC 的力就小），为兼顾两者，触头（触杆）需要往前移动一点。

手柄的分闸力 F_c 及其形成的分闸力矩，如图 3-25 所示。

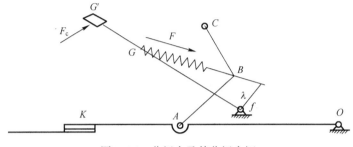

图 3-25　分闸力及其分闸力矩

图 3-25 中 $G'f$ 是操作机构手柄至其杠杆轴心 f 的距离，λ 是弹簧力作用轴至轴 f 的垂直距离。

$$F_c = \frac{F\lambda}{G'f} \tag{3-62}$$

$$M_c = F_c \times G'f = F\lambda \tag{3-63}$$

当跳扣 T 在完全受力情况下，触头全合闸后，受到一个反作用力 F_f，它对 O 轴产生一个反力矩（三极）：

$$M_F = 3F_f L_K \tag{3-64}$$

即如上所述的，$F_{AB}L_{AB} = 3F_O L_K$（当完全合闸时，$L_{AB} \approx OA$）。

BC 杆（上连杆）在完全合闸时，受到两个向上的作用力。即 AB 杆的力传到 BC 杆的 F_{AB}；弹簧拉力 F 在 BC 杆上的分力，其值为 $F\cos\alpha$，所以

$$F_{BC} = F_{AB} + F\cos\alpha \tag{3-65}$$

锁扣 M 在 H 点给跳扣一个压力 F_H，它与 F_{BC} 对跳扣处的支点 D 的转矩平衡，则

$$F_{BC}L_{BC} = F_H L_H \tag{3-66}$$

$$F_H = \frac{F_{BC}L_{BC}}{L_H} \tag{3-67}$$

由式（3-67）可见，L_{BC} 越小，L_H 越大，当 F_{BC} 一定时，F_H（实际上就是脱扣力）就越小，可参阅图 3-26。

经过以上分析，可得出如下几点结论：

1）触头的合闸力矩在下连杆至转轴支点的位置已定的情况下（即 L_{AB} 为定值时），其大小取决于 F_{AB}（下连杆上的力），而 F_{AB} 与弹簧拉伸力 F 和合闸角 α（弹簧力轴心线与上连杆 BC 的夹角）成正比；与分闸角（β 角是上连杆与下连杆的夹角）成反比；β 角越大，跳扣

与锁扣的保持力越小，会使断路器处于不稳定状态，容易引起滑扣，因此 β 角要严加控制，要使脱扣力减少，同时保持力增大点，可适当调大 α 角。

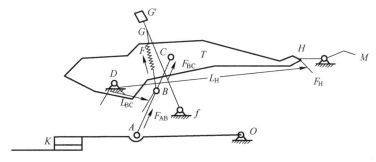

图 3-26　L_{BC} 与 L_H、F_{BC} 与 F_H 关系示意图

2）弹簧拉力 F 要克服反力，即大于反力，而反力是动静触头上的弹簧初压力的 3 倍。弹簧拉力 F 还与分闸角 β 成正比，与合闸角 α、下连杆至转轴支承的垂直距离 L_{AB} 成反比。

3）锁扣给跳扣的压力 F_H 与上连杆的分力 F_{BC}、上连杆与 D 点的垂直距离大小成正比，与锁扣和跳扣（尖处）接触点和跳扣的支点（D 点）的距离成反比。

4）设计时可调整弹簧拉力、连杆尺寸、连杆与各支点的距离、跳扣与锁扣的接触尺寸（实际上是力 F_H）等来达到要求。

5）此外，还要计算双金属片受热产生的推动力、锁扣与跳扣之间的力（F_H）、牵引杆的扭簧力以及各种摩擦力等的关系。

3.6.2　弹簧的设计与计算

弹簧是低压电器中一种极其重要的零件，其质量直接影响电器的主要性能和参数。常用弹簧有拉伸弹簧（简称拉簧）、压缩弹簧（简称压簧）、扭转弹簧（又称为扭力弹簧，简称扭簧），个别场合也有用圆锥塔形弹簧（又称为宝塔弹簧）。前三者统称为圆柱螺旋弹簧，后者称为圆锥螺旋弹簧。圆柱螺旋弹簧按钢丝截面可分为圆形、方形和矩形等。设计中通常使用的钢丝是圆形截面。按照不同使用条件和承受负荷的情况，弹簧又分成如下 4 大类：

1）承受静负荷或变换次数其少并不带冲击性负荷（负荷变换方式依正弦规律，变换次数最多不超过 3 次/min）的弹簧。

2）承受具有一定次数的变换，但冲击并不强烈的弹簧。

3）承受高速变换次数，但并不太强烈的冲击负荷的弹簧。

4）承受高速变换次数，且具有猛烈冲击的弹簧。

从分类看，在低压电器中多使用的是第一类和第二类的弹簧。

在低压电器中，弹簧最常用的材料有：

1）碳素弹簧钢丝。

2）琴钢丝。

3）弹簧用不锈钢丝（$1Cr18Ni9Ti$ 和 $1Cr18Ni9$）。

4）硅青铜线。

5）锡青铜线。

1. 弹簧的基本参数

（1）旋绕比

旋绕比又称为弹簧指数，它等于弹簧的中径（平均直径）与钢丝直径之比。旋绕比以 W 或 C 表示，即

$$W = C = D_2/d \tag{3-68}$$

式中，D_2 为弹簧中径（m）；d 为弹簧钢丝直径（m）。

W 一般在 4~25 之间。若弹簧的其他尺寸不变，W 越小，弹簧力就越大；反之，W 越大，弹簧力就越小。如果 $W<4$，则弹簧丝卷绕时变形太厉害，材料的耐久极限下降；$W>25$，弹簧的不稳定度上升，弹簧圈易松开，弹簧的直径难于节制。

（2）工作负荷

工作负荷 P_1、P_2、P_3、$\cdots$、P_n，M_1、M_2、M_3、$\cdots$、M_n。

工作负荷是指弹簧在工作进程中承受的力或转矩。

（3）极限负荷

极限负荷 P_S、M_S。

极限负荷是指对应于弹簧材料屈服极限的负荷（力或力矩）。

（4）工作极限负荷

工作极限负荷 P_j、M_j。

工作极限负荷是指弹簧工作中可能出现的最大负荷。

（5）变形量

变形量 F_1、F_2、F_3、$\cdots$、F_n。变形量又称为挠度，是指弹簧沿负荷的作用方向产生的相对位移。

（6）极限负荷下的变形量

极限负荷下的变形量 F_s 是指弹簧在极限负荷下沿负荷作用方向产生的相对位移。

（7）工作极限负荷下的变形量

工作极限负荷下的变形量 F_j 是指在工作极限负荷下沿负荷作用方向产生的相对位移。

（8）弹簧刚度

弹簧刚度 P'、M' 指产生单位变形的弹簧负荷。P'、M' 又称为弹簧计算刚度。另还有一种称为单圈刚度的，它是弹簧计算刚度与有效圈数的乘积。

（9）初拉力

初拉力 P_0 指密圈螺旋弹簧在冷卷时形成的内力，其值为弹簧开始产生拉伸变形时，所需加的作用力。它仅适用于钢丝直径不大于 8 mm，碳素弹簧钢丝 II 组的冷卷加工，不适应热卷。具有初拉力的弹簧用于拉伸弹簧。

（10）工作扭转角

工作扭转角 ϕ_1、ϕ_2、$\cdots$、ϕ_n 是指扭转弹簧承受工作负荷时的角位移。

（11）极限扭转角

极限扭转角 ϕ_S 是指扭转弹簧承受极限负荷时的角位移。

（12）工作极限转角

工作极限转角 ϕ_j 是指扭转弹簧承受工作极限负荷时的角位移。

（13）总圈数

总圈数 n_1 指沿螺旋轴线两端间的螺旋圈数。

（14）有效圈数

有效圈数 n 指的是弹簧能保持相同节距的圈数。弹簧有效圈数＝总圈数−支撑圈数。

（15）曲度系数

曲度系数 K、K_1 指考虑了弹簧旋绕比对应力影响的修正系数。

（16）高径比

高径比 b 又称为弹簧稳定性指标，也称为细长比，是指压缩弹簧的自由高度与中径之比。即 $b=\dfrac{H}{D_2}$，一般 $b \leqslant 3$。

（17）许用应力

常用的 1 类弹簧（我国标准为Ⅲ类），是经过回火处理的压簧、拉簧，许用应力是选用弹簧材料最低标准抗拉强度的 50%，即 $[\tau]_{\text{Ⅲ}}=[\tau]=0.5\sigma_b$。经强压处理（使弹簧在超过极限负荷下受载 6~48 h），其允许扭转应力 $[\tau]$ 可提高 20%，即 $[\tau]$ 可取 $0.6\sigma_b$。

常用的 2 类弹簧（我国标准为Ⅱ类）的许用应力可选用 1 类弹簧的 80%，即 $[\tau]_{\text{Ⅱ}}=0.8[\tau]=0.4\sigma_b$。

属于 1、2 类拉簧，具有初拉力的初应力 τ_0（τ_V）为

当旋绕比 $W<10$ 时，$\tau_0=(0.10\sim0.15)\sigma_b=(0.2\sim0.3)[\tau]$。

当 $W>10$ 时，$\tau_0=(0.05\sim0.10)\sigma_b=(0.1\sim0.2)[\tau]$。

合金弹簧钢丝卷绕的弹簧不必考虑初应力。

表 3-5 为碳素弹簧钢丝Ⅱ组，抗拉强度 σ_b 与许用应力的关系。

表 3-5　碳素弹簧钢丝Ⅱ组的抗拉强度与许用应力的关系

弹 簧 材 料		碳素弹簧钢丝Ⅱ组									
钢丝直径 d/mm		0.5	0.8	1.0	1.5	2.0	2.5~3	3.6	4	4.5~5	5.6~6	8
抗拉强度 σ_b/(N/mm²)		2156	2107	2000	1813	1764	1617	1520	1470	1372	1323	1225
允许扭转极限 $[\tau]$/(N/mm²)		1078	1054	1000	907	882	808	760	735	686	661	613
许用应力	$[\tau]_{\text{Ⅲ}}$/(N/mm²)	1078	1054	1000	907	882	808	760	735	686	661	613
	$[\tau]_{\text{Ⅱ}}$/(N/mm²)	861	843	800	725	705	646	608	588	549	529	490
	$[\tau]_{\text{Ⅰ}}$/(N/mm²)	646	632	600	544	530	485	456	441	411	397	368

1）对于压缩弹簧：使用不锈钢丝制作弹簧时，$[\tau]=0.45\sigma_b$，σ_b 为不锈钢材料的抗拉强度（N/mm²）；使用硅青铜丝制作弹簧时，$[\tau]=0.4\sigma_b$，σ_b 为硅青铜材料的抗拉强度（N/mm²）。

2）对于拉伸弹簧：使用碳素弹簧钢丝、琴钢丝制作弹簧时，$[\tau]=0.4\sigma_b$；不锈钢丝，$[\tau]=0.36\sigma_b$；硅青铜丝，$[\tau]=0.32\sigma_b$。

（18）剪切弹性模量 G 和弹性模量 E

剪切弹性模量 G 和弹性模量 E 与弹簧刚度的计算密切相关，剪切弹性模量 G 值如下。

1）碳素弹簧钢丝（按钢丝直径 d 分）：

$d \leqslant 1.5$ mm，$G \approx 81340$ N/mm²（8300 kgf/mm²）；

$1.5\,\text{mm}<d<4\,\text{mm}$，$G\approx79780\,\text{N/mm}^2$（$8150\,\text{kgf/mm}^2$）；

$d\geqslant4\,\text{mm}$，$G\approx78400\,\text{N/mm}^2$（$8000\,\text{kgf/mm}^2$）。

2）合金弹簧钢丝（硅锰、铬钒合金）：$G\approx78400\,\text{N/mm}^2$（$8000\,\text{kgf/mm}^2$）。

3）不锈钢丝：$G\approx71540\,\text{N/mm}^2$（$7300\,\text{kgf/mm}^2$）。

4）硅青铜丝：$G\approx40180\,\text{N/mm}^2$（$4100\,\text{kgf/mm}^2$）。

扭转弹簧的弹性模量E值（德国标准）如下。

1）钢（碳素钢丝、琴钢丝、合金钢丝）：$E\approx210700\,\text{N/mm}^2$（$21500\,\text{kgf/mm}^2$）。

2）不锈钢丝：$E\approx186200\,\text{N/mm}^2$（$19000\,\text{kgf/mm}^2$）。

3）青铜丝：$E\approx109760\sim114600\,\text{N/mm}^2$（$11200\sim9311700\,\text{kgf/mm}^2$）。

4）黄铜：$E\approx81340\sim91140\,\text{N/mm}^2$（$8300\sim9300\,\text{kgf/mm}^2$）。

青铜丝、黄铜的E值视合金的成分而定。

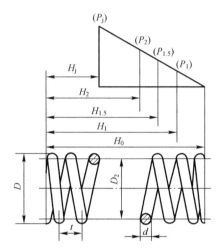

图 3-27　压缩弹簧示意图

2. 设计计算

（1）压缩弹簧

压缩弹簧如图 3-27 所示，其设计、计算公式见表 3-6。

表 3-6　圆柱螺旋压缩弹簧计算公式

项　　目		公式或数据	备　　注
最大工作负荷	Ⅰ类	给定或按 $P_n=\dfrac{\pi d^3}{8KD_2}[\tau]_{\text{I}}$ 计算	工作负荷 P_1、P_2、$\cdots$、P_n 最小工作负荷 P_1 最大工作负荷 P_n
	Ⅱ类（2类）	给定或按 $P_n=\dfrac{\pi d^3}{8KD_2}[\tau]_{\text{II}}$ 计算	
	Ⅲ类（1类）	给定或按 $P_n=\dfrac{\pi d^3}{8KD_2}[\tau]_{\text{III}}$ 计算	
允许极限负荷/N		$P_j=\dfrac{\pi d^3}{8KD_2}\tau_j$	Ⅰ类 $\tau_j\leqslant1.67[\tau]_{\text{I}}$ Ⅱ类 $\tau_j\leqslant1.25[\tau]_{\text{II}}$ Ⅲ类 $\tau_j\leqslant1.12[\tau]_{\text{III}}$
最小工作负荷/N		$P_1=(1/3\sim1/2)P_j$	
允许极限负荷下的变形量/mm		$F_j=\dfrac{P_j}{P'}$	
最大负荷下的变形量/mm		$F_n=\dfrac{P_n}{P'}$	
最小负荷下的变形量/mm		$F_1=\dfrac{P_1}{P'}$	
弹簧单圈刚度/（N/mm）		$P=\dfrac{Gd^4}{8D_2^3 n}$	弹簧单圈刚度国外有以 g 表示的
弹簧刚度（计算刚度）/（N/mm）		$P'=\dfrac{Gd^4}{8D_2^3 n}$	弹簧单圈刚度国外有以 g^1 表示的
弹簧节距		$t=d+\dfrac{F_j}{n}+\delta_1$ 一般取 $t\approx D_2\sim D_2/2$	δ_1 为间隙，$\delta_1\geqslant0.1d$

项　　目	公式或数据	备　　注
间距 δ	$\delta = t - d$	
弹簧工作圈数（有效圈数）n	$n = \dfrac{P}{P'}$ 或 $\dfrac{g}{g'}$	
弹簧总圈数 n_1	一般为 $n_1 = n + 1.5$	或 $n_1 = n + 2$
弹簧自由高度 H_0/mm	$H_0 = nt + d$	
最大工作负荷下的高度/mm	$H_n = H_0 - F_n$	
最小工作负荷下的高度/mm	$H_1 = H_0 - F_1$	
允许极限负荷下的高度/mm	$H_j = H_0 - F_j$	
展开长度 L/mm	$L = \lambda n$	

弹簧的旋绕比 C 值列于表 3-7 中。

表 3-7　弹簧的旋绕比 C

d/mm	0.2~0.4	0.5~1	1.1~1.2	2.5~6	7~16	8~50
C	7~14	5~12	5~10	4~10	4~8	4~6

曲度系数 K 可按 $K = \dfrac{4C-1}{4C-1} + \dfrac{0.615}{C}$ 计算，也可按表 3-8 选取。

表 3-8　曲度系数

$C = D_2/d$	4.0	4.1	4.2	4.3	4.4	4.5	4.6	4.7	4.8	1.9	5
K	1.4	1.39	1.38	1.37	1.36	1.36	1.34	1.33	1.32	1.32	1.31
$C = D_2/d$	5.2	5.4	5.6	5.8	6	6.2	6.4	6.6	6.8	7	7.2
K	1.30	1.28	1.27	1.26	1.25	1.24	1.24	1.23	1.22	1.21	1.21
$C = D_2/d$	7.4	7.6	7.8	8	8.5	9	9.5	10	11	12	14
K	1.20	1.19	1.19	1.18	1.17	1.16	1.15	1.14	1.12	1.12	1.10

（2）拉伸弹簧

拉伸弹簧如图 3-28 所示，其设计、计算公式见表 3-9。

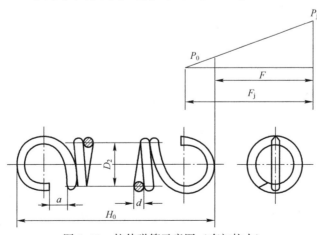

图 3-28　拉伸弹簧示意图（有初拉力）

表 3-9　圆柱螺旋拉伸弹簧计算公式

项　目		公式或数据	
		无 初 拉 力	有 初 拉 力
最大工作负荷	Ⅰ类	给定或 $P_n = \dfrac{\pi d^3}{8KD_2}[\tau]_{\rm I}$	$[\tau]_{\rm I} = 0.6[\tau]$
	Ⅱ类（2类）	给定或 $P_n = \dfrac{\pi d^3}{8KD_2}[\tau]_{\rm II}$	$[\tau]_{\rm II} = 0.8[\tau]$
	Ⅲ类（1类）	给定或 $P_n = \dfrac{\pi d^3}{8KD_2}[\tau]_{\rm III}$	$[\tau]_{\rm III} = [\tau]$
允许极限负荷 P_j/ N		$P_j = \dfrac{\pi d^3}{8KD_2}\tau_j$	Ⅰ类 $\tau_j \leqslant 1.3[\tau]_{\rm I}$ Ⅱ类 $\tau_j \leqslant 1.00[\tau]_{\rm II}$ Ⅲ类 $\tau_j \leqslant 0.8[\tau]_{\rm III}$
最小工作负荷 P_1/ N		按工作要求	$P_1 > 1.2 P_0$ （P_0 为初拉力）
工作极限负荷下的单圈变形 F_j/mm		$F_j = \dfrac{8D_2^3}{Gd^4}P_j$	$F_j = \dfrac{8D_2^3}{Gd^4}(P_j - P_0)$
初拉力 P_0/N			$P_0 = \dfrac{8D_2^3}{Gd^4}\tau_0$ 当 $C < 10$ 时，$\tau_0 = (0.1 \sim 0.15)\sigma_b$； 当 $C > 10$ 时，$\tau_0 = (0.05 \sim 0.1)\sigma_b$；
最大工作负荷下的单圈变形 F_n/mm		给定或 $F_n = \dfrac{P_n}{P'}$	给定或 $F_n = \dfrac{P_n - P_0}{P'}$
单簧刚度 $P'(g')$/（N/mm）		$P' = g' = \dfrac{Gd^4}{8KD_2^3 n} = \dfrac{P_n}{F_n}$	$P' = g' = \dfrac{Gd^4}{8KD_2^3 n} = \dfrac{P_n}{F_n}X$ （X 为假象变量，$X = \dfrac{P_0 F_n}{P_n - P_0}$）
单圈刚度 $P'_d(g)$/（N/mm）		$P'_d = g = \dfrac{Gd^4}{8KD_2^3} = \dfrac{P_n}{F_n}$（$F_n$ 为最大工作负荷下单圈变形量）	$P'_d = g = \dfrac{Gd^4}{8KD_2^3} = \dfrac{P_n}{F_n + F_0}$（$F_0$ 为初拉力 P_0 下单圈的变形量）
自由长度/mm		$H = H_0 + 2D$（H_0 为自由状态下紧密圈长度，D 为弹簧外径）	
自由状态下紧密圈长度/mm		$H_0 = (n+1)d\left(n \text{ 为弹簧工作圈数，} n = \dfrac{P'_d}{P'} = \dfrac{g}{g'}\right)$	
最小工作负荷下的变形 F_1/mm		$F_1 = \dfrac{P_1}{P'} = \dfrac{P_1}{g'}$	$F_1 = \dfrac{P_1 - P_0}{P'} = \dfrac{P_1 - P_0}{g'}$

（3）扭力弹簧

扭力弹簧如图 3-29 所示，其设计、计算公式见表 3-10。

112

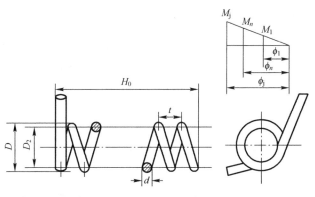

图 3-29 扭力弹簧

表 3-10 圆柱螺旋扭力弹簧计算公式

项　　目			公式或数据	
最大工作转矩	Ⅲ类（1类）	$M_n/\text{N·mm}$	给定或 $M_n=\dfrac{d^3[\sigma]_\text{Ⅲ}}{10K_1}$，$[\sigma]_\text{Ⅲ}=0.625\sigma_b$	M_1、M_2、M_3、$\cdots$、M_n 工作转矩 M_1 最小转矩 M_2 最大转矩
	Ⅱ类（2类）		给定或 $M_n=\dfrac{d^3[\sigma]_\text{Ⅱ}}{10K_1}$，$[\sigma]_\text{Ⅱ}=0.5\sigma_b$	
曲度系数 K_1			$K_1=\dfrac{4C-1}{4C-4}\left(C\ \text{为旋绕比}，\ C=\dfrac{D_2}{d}\right)$	
允许极限转矩 $M_j/\text{N·m}$			$M_j=\dfrac{d^3\sigma_j}{10K_1}=\dfrac{\phi_0}{\phi'_n}$ （Ⅲ类 $\sigma_j\leqslant0.8\sigma_b$；Ⅱ类 $\sigma_j\leqslant0.625\sigma_b$）	
在 1 N·m 转矩下的单圈扭转角 ϕ'			$\phi'=\dfrac{3667D^2}{Ed^4}=\dfrac{\Phi_n}{M_n}$ （E 弹性模量）	
最大工作转矩下的扭转角 ϕ_n			给定或按 $\phi_n=\dfrac{360D_2n[\sigma]}{EK_1d}=X_n^1M_n$ 计算	
弹簧刚度 $M'/\text{N·m}$			$M'=\dfrac{Ed^4}{3667D_2n}$	
工作圈数 n			$n=\dfrac{Ed^4\phi_n}{3667M_nD_2}=\dfrac{\phi_n}{\phi'_n}$ （ϕ'_n 为最大工作转矩下单圈扭转角）	
工作扭转角 ϕ			$\phi=\phi_n-\phi_1$	
最小工作转矩下扭转角 ϕ_1			$\phi_1=\phi_n-\phi$	
最小工作转矩 M_1			$M_1\approx\left(\dfrac{1}{10}\sim\dfrac{1}{2}\right)M_j$	
允许极限转矩下的扭转角 ϕ_j			$\phi_j=\phi'_nM_j$	
间距 δ/mm			最好采用 $\delta\approx0.5$	
自由长度 H/mm			$H=n(d+\delta)+$钩环尺寸	
弹簧稳定性指标 n_{min}			$n_{min}=\left(\dfrac{\phi_j}{123.1}\right)<n$	

113

曲度系数 K_1 可按表 3-11 选取。

表 3-11 曲度系数 K_1

$C=D_2/d$	4	4.5	5	5.5	6	6.5	7	7.5
K_1	1.25	1.20	1.19	1.17	1.15	1.14	1.13	1.12
$C=D_2/d$	8	8.5	9	9.5	10	12	14	
K_1	1.11	1.10	1.09	1.09	1.08	1.07	1.06	

3. 计算实例

已知 $D=26\,mm$，$D_2=22\,mm$，$d=4\,mm$，弹簧自由高度 $H_0=65\,mm$，最小负荷时弹簧高度为 $57.2\,mm$，最大负荷时弹簧高度为 $47.2\,mm$，有效圈数 $n=8.5$，总圈数 $n_1=10.5$，节距 $t=6.94\,mm$，使用材料为碳素钢丝Ⅱ组，属Ⅱ类弹簧（2类）。

工作行程为 $F_n-F_1=57.2-47.2=10\,mm$。

先求出刚度 $P'=\dfrac{Gd^4}{8D_2^3n}$，按弹簧的基本参数（18）中所述，$d\geqslant4\,mm$ 时，$G\approx78400\,N/mm^2$，则

$$P'=\frac{78400\times4^4}{8\times22^3\times8.5}\,N/mm^2=27.7\,N/mm^2 \tag{3-69}$$

最小负荷下的变形量 F_1 为 $65-57.2\,mm=7.8\,mm$，最小工作负荷 $P_1=P'F_1=27.7\times7.8\,N=216.06\,N\approx216\,N$，最大负荷下的变形量 F_n 为 $65-47.2\,mm=17.8\,mm$，最大工作负荷 $P_n=P'F_n=27.7\times17.8\,N=493.06\,N\approx493\,N$。

允许极限负荷 $P_j=\dfrac{\pi d^3}{8KD_2}\tau_j$。旋绕比 $C=22/4=5.5$，K 取 1.275，$\tau_j=1.25\{\tau\}_{\text{Ⅱ}}=1.25\times588\,N/mm^2=735\,N/mm^2(d=4,[\tau]_{\text{Ⅱ}}=588\,N/mm^2)$，则

$$P_j=\frac{\pi\times4^3}{8\times1.275\times22}\times760=659\,N \tag{3-70}$$

如果 P_n 负荷下弹簧高度为 $42\,mm$，则 $F_n=65-42=23\,mm$，$P_n=P'F_n=27.7\times23\,N=637\,N$，也没有超过允许的极限负荷 $659\,N$，满足负荷要求。

弹簧的单圈展开长度 $\lambda=\sqrt{(\pi D_2)^2+t^2}=\sqrt{(3.1416\times22)^2+6.94^2}\,mm=69.46\,mm$。

弹簧展开长度 $L=\lambda n=69.46\times8.5\,mm=590\,mm$。

高径比 $b=\dfrac{H_0}{D_2}=\dfrac{65}{22}=2.95\approx3$，符合要求。

3.6.3 凸轮的设计与计算

1. 凸轮概述

凸轮的主要作用是将凸轮（主动件）的连续运动（转动或移动）转化成从动件的往复移动或摆动（见图3-30）。在低压电器中，凸轮常用于辅助开关的传动和储能弹簧传动。低压电器中常采用滚子凸轮机构和曲面凸轮机构。

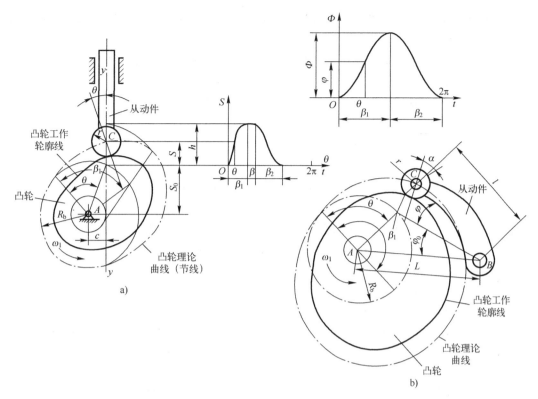

图 3-30　凸轮定义图

a）往复移动式　b）摆动式

2. 主要参数

如图 3-30 所示，凸轮的术语、符号及定义说明如下：

1）凸轮：具有控制从动件运动规律的曲线轮廓（或沟槽）的构件。

2）从动件：运动规律受凸轮轮廓线控制的构件。

3）凸轮工作轮廓线：直接与从动件接触的凸轮轮廓曲线。

4）从动件的压力角 α：在从动件与凸轮的接触点上，从动件所受正压力（与凸轮轮廓线在该点的法线重合）与其速度之间所夹的锐角，简称压力角。

5）基圆、基圆半径 R_b：以凸轮转动中心为圆心，以凸轮理论曲线的最短向径为半径所画的圆称为基圆，其半径称为基圆半径，用 R_b 表示。

6）从动件的行程 h、摆动角 Φ：移动从动件，由离凸轮转动中心最近位置到最远位置的距离为推程；反之，移动从动件从最远位置到最近位置的距离为回程。移动从动件在推程或回程中移动的距离称为行程，用 h 表示。摆动从动件时摆过的角度称为摆动角，用 Φ 表示。

7）起始位置：从动件在距凸轮转动中心最近且刚开始运动时机构所处的位置，亦即推程开始的机构位置。

8）凸轮理论凸线（凸轮节线）：在从动件与凸轮的相对运动中，从动件上的参考点（从动件的尖端，或者滚子中心，或者平底中点。在图 3-30 中为滚子中心 C）在凸轮平面上所画的曲线。

9）凸轮转角 θ：由起位置开始，经过时间 t 后，凸轮转过的角度，用 θ 表示，通常凸轮是做等速转动。

10）推程运动角 β_1：从动件由起始位置到达离凸轮转动中心最远位置时，相应的凸轮转角，用 β_1 表示。

11）远停角 β'：从动件在距凸轮转动中心最远的位置上停歇时相应的凸轮转角，用 β' 表示。

12）回程运动角 β_2：从动件由距凸轮转动中心最远位置回到最近位置时相应的凸轮转角，用 β_2 表示。

13）偏距 C：移动从动件的移动方位线到凸轮转动中心的距离（其值有正负之分），用 C 表示。

14）杆长度 l：摆动从动件转动中心到滚子中心的距离，用 l 表示。

15）中心距离 L：摆杆转动中心到凸轮转动中心的距离，用 L 表示。

3. 凸轮的设计

凸轮的设计步骤如下：

1）确定从动件的运动规律。主要根据从动件在电器中所要求完成的运动、凸轮转速及加工凸轮轮廓线的技术水平等因素确定。低压电器一般采用冲制的盘形凸轮，如图 3-31 所示。

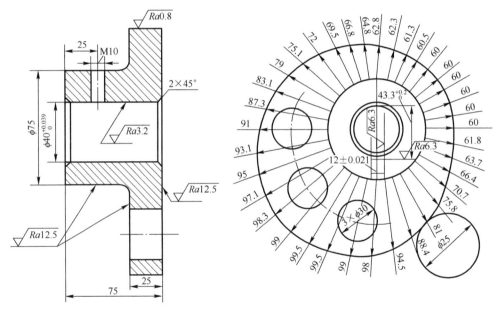

图 3-31　盘形凸轮结构

2）确定凸轮机构的类型和锁合方式及结构尺寸。主要根据凸轮轴与从动件的相对位置及其所占空间大小、凸轮转速、从动件的行程、重量、运动方式（移动或摆动）及负荷大小等条件来考虑。

3）设计凸轮的轮廓线。确定 R_b、R_r（滚子半径）及滚子轴半径 r，用作图法设计凸轮轮廓线。一般 $R_r \leqslant 0.4 R_b$，r 由强度要求决定。

4）设计凸轮结构，选择材料，绘制图样等。

5）根据实验情况进行修正。若有用弹簧，则确定弹簧设计数据。

在电器中大多采用盘形凸轮，其工作轮廓尺寸多采用极坐标形式表示。一般情况下，凸轮设计的许用压力角 α 值要求见表 3-12。

表 3-12　盘形凸轮与圆柱凸轮的许用压力角 α

从动件种类	推程 α_1	回程 α_2	
		外力锁合	结构锁合
移动从动件	≤30°，当要求凸轮尽可能小时，可用到45°	≤（70°～80°）	≤30°（可用到45°）
摆动从动件	≤（35°～45°）	≤（70°～80°）	≤（35°～45°）

3.6.4　齿轮的设计与计算

1. 齿轮概述

齿轮是指轮缘上有齿，并能连续啮合传递运动和动力的机械元件。

齿轮可按齿形、齿轮外形、齿线形状、轮齿所在的表面和制造方法等进行分类。

齿轮的齿形包括齿廓曲线、压力角、齿高和变位。按齿形分为渐开线齿轮、摆线齿轮和圆弧齿轮等。渐开线齿轮容易制造，现代使齿轮中渐开线齿轮占绝对多数，摆线齿轮和圆弧齿轮应用较少。

对于压力角，小压力角齿轮的承载能力较小；而大压力角齿轮，虽然承载能力较强，但传递转矩相同的情况下轴承的负荷增大，因此仅用于特殊情况。齿轮的齿高已标准化，一般均采用标准齿高。变位齿轮的优点较多，已遍及各类机械设备中。

齿轮还可按其外形分为圆柱齿轮、锥齿轮、非圆齿轮、齿条和蜗杆蜗轮；按齿线形状分为直齿轮、斜齿轮、人字齿轮和曲线齿轮；按轮齿所在的表面分为外齿轮和内齿轮；按制造方法可分为铸造齿轮、切制齿轮、轧制齿轮和烧结齿轮等。

齿轮的制造材料和热处理过程对齿轮的承载能力和尺寸重量有很大的影响。按硬度，齿面可区分为软齿面和硬齿面两种。

软齿面的齿轮承载能力较低，但制造比较容易，跑合性好，多用于传动尺寸和重量无严格限制，以及少量生产的一般机械中。因为配对的齿轮中，小轮负担较重，因此为使大小齿轮工作寿命大致相等，小轮齿面硬度一般要比大轮的高。

硬齿面齿轮的承载能力高，它是在齿轮精切之后，再进行淬火、表面淬火或渗碳淬火处理，以提高硬度。但在热处理中，齿轮不可避免地会产生变形，因此在热处理之后须进行磨削、研磨或精切，以消除因变形产生的误差，提高齿轮的精度。

制造齿轮常用的钢有调质钢、淬火钢、渗碳淬火钢和渗氮钢。铸钢的强度比锻钢稍低，常用于尺寸较大的齿轮；灰铸铁的机械性能较差，可用于轻载的开式齿轮传动中；球墨铸铁可部分地代替钢制造齿轮；塑料齿轮多用于轻载和要求噪声低的地方，与其配对的齿轮一般用导热性好的钢齿轮。

未来齿轮正向着重载、高速、高精度和高效率方向发展，并力求尺寸小、重量轻、寿命长和经济可靠。随着科学技术的发展，齿轮逐渐由金属齿轮转变为塑料齿轮。塑料齿轮更具有润滑性和耐磨性，可以减小噪声、降低成本并减少摩擦。常用的塑料齿轮材料有 PVC、POM、PTFE、PA、尼龙和 PEEK 等。

2. 主要参数

（1）齿数 z

闭式齿轮传动一般转速较高，为了提高传动的平稳性，减小冲击振动，以齿数多一些为好，小齿轮的齿数可取为 $z=20\sim40$。开式（半开式）齿轮传动，由于轮齿主要为磨损失效，为使齿轮不致过小，故小齿轮不宜选用过多的齿数，一般可取 $z=17\sim20$。

（2）螺旋角 β

$\beta>0$ 为左旋；$\beta<0$ 为右旋。

（3）齿距 p_n

$$p_n = \pi m_n = p_t\cos\beta = \pi m_t\cos\beta \tag{3-71}$$

式中，p_n 为法面齿距（mm）；p_t 为端面齿距（mm）；m_n 为法面模数；m_t 为端面模数。

（4）模数

模数是指相邻两轮齿同侧齿廓间的齿距 p 与圆周率 π 的比值（$m=p/\pi$），以 mm 为单位。模数是模数制轮齿的一个最基本参数，直齿、斜齿和圆锥齿齿轮的模数皆可参考标准模数系列表。

$$m_n = m_t\cos\beta \tag{3-72}$$

齿轮的分度圆是设计、计算齿轮各部分尺寸的基准，而齿轮分度圆的周长 $\pi d=zp$。

模数 m 是决定齿轮尺寸的一个基本参数。齿数相同的齿轮模数大，则其尺寸也大。

齿轮模数国家标准为 GB/T 1357—2008。优先选用模数：0.1 mm、0.12 mm、0.15 mm、0.2 mm、0.25 mm、0.3 mm、0.4 mm、0.5 mm、0.6 mm、0.8 mm、1 mm、1.25 mm、1.5 mm、2 mm、2.5 mm、3 mm、4 mm、5 mm、6 mm、8 mm、10 mm、12 mm、14 mm、16 mm、20 mm、25 mm、32 mm、40 mm 及 50 mm；可选模数：1.75 mm、2.25 mm、2.75 mm、3.5 mm、4.5 mm、5.5 mm、7 mm、9 mm、14 mm、18 mm、22 mm、28 mm、36 mm 及 45 mm；很少用模数：3.25 mm、3.75 mm、6.5 mm、11 mm 及 30 mm。

（5）压力角 α

在两齿轮节圆相切点 P 处，两齿廓曲线的公法线（即齿廓的受力方向）与两节圆的公切线（即 P 点处的瞬时运动方向）所夹的锐角称为压力角，也称为啮合角。对单个齿轮即为齿形角。标准齿轮的压力角一般为 20°。在某些场合也采用 $\alpha=14.5°$、15°、22.5° 及 25° 等情况。

（6）正确啮合条件

$$m_1 = m_2，\ \alpha_1 = \alpha_2，\ \beta_1 = \beta_2$$

为使齿轮免于根切，对于 $\alpha=20°$ 的标准直尺圆柱齿轮，应取 $z_1\geqslant17$。

（7）齿顶高系数和顶隙系数 h_a^*、c^*

两齿轮啮合时，总是一个齿轮的齿顶进入另一个齿轮的齿根，为了防止热膨胀顶死和具有储存润滑油的空间，要求齿根高大于齿顶高。为此引入了齿顶高系数和顶隙系数。

正常齿：$h_a^*=1$，$c^*=0.25$；短齿：$h_a^*=0.8$，$c^*=0.3$。

3. 标准齿轮传动的几何计算

图 3-32 为标准齿轮几何图形，其计算式见表 3-13。

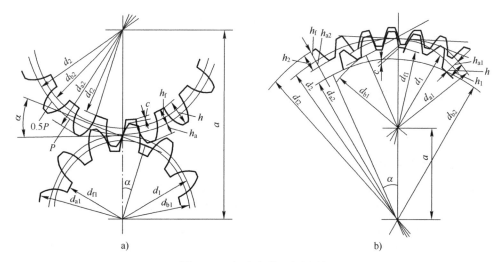

a)   b)

图 3-32　标准齿轮几何图形

表 3-13　标准齿轮几何计算公式

项　　目		代　号	计算公式及说明 正齿轮（外啮合、内啮合）
分度圆直径		d	$d_1 = mz_1$，$d_2 = mz_2$
齿顶高	外啮合	h_a	$h_a = h_a^* m$
	内啮合		$h_{a1} = h_a^* m$ $h_{a2} = (h_a^* - \Delta h_a^*) m$ 式中，$\Delta h_a^* = \dfrac{h_a^{*2}}{z_2 \tan^2\alpha}$ 是为避免过渡曲线干涉而将齿顶高系 数减小的量，当 $h_a^* = 1$，$\alpha = 20°$ 时，$\Delta h_a^* = \dfrac{7.55}{z_2}$
齿根高		h_f	$h_f = (h_a^* + c^*) m$
齿高	外啮合	h	$h = h_a + h_f$
	内啮合		$h_1 = h_{a1} + h_f$，$h_2 = h_{a2} + h_f$
齿顶圆直径	外啮合	d_a	$d_{a1} = d_1 + 2h_a$，$d_{a2} = d_2 + 2h_a$
	内啮合		$d_{a1} = d_1 + 2h_a$，$d_{a2} = d_2 - 2h_a$
齿根圆直径		d_f	$d_{f1} = d_1 + 2h_f$，$d_{f2} = d_2 \mp 2h_f$
中心距		a	$a = \dfrac{1}{2}(d_2 \pm d_1) = \dfrac{m}{2}(z_2 \pm z_1)$ 一般希望 a 为圆整的数值
基圆直径		d_b	$d_{b1} = d_1 \cos\alpha$，$d_{b2} = d_2 \cos\alpha$
齿顶圆压力角		α_a	$\alpha_{a1} = \arccos\dfrac{d_{b1}}{d_{a1}}$，$\alpha_{a2} = \arccos\dfrac{d_{b2}}{d_{a2}}$

注：有"±"或"∓"号处，上面的符号用于外啮合，下面的符号用于内啮合。

3.7 控制器设计

3.7.1 控制器的分类

控制器主要是指低压电器产品中的控制单元或控制部件，例如，过电流脱扣器、剩余电流脱扣器及双电源转换的控制器等。随着电子技术的发展，特别是微处理器的应用，许多低压电器产品具有智能化特征，其功能大大扩展，例如，万能式断路器，过电流脱扣器采用微处理器后，除原来三段过电流保护特性外，还增加了其他许多保护功能，如过电压保护、接地保护、断相保护、故障记录、故障报警、故障预警及故障自愈等。除保护功能外，还有电参数测量与显示功能可替代原来的指针式电表；电网质量监测与控制，包括频率、电压、功率因数、谐波分量、电能管理功能及通信功能等。双电源转换开关中转换控制器也带有其他多种功能。最近十多年发展起来的控制器与保护电器中，控制保护单元也具有非常强大的功能。

控制器按功能一般可以分为保护型、控制型和测量通信型控制器等。保护型控制器多用于框架断路器、塑壳断路器以及剩余电流断路器等产品中，其主要功能为低压电器产品的各类保护功能，除产品最基本的过电流保护、剩余电流保护外，还具有电压保护、接地保护及断相保护等。控制型控制器多用于各类控制电器产品，如双电源转换开关等，其主要功能为远程控制、联锁控制及状态监测等。测量通信型控制器一般与保护和控制结合使用，也有个别厂家设计为单独的测量监视模块应用于断路器和转换开关中。

针对某一产品的控制器，一般厂家从使用经济性考虑，分为三档，即基本型、多功能型和高级型。基本型一般只具有该类产品的最基本的保护功能。以万能式断路器为例，基本型控制器只带有三段过电流保护和接地保护。多功能型除基本功能外，还有附加保护功能、扩展功能、电参数测量与显示功能、维护与自诊断功能、故障记录功能以及通信功能。对于高级型控制器，上述各项功能更为完善，还可带有故障预警、寿命显示等满足智能电网需要的最新功能。万能式断路器的控制器功能详见表3-14。

表3-14 万能式断路器的控制器功能

功 能	特 性 项 目		基 本 型	多功能型	高 级 型
基本保护	过载长延时保护		√	√	√
	短路短延时保护		√	√	√
	短路瞬时保护		√	√	√
	接地故障保护（二选一）	矢量和接地故障保护	√	√	√
		变压器中心接地点故障保护	√	√	√
附加保护	中性极保护		—	√	√
	过载预报警		—	√	√
	电流不平衡保护		—	√	√
	断相保护		—	√	√
	电压不平衡保护		—	√	√

功　能	特 性 项 目		基　本　型	多 功 能 型	高　级　型
附加保护	过电压保护		—	√	√
	低电压保护		—	√	√
	负载监控	电流卸载（可设置2路）	√	√	√
		功率卸载（可设置2路）	√	—	√
	相序保护		—	√	√
	最大频率保护		—	√	√
	最小频率保护		—	√	√
	需用电流保护		—	—	√
	逆功率保护		—	—	√
	电流谐波预报警		—	—	√
	电压谐波预报警		—	—	√
扩展功能	热记忆（过载长延时保护）		—	√	√
	接通电流脱扣（MCR）		—	√	√
	区域联锁		√	√	√
	寿命指示	触头磨损当量	—	√	√
		控制器有电时操作次数	—	√	√
测量功能	电流（三相电流、中性极电流、接地电流）		—	√	√
	电压（三相线电压、三相相电压）		—	√	√
	功率（有功功率、无功功率、视在功率）		—	√	√
	功率因数		—	√	√
	频率		—	√	√
	电能（有功电能、无功电能、视在电能）		—	√	√
	谐波（电流、电压）		—	√	√
	波形捕捉		—	√	√
	需用值（需用电流、需用功率）		—	√	√
	相序、电流不平衡、电压不平衡		—	√	√
维护功能	校正	三相电流、中性极电流	—	√	√
		三相相电压	—	√	√
		剩余电流（互感器）	—	√	√
	自诊断	控制器、处理器超温	—	√	√
	自检	磁通断线	—	√	√
		电流互感器断线	—	√	√
	锁扣	防拆	—	√	√
	测试	磁通脱扣器脱扣	√	√	√

功　　能	特性项目		基　本　型	多功能型	高　级　型
数据记录功能	脱扣报警时间（控制器显示、通信）		—	√	√
	脱扣报警原因（控制器显示、通信）		—	√	√
	脱扣报警电流（控制器显示、通信）		—	√	√
	脱扣报警电压（控制器显示、通信）		—	√	√
	故障脱扣时间（控制器显示、通信）		—	√	√
	故障录波（控制器显示、通信）		—	√	√
通信功能	现场总线	Modbus、Profibus、DeviceNet	—	√	√
	工业以太网	Modbus TCP/IP、Profinet	—	—	√
	内部总线		—	√	√
	USB 接口		—	—	√
显示功能	LED 或 LCD 段码		√	—	—
	LED 或 LCD 点阵（黑白）		—	√	—
	LCD 点阵（彩色、图形驱动）		—	—	√

3.7.2 控制器的设计

1. 设计步骤

智能控制器设计、试制的步骤及要点如下：

1）性能指标、功能确定。

2）微处理器芯片选型。

3）控制器系统方案设计。

4）控制器硬件原理和程序流程设计。

5）控制器硬件线路的印制电路板设计。

6）控制器程序功能模块设计。

7）控制器硬件焊接调试和功能模块测试。

8）控制器样机组装、性能测试和 EMC 测试。

9）控制器样机型式试验。

10）控制器样机小批试制、VA 测试及 3C 认证。

11）控制器样机工业试运行、批生产。

2. 硬件设计

以断路器用智能控制器为例介绍控制器的硬件设计。断路器用智能控制器的主要功能为断路器的"三段"保护功能，包括过电流长延时保护、短路短延时保护和短路瞬时保护。除保护功能外，智能控制器还具有通信功能、显示功能等。根据其功能设计智能控制器的硬件原理图如图 3-33 所示。

智能控制器由 CPU 单元、信号采样单元、人机接口单元、通信模块以及执行元件等部分组成。

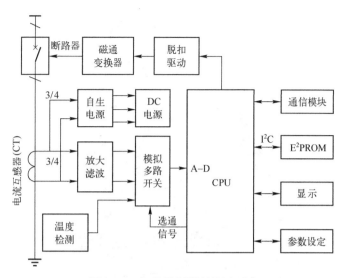

图 3-33 智能控制器硬件原理图

（1）信号采样

信号采样电路实现的功能是将外部的电流、电压信号经变换后送到 CPU 单元的 A-D 采样口。主电路的电流信号经过信号检测环节的电流互感器、滤波器转换为线性的正比于主电路电流的直流电压信号。其转换的线性和精度将直接影响关键数据的可信度，这些数据是智能控制器工作的基础。常用的电流互感器有铁心和空心两种。铁心型互感器在处理小电流时线性度很好，但大电流时铁心容易饱和，从而出现线性失真，测量范围小；空心型互感器在处理大电流时线性度好，测量范围广，但小电流时易受干扰，也会出现线性失真，测量误差大。然而智能脱扣器的电流测量范围从几百安到几十千安，变化范围很大，要想在整个测量范围内不失线性，最好采用两种类型互感器相互结合的方法。

由于电流的测量范围很大，而微处理器 A-D 转换参考电压一般很小，因此采用多量程转换的方法，硬件上根据信号幅值大小采用不同的输送通道，实现此功能还需要软件上面的判断。

（2）执行元件

智能型断路器适合采用低能量螺管式分励脱扣器或磁通变换器作为执行元件。磁通变换器的结构如图 3-34 所示，永磁体产生的磁通流经磁轭和衔铁生成的吸力正好克服压缩弹簧产生的反力，使衔铁处于吸合状态。当执行电路接收到 CPU 发出的脉冲控制信号时，线圈中流过高于门槛值的触发电流，产生与永久磁铁相抵消的磁通，使衔铁释放。这种磁通变换器利用磁转移原理动作，线圈吸引功率相当小，非常适合应用于受体积限制而输出功率小的塑壳式断路器。

3. 软件算法

断路器智能控制器通过"三段保护"实现对线路的保护功能。三段保护的电流-时间特性曲线如图 3-35 所示。图中，I_1 表示长延时电流设定值，t_1 表示长延时时间设定值，I_2 表示短延时电流设定值，t_2 表示短延时时间设定值，I_3 表示瞬时电流设定值。

智能脱扣器所有动作都是由程序通过单片机来控制的。程序主要分为两大模块：一个模块的主要功能是定时启动 ADC，得到采样值，分别计算并得到 3 个模拟通道、1 个工频周期

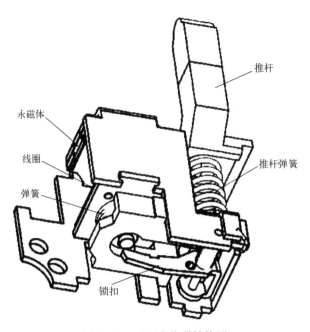

永磁体

线圈

弹簧

推杆

推杆弹簧

锁扣

图 3-34　磁通变换器结构图

的电流有效值；另一个模块则利用得到的电流有效值与各保护特性的电流整定值进行比较、运算，对不同的故障电流进行不同的故障处理，实现不同的保护特性。

过载长延时保护通过采用基于电器动热稳定性的保护算法来实现。基于电器热稳定性的保护算法采用累计热效应方法，其判断依据是：通过断路器的实际电流产生的热效应是否达到了设定阈值。若累加值超过设定能量阈值，脱扣器向磁通变换器发送脱扣信号，断路器动作，切断故障电流；若前一周期因电流有效值超过过载长延时电流门槛值已做了累加，继续下来的几个周期有效值都没有达到过载，则应按照冷却过程温升曲线进行能量的指数化衰减，当能量衰减为零时，断路器不过载。

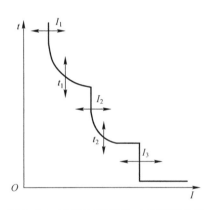

图 3-35　三段保护时间-电流特性曲线

电器的动稳定性是电器承受短路冲击电流的电动力作用而不致损坏的能力。由毕奥-萨伐尔定律可知，由短路电流产生的电动力与电流瞬时值的二次方成正比，故电器的电动稳定性可用允许通过它的电流峰值（即冲击电流）来表示。传统的瞬动脱扣器常采用磁脱扣器，当流过线圈的电流瞬时值超过整定值时，铁心立即吸引衔铁动作，并带动操作机构使断路器触头分开。目前，智能化脱扣器采用的瞬动保护算法主要有：

1）瞬时采样值比较法。该算法简单、速度快，但抗干扰性一般，容易受毛刺及谐波等影响，可靠性不高。

2）离散傅里叶变换法。该算法利用全周期/半周期离散傅里叶变换提取基波有效值进行判断。由于计算周期为 1 周波或 1/2 周波，时间过长而速动性差。

3）基于离散正弦滤波的算法。该算法先用长度较短的离散正弦滤波器对短路电流信号进行滤波，滤除了故障信号中的非周期分量和高频分量，然后用快速幅值算法计算短路电流大小。该算法比离散傅里叶变换法快，但抗干扰性很差，而且快速幅值算法对硬件要求很高。

4）基于改进型导数法+3点滑动窗口的瞬动保护算法。该算法可以达到可靠性与速动性的统一，适合塑壳式断路器的瞬动保护。由短路电流表达式以及正常工作情况下电流表达式，分别可得短路电流与正常工作电流的导数表达式：

$$\frac{\mathrm{d}i}{\mathrm{d}t}=I_\mathrm{m}\omega\cos(\omega t+\psi-\phi)+\frac{I_\mathrm{m}\sin(\psi-\phi)\mathrm{e}^{-t/T}}{T}$$

$$\frac{\mathrm{d}i_\mathrm{p}}{\mathrm{d}t}=I_\mathrm{pm}\omega\cos(\omega t+\psi-\phi)$$

短路电流幅值 $I_\mathrm{m}=NI_\mathrm{pm}$，短路后其电流的导数值发生了很大的变化，可通过采样值对应的相位查表，快速判断出是否有短路发生。如果确有短路发生，则进一步利用滑动窗口法判断是否需要瞬动。在滑动窗口法中关键是滑动窗口长度的选择，例如，选择 1 个周波，可以达到比较可靠的判断效果，但要完成 n（n 为采样点数）个二次方运算、$n-1$ 个加法运算以及一个除法运算，计算量过大，无法达到系统对瞬动算法速动性的要求。然而选用即采即比虽然速度快，但抗干扰性不高，容易误动。这里选择窗口长度为 3，3 点滑动窗口法基于 1 周波窗口移动的思想来累计任一采样点及以前 2 个采样点电流的瞬时值的二次方值，修改后的 3 点滑动窗口法表示为

$$3I'=|i_1|+|i_2|+|i_3|$$

用绝对值运算代替二次方运算，当等式右边的和大于左边的阈值时，脱扣器立即动作。

4. 新技术应用

在低压电器产品各类技术中，电力电子技术、通信技术和现代控制器技术的发展速度是最快的。而低压智能控制器主要采用的新技术有：

（1）通信技术和物联网技术的应用

随着目前智能电网的飞速发展，低压供配电系统的网络化势在必行。为实现这一目标，低压断路器就要求具备双向的通信功能。断路器通过以太网或者经适配器连接到以太网，从而使整个配电系统通信网络变得更简洁、高效。断路器可通信化的实现，必将促使其智能化程度的进一步提高，使其在现有功能基础上实现电能管理、无线通信、无功补偿以及双电源自动转换控制等多种功能。

目前低压电器产品中除了常见的 MODBUS-485 通信、CAN 通信以及以太网通信技术已经得到广泛应用外，各个厂家和机构也广泛开展了 ZigBee 通信技术、电力线载波、蓝牙通信和 GPRS 通信等各种新技术的应用研究。

（2）高性能芯片的广泛应用

传统的智能控制器大多采用单片机（Micro Controller Unit，MCU）或 DSP（Digital Signal Processing）芯片实现保护和控制功能。单片机具有价格低、体积小、处理功能强、速度快、功耗低且控制能力强等特点。随着低压电器产品功能不断丰富，其对单片机的性能要求也越来越高。近年来，随着 SoC 嵌入式系统（System on Chip）的快速发展，其在低压电器智能控制器中也得到了应用，特别是嵌入式 ARM（Advanced RISC Machines）微处理器应用较为广泛。

（3）多任务操作系统的引入

传统断路器的软件编程是采用顺序结构，这样很难保证系统对数据采集实时性的要求，而且不利于程序后期的维护和修改。将多任务操作系统引入断路器，可以将程序分成多个任务的调度设计，不仅使程序的开发、维护和移植变得容易，而且提高了开发的效率，缩短了开发周期，更重要的是保证了系统的实时性、稳定性和可靠性。在嵌入式领域中，可以选择的操作系统也有很多，比如嵌入式 Linux、VxWorks、Windows CE 及 μC/OS-II 等。特别是基于 Linux 的嵌入式操作系统，其凭借稳定、安全、高性能和高可扩展性等优点，得到广大用户的欢迎，目前已有很多科研机构、学校和厂家在开展基于 Linux 的嵌入式操作系统的智能控制器的研制工作。

第4章 低压电器的制造

4.1 低压电器概述

电器制造从某种意义上说属于机械制造的范畴，但也有其自身的特点。与机械制造行业的共同之处有如下两点：

1）构成电器主体结构的金属材料完成支承、传动等机械功能。

2）电器的很多金属零件采用切削加工和压力加工，冷冲压工艺在电器制造中占有重要地位。

电器的性能要求、结构造型和体积大小各不相同，工艺涉及面广、装备多、材料的品种规格多、精度要求复杂。

（1）结构复杂、工艺涉及面广

低压电器绝大部分零件由薄板冲压成型，冷冲压工艺在电器制造中占有十分重要的地位。此外，塑料压制、绝缘处理、线圈绕制、喷漆和电镀等特殊工艺在电器制造中也占有重要的地位。

弹性元件是电器产品的重要零件，其质量直接影响电器的性能和稳定性，因此，制造工艺要求非常严格。弹性元件、双金属元件常采用回火和稳定处理。磁性材料除用一般退火工艺外，还采用氢气退火和真空退火等特殊的热处理工艺。

各种电器开关柜广泛采用焊接工艺，如机柜门采用角钢作骨架，点焊面板的方法，也可采用卷板作门架，内焊加强筋，使其边缘方直圆滑，平直性好。如采用先进的激光焊，则其外观更加美观。电器触点的连接、部件的组合和电器的装配，也常采用气体保护焊、钎焊和点焊等工艺。

（2）工艺装备多

工艺装备还包括工、卡、量具和模具等。一般来说，用的工艺装备越多，劳动生产率越高，从而降低了产品的成本，也容易保证零件和产品的质量。究竟采用多少工艺装备，要根据生产规模的大小和对产品性能的要求来决定。

（3）材料品种规格多

电器对材料性能有多方面的要求，有些材料不仅要有良好的力学性能，还应有良好的导磁、导电和导热性能；有些材料还要求有较高的绝缘强度和耐电弧性能；有的还对材料提出耐磨损、耐化学腐蚀的要求。各种材料都应有良好的工艺性。

在电器制造中，大量采用有色金属、贵重和稀有金属，银和铜的用量最多。继电器制造中常采用金、铂、铑、银和钯等贵重金属作为触点导电材料。在低压电器中，常用黑色金属制造构件；用工程纯铁、硅钢片和铁镍合金制成各种导磁零件；弹簧零件多用碳素弹簧钢丝制成；继电器簧片大都采用磷青铜、德银（白铜）和铍青铜。工程塑料不仅给电器产品提供优良的绝缘零件，还可以制成耐磨损和耐腐蚀的构件。

电器制造中采用了大量的有色贵重金属、绝缘材料及电工钢等特殊材料，成本较高。因此，节约或采用低成本替代材料是电器制造的一项重要任务。

（4）几何精度与物理精度并重

电器的工作过程除了简单的机械运动，同时还伴有一系列光、电、热、磁等能量转换。因此，电器产品的许多零件不仅对尺寸、几何形状和相互位置有一定的精度要求，还应考虑材料的导电、导热、导磁和灭弧等性能对产品特性的影响。

零件的精度等级必须与电器的技术参数相匹配，否则可能造成严重的故障。电器制造应在保证几何形状、尺寸精度的基础上，重视电器物理参数的容差分析；研究某些零件的几何形状、尺寸精度及材料性能等对物理参数的影响程度。在选择各种工艺方案时，还应考虑各种工艺方案对零件导电、导磁、绝缘以及产品动作性能的影响等因素。

低压电器制造过程可分为零部件的加工工序、装配工序和调试检验工序等。零部件加工工序一般有冷冲件加工、塑料件加工、弹簧加工、双金属片加工、线圈加工、热处理和焊接等。

4.2 低压电器主要零部件的制造过程

4.2.1 冷冲件的制造过程

冲压件是在常温下利用安装在压力机上的模具对材料施加压力，使其产生分离或塑性变形而获得的零件。这种加工零件的方法称为冷冲压或板料冲压，简称冲压。

1. 冲压件的优缺点

冲压件的优点如下：

1）可以加工壁薄、质轻、刚性好、形状复杂的零件。

2）耗材、能耗较低，无切削加工。

3）精度高、尺寸稳定、互换性好。

4）操作方便，便于组织生产，生产率高，适合大批量生产，成本低。

5）生产过程易于实现机械化、自动化。

缺点是需要高精度、高技术和高要求的模具，模具的制造周期长、费用高。

2. 冲压件的分类

根据零件的形状和金属受力后的变形特征，冷冲压工艺基本上分为两大类：分离工序和成型工序。

分离工序是使材料按一定的轮廓线分离而获得一定形状、尺寸和切断面质量的冲压件。成型工序是坯料在不破裂的条件下产生塑性变形而获得一定形状和尺寸的冲压件。上述两类冲压方式又分为很多基本工序。图4-1为常用的冷冲压工艺分类。

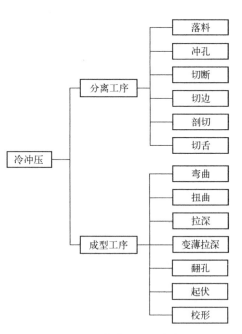

图4-1 冷冲压工艺分类

3. 电器常用冲压件

冲压件是电器产品的主要零件，如组成电器产品机构的钢制件、导电回流中的铜制件、低压电器中金属结构件、导磁零件及非金属绝缘件等。电器中的一些冲压件如图 4-2 所示。据不完全统计，电器产品中冲压件占 60%~80%。不少过去用铸造、锻造、切削加工方法制造的零件已被质量轻、刚性好的冲压件所代替。冲压是电器制造的主要加工方法。

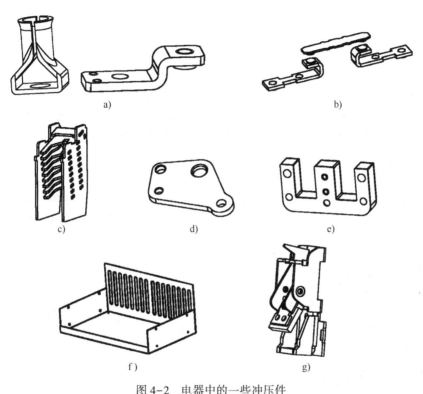

图 4-2　电器中的一些冲压件

a）接线端子　b）触杆　c）灭弧栅片和隔板

d）机构零件　e）接触器铁心硅钢片　f）框架断路器抽屉座外壳　g）瞬动电磁磁轭

4. 冲压件的材料

冲压用材料不仅应满足产品的设计要求，还应满足冲压工艺要求：

1）材料应具有良好的塑性。在成型工序中，塑性好的材料其允许的变形程度较大，可以减少冲压工序及中间退火工序。这对于拉深及翻孔工艺尤为重要。

2）具有较高的表面质量。材料表面应光洁平整、无缺陷损伤、锈斑和氧化皮等。表面质量好的材料冲压后制件表面状态好，且制件不易破裂，也不易擦伤模具工作表面。

3）材料厚度公差应符合国家标准。这对弯曲、拉深尤为重要，否则不仅直接影响制件的质量，还可能损坏模具和冲床。

冲压生产中使用的材料相当广泛，有金属材料和非金属材料，常制成各种规格的板料、带料和块料。板料的尺寸较大，一般用于大型零件的冲压。对于中小型零件，常将板料剪裁成条料或块料后使用。带料又称为卷料，有多种宽度规格，展开长度可达几十米，有的薄电工硅钢甚至长达几百米，适用于大批量生产的自动送料。少数钢号和价格昂贵的有色金属常制成块料形式。金属材料主要有：

1）黑色金属，如普通碳素钢、电工硅钢、电工用工业纯铁、优质碳素结构钢及弹簧钢等。

2）有色金属，如纯铜、黄铜、锡磷青铜、镀青铜及铝等。

3）非金属，如纸胶板、布胶板、纤维板、云母板、橡胶板及胶木板等。

在冲压件图样和工艺文件上，对材料的表示方法有特殊规定。如 0.8 钢，2 mm 厚，较高精度，高精整表面，深拉深级的钢板可表示为

$$\text{钢板} \frac{\text{B-2-GB700}}{\text{08-II-S-GB710}}$$

关于材料的牌号、规格和性能，可查阅电工材料手册等有关设计资料和标准。但在电器大量生产中，也可以根据工艺要求，用最佳的排样方案确定其规格尺寸，向钢铁厂专门订货。这样虽然价格高于标准规格的材料，但提高了材料的利用率。

4.2.2 冲裁工艺

冲裁工艺是利用模具使板料产生分离的冲压工序。冲裁工艺分为一般冲裁和精密冲裁。一般冲裁制件可达 IT10~IT11 级，$Ra = 12.5 \sim 3.2\ \mu m$。精密冲裁制件可达到 IT6~IT9 级，$Ra = 2.5 \sim 0.32\ \mu m$。冲裁工艺一般有落料、冲孔、切口、切（修）边、剖切、整修及精密冲裁等。

4.2.3 塑性成型工艺

塑性成型工艺是指在不破裂的条件下产生塑性变形，从而获得一定形状、尺寸和精度要求零件的工序。塑性成型工艺主要包括压弯、卷边、扭曲、拉弯、拉深、成型、胀形、翻边、缩口、扩口、整形及校平等。

4.2.4 塑料件的制造过程

低压电器的壳体常用的材料有 SMC/BMC、增强阻燃尼龙、ABS 和 PPS 等。塑料制品生产主要由成型、机械加工、修饰和装配 4 个过程组成。塑料成型的方法很多，对于热固型塑料通常采用压制成型、注射成型和挤出成型工艺；对于热塑性塑料除采用上述成型工艺外，还采用吹塑成型和真空成型工艺。

1. 压制成型工艺

压制成型工艺的基本原理如图 4-3 所示。

成型压力、温度和时间是塑料压制工艺的三要素，对保证塑料制件的质量起着重要的作用。

1）成型压力：当模具闭合后需加压到所需的压力，以使材料传热均匀熔化，易于填满整个型腔，并使制件的组织紧密、机械强度高，保证尺寸准确。

在压制过程中，如压力不足，易使制件产生缺料、组织松散、起泡、强度差且尺寸不准等毛病；而压力过大，则易使模具变形和磨损型腔表面，同时因粉料挤入模具缝隙过多，造成开模困难和制件飞边增多。

2）成型温度：即热模温度，该温度应按材料品种、制件形状和大小进行选择。正确的成型温度可以加速塑料的硬化速度、降低成型压力和减少成型时间。温度过高，易导致塑料

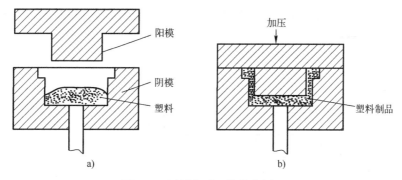

图 4-3 压制成型工艺基本原理
a) 装料　b) 闭模加压

过早或局部胶化，使得制件不能成型，外观粗糙，收缩率大，制件的物理及其他各种性能均降低；温度过低，则流动性差，不易成型，机械强度降低，容易损伤模具，尤其易造成嵌件弯曲折断，零件报废率高。

3) 成型时间：指原材料在模内加到成型压力后到出模的时间。一般压制时间为每毫米材料 0.8～2.5min。塑料制件的压制时间可由最厚部分的壁厚乘以该塑料材料所要求的单位厚度的压制时间而得。

压制时间与制件质量和生产效率有直接关系。压制时间短，材料硬化不透，外热内生，影响性能，易变形；压制时间过长，易老化，不仅影响制件质量，同时也影响劳动生产率。

要缩短压制时间和提高制件质量，对原材料进行预热是必需的。

表 4-1 列出了常用热固型塑料压制成型工艺参数。

表 4-1　常用热固型塑料压制成型工艺参数

塑 料 名 称		成型压力 /MPa	成型温度 /℃	成型时间 /min·mm⁻³	预热温度 /℃①	预热时间 /min
酚醛塑料	木粉填料	30±5	160±5	0.8～1.0	110±10	4～8
	矿物粉填料	30±5	160±5	1.5～2.0	110±10	4～6
	石棉填料	35±5	160±5	1.5～2.0	120±10	4～6
	云母填料	30±5	155±5	1.5～2.0	120±10	4～6
	碎布填料	40±5	155±5	1.0～1.5	110±10	4～8
	玻纤填料	45±5	165±5	1.5～2.0	110±10	3～6
	木粉矿物填料	30±5	160±5	1.0～1.5	115±10	4～8
	PVC 改性矿物填料	30±5	155±5	1.0～1.5	110±10	4～6
三聚氰胺塑料	纸浆填料	30±5	145±5	1.0～1.5	110±10	6～8
	石棉填料	35±5	165±5	1.5～2.5	110±10	6～8
	碎布填料	40±5	145±5	1.5～2.0	110±10	6～8
	玻纤填料	45±5	145±5	1.5～2.5	110±10	6～8
	环氧模塑料	10±20	170～180	1.5～3.0	90±10	2～4
	酚醛塑料纸浆填剂	30±5	145±5	1.0～1.5	110±10	4～6
	不饱和聚酯玻纤模塑料（湿式 BMC）	15±3	165±5	0.5～1.0	—	—
	不饱和聚酯玻纤模塑料（干式）	30±5	165±5	0.5～1.0	110±10	4～6

① 指电热烘箱预热温度。

图 4-4 所示为 SMC/BMC 零部件的压制过程，主要分为压制前的准备工作和零部件压制两部分。

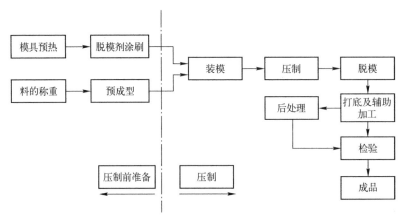

图 4-4　压制成型工艺流程

1）片状模塑料的质量检查：压制前应了解料的质量、性能、配方、单重及增稠程度等，对质量不好、纤维结团、浸渍不良以及树脂积聚部分的料应去除。

2）剪裁：按制品结构形状、加料位置和流动性能，决定剪裁要求，片料多剪裁成长方形或圆形，按制品表面投影面积的 40%~80% 来确定。

3）模压料预热和预成型：预热的目的是改善料的工艺性能；提高模压料温度，可缩短固化时间，降低成型压力，提高产品性能。模压料的预热方法有加热板预热、红外线预热、电烘箱预热、远红外预热及高频预热等。

将模压料在室温下预先压成与制品相似的形状，然后再进行压制。预成型操作可缩短成型周期，提高生产效率及制品性能。

4）装料量的估算：装料量等于模压料制品的密度乘以体积，再加上 3%~5% 的挥发物、飞边等损耗。所以，装料量等于制品的重量加上损耗量。

5）脱模剂选用：内、外脱模剂应结合使用。内脱模剂有硬脂酸、油酸及石蜡等；外脱模剂有硅酯、硅油等。

2. 注射成型工艺

注射成型工艺过程包括成型前的准备、注射成型过程和制件的修饰与后处理。

为了使注射成型顺利进行，保证制件质量和产量，在注射成型前需完成一系列准备工作。

1）原料的检验和预处理：在成型前应对原料的外观和工艺性能做检验。原料的预处理主要包括加着色剂、干燥处理等。

2）嵌件的预热：金属嵌件放入模具前必须预热，尤其是较大的嵌件，以减少金属与塑料冷却时的收缩量，降低嵌件周围产生的内应力。预热温度以不损坏金属嵌件表面镀层为限，一般为 100~130℃。对于表面无镀层的铝合金或铜嵌件可预热到 150℃。

3）料筒的清洗：当改变产品、更换原料及颜色时均需清洗料筒。生产中可根据注射机类型、塑料特性选择清洗方法，如换料清洗、料筒清洗剂清洗等。

4）脱模剂的选择：常用的脱模剂有 3 种，即硬脂酸锌、液状石蜡和硅油。可根据塑料品种、模具和制件的要求合理选用。若选用专用的脱模剂，以雾状喷洒在模具表层效果最佳。

注射成型过程包括加料、塑化、注射、保压、固化成型、脱模和清洗等。

1）加料：每次加料量应尽量保持一定，以保证塑化均匀一致，减少注射成型压力传递的波动。

2）塑化：塑化的效果关系到塑料制件的产量和质量。塑化后应能提供足够数量的、达到规定成型温度的熔融塑料。

3）注射：注塑机用螺杆或柱塞推动塑化后的熔融塑料经喷嘴、流道、浇口注入模具型腔。此阶段主要控制注射压力、注射时间和注射速度等工艺条件。

4）保压：指注射结束到注射螺杆或柱塞开始后移的这段过程。保压不仅可防止注射压力卸除后模腔内的塑料发生倒流，还可以少量补充模腔内的塑料体积收缩。

固化成型、脱模和清理等成型过程基本类似于压制成型工艺。

对于某一塑料制品，当塑料品种、成型方法、成型设备、成型工艺过程及成型模具确定之后，其工艺条件的选择和控制是保证成型顺利进行和提高制件质量的关键。注射成型的主要工艺条件仍是温度、压力和时间。

1）温度：注射过程中必须控制料筒的温度、喷嘴的温度及模具的温度。前两者影响到塑料的塑化，模具温度则关系到塑料成型。

料筒的温度以确保塑料塑化良好、能顺利地进行注射，且塑料不分解为原则，主要根据塑料的熔点或软化点来确定，一般应高于塑料的熔点或软化点。同一塑料，螺杆式注射机的料筒温度可比柱塞式低 $1^\circ\mathrm{C}$ 左右。实际生产中，仍以低压“对空注射”来观察判断料温。若料流均匀、光滑、无气泡、色泽均匀，则料温合适。条件允许可用点温计测量塑料熔体的实际温度。喷嘴的温度一般低于料筒温度 $5 \sim 10^\circ\mathrm{C}$ 为宜。模具温度的高低取决于制件尺寸与结构、塑料性能及工艺条件等因素。一般无定型塑料采用低模具温度，其他塑料采用高模具温度。模具温度必须低于塑料的玻璃化温度。对聚苯乙烯、聚乙烯、聚丙烯及聚酰胺等塑料，注射成型时模具一般不加温。

2）压力：包括塑化压力和注射压力，它们影响到塑料的塑化能力和充模成型质量的好坏。

塑化压力是指用背压阀调节螺杆后退的阻力，也即螺杆的背压。高背压有利于排气，但引起塑化能力下降。PVC、PC 等塑料宜用低背压及低转速。注射压力就是使熔融塑料进入型腔的压力，其大小应根据塑料性能、制品大小及壁厚、流程的长短来确定。注射完毕还应保持压力一定时间。塑料黏度高及精度高、壁厚、形状复杂的制件，压力应有所提高。注射速度亦应加以控制，一般以保证注射顺利进行和制件质量为宜。

3）成型时间：合理的成型时间是保证制件质量、提高生产效率的重要条件。注射时间一般为 $3 \sim 10\,\mathrm{s}$，注射速度为 $80 \sim 120\,\mathrm{mm/s}$。保压时间一般控制在 $20 \sim 120\,\mathrm{s}$ 范围内，其作用是补料及防止型腔中塑料凝固之前的外流现象。浇口小的模具保压时间可缩短。

4）辅助工艺条件：为稳定制件质量，提高生产效率，生产中往往还需安排辅助工艺，如塑料的预干燥、金属嵌件的预热、料筒中保留 10~30 mm 的缓冲垫、模塑制件的热处理和调湿处理等。

塑料注射成型工艺参数的确定是一个复杂的问题，在参照有关手册选择工艺参数后，生产中还需通过对制件质量的分析，经过数次调整才能确定出其合理的工艺参数。

4.2.5 弹簧的制造过程

弹簧是利用材料的弹性和结构特点，在产生变形时，把机械功或动能变为势能，而变形时再用势能变为动能或使势能做机械功的零部件。在电器产品中，弹簧起着储存能量、控制运动、缓冲吸振、测量力和转矩等作用。弹簧质量直接影响电器产品的性能，如分断能力、电寿命、机械寿命、温升及可靠性等。

1. 弹簧的分类及技术要求

弹簧的种类主要有拉伸弹簧、压缩弹簧、扭转弹簧、片弹簧和碟形弹簧等，如图 4-5 所示。

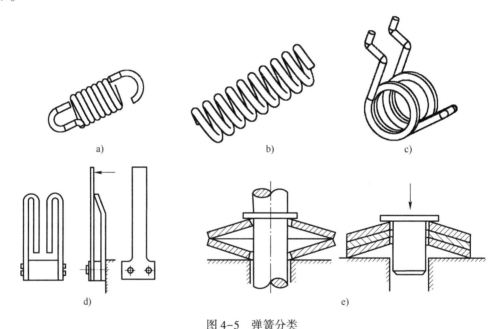

图 4-5　弹簧分类
a）拉伸弹簧　b）压缩弹簧　c）扭转弹簧　d）片弹簧　e）碟形弹簧

合格的弹簧产品应在弹簧特性线、尺寸、形状位置及表面质量等方面符合设计要求，并且相应的极限偏差应在设计允许范围之内。

弹簧的特性线是指载荷 P（或 M）与变形 F（或 φ）之间的关系曲线。

弹簧的尺寸是指弹簧的直径、自由高度、节距、圈数、压并高度和端面磨平程度；带钩环的要考虑钩环部长度；对扭转弹簧还要考虑扭臂的长度和扭臂的弯曲角度等。

弹簧的形状位置度是指垂直度（端面磨削的压缩弹簧，其轴线与两端面的垂直度）、两圆钩相对角度、钩环中心面与弹簧轴心线位置度等。

表面质量是指表面粗糙度与表面处理质量等。

产品中弹簧材料的选择可考虑以下几个方面。

1）材料的种类。电器产品中的弹簧多采用铅淬冷拔碳素弹簧钢丝。不锈钢弹簧钢丝可用于有腐蚀性的场合，且不必进行表面处理，故得到越来越广泛的应用，特别是用于卷制钢丝直径小于 1mm 的弹簧。电器中的片状弹簧多用 T8A、65Mn 及 60Si2Mn 等材料。

2）材料的淬透性。对电器产品而言，绝大多数弹簧采用冷拔材料，绕制后不必淬火，故淬透性问题不很突出。

3）负荷性质。电器中的触点弹簧、热继电器弹簧等，承受的交变负荷高达百万次以上，故应采用疲劳极限较高的材料。一般采用碳素弹簧钢丝 A、B 组或 65Mn，要求更高时应选用 60Si2Mn、50CrVA 等。

4）工作条件。工作条件主要考虑弹簧工作环境的温度、湿度及是否有腐蚀性气体等。

5）特殊要求。有高导电性能要求者，可选用 QSi3-1、QSn4-3、QSn6.5-0.1 或 QBe2 等。有抗磁要求者，应选用奥氏体组织的不锈钢，如 1Cr18Ni9 或 1Cr18Ni9Ti，或者铜基合金材料，如 QSn6.5-0.1、QB2e 等。

综上所述，电器产品的弹簧，一般多选用铅淬冷拔弹簧钢丝、碳素工具钢带、不锈钢弹簧钢丝（带）或铜基合金线材（带材）等。在制作小弹簧时，大多采用不锈钢弹簧钢丝。

2. 弹簧的绕制工艺

螺旋弹簧的绕制分为冷绕成型和热绕成型两种。冷绕成型弹簧的精度、表面质量和内在质量比热绕成型的好。但因绕制时成型力等因素的影响，冷绕成型一般只用于直径小于 14mm 的弹簧钢丝，直径大于 14mm 的弹簧钢丝则采用热绕成型。电器产品的弹簧几乎均为冷绕成型，因此，本书重点介绍冷绕成型工艺。

1）用冷拔弹簧钢丝绕制螺旋压缩弹簧。批量生产应按下列工艺流程进行：

绕制→校正（整形）→消除应力回火→磨端面→去飞边→喷丸处理→立定或强压处理→检验→表面处理→成品检验

分述如下。

① 绕制：在绕簧机或车床（或用手工）按图样及工艺要求绕制成型。

② 校正：用人工或自动分选机对弹簧的高度进行检测、分选。某些自动卷簧机本身带有自动分选机构，边绕制边分选。不合格的弹簧可用楔形斧或手扳压力机、靠直胎具等工量具调整其高度、垂直度和节距均匀度等，使其符合图样要求。由于绕簧机床设备的不断发展和改进，绕制后的弹簧即可达到精度要求的，此道工序可免去，对钢丝直径小的弹簧更是如此。

③ 消除应力回火：把弹簧放置在低温盐浴炉或低温电炉等设备内进行低温回火处理，以消除绕制、校正过程中产生的应力，稳定几何尺寸，提高弹性极限。

④ 磨端面：在专用双端面磨簧机上（或手工在砂轮机上）磨削弹簧的两端面，以保证弹簧的自由高度、垂直度及两端面平行度等要求。

⑤ 去飞边：磨削后弹簧两端面上的飞边用硬质合金倒角器或自动倒角机，也可用三角

刮刀或锥形砂等除去。

⑥ 喷丸处理：把弹簧放入喷丸机进行喷丸强化处理，以达到提高弹簧疲劳寿命的目的。

⑦ 立定或强压处理：把弹簧高度压缩至工作极限高度或并紧高度数次，以稳定几何尺寸、提高承载能力等。

电器用弹簧一般不要求进行以上⑥、⑦两项工艺。

⑧ 检验：按图样、技术条件及有关标准抽样检查弹簧的负荷特性、几何尺寸及形位公差等。

⑨ 表面处理：对弹簧表面进行氧化、磷化、镀锌或浸干性油、喷塑以及涂漆等防锈处理。

⑩ 成品检验：抽检方法同⑧，还要检查表面处理后的外观质量等。

（2）用冷拔弹簧钢丝绕制螺旋拉伸或扭转弹簧。螺旋拉伸或扭转弹簧的绕制，按下列工艺流程进行：

绕制→端圈展开、切断→消除应力回火→尾端加工→检验→表面处理→成品检验。

其中，绕制，端圈展开、切断，尾端加工工艺叙述如下，其余各项工艺同前述的螺旋压缩弹簧生产工艺流程。

① 绕制：在万能自动卷簧机、直尾卷簧机或车床上绕制成型。在直尾卷簧机或车床上绕制时，两端须留出一段直尾，由下道工序加工成所要求的端部形状。但在万能自动卷簧机上绕制出的弹簧不带直尾，因此须将两端簧圈展开成直尾再加工成所需形状。也可在机床上附装专用工夹具来绕制出带直尾的弹簧。

② 端圈展开、切断：将上道工序绕制成的无直尾弹簧，用楔形工具或手扳压力机等工具把两端圈展成直尾，并将多余的材料切掉。

③ 尾端加工：将弹簧两端的直尾在手扳压力机、冲床、气动或液压动力头上配以专用胎具加工成所需形状及位置的钩环或扭臂。

目前国内外已有专用的自动卷簧机，可在绕制弹簧时将两端的钩环或扭臂同时制出。

生产片状弹簧的工艺流程如下：校直→切断或落料→成型加工→热处理→检验→表面处理→成品检验

分述如下。

① 校直：将盘状带材在专用校直机上校直。

② 切断或落料：将校直的带材剪切成规定的长度，再用冲裁模在冲床上冲出所需形状的零件毛坯和孔。

③ 成型加工：用手工弯曲或用模具在压力机、冲床上压制成所需形状的零件。

④ 热处理：若材料厚度在1mm及以下，常用硬态材料加工，这时只需要进行去应力回火。若材料厚度大于1mm，一般用退火软材料加工，这时就需进行淬火、回火。

⑤ 检验：按图样、技术条件及有关标准进行检验。

⑥ 表面处理：对制成的片状弹簧进行氧化、浸干性油或镀锌、涂漆等表面处理，以便防锈。因其极易发生氢脆，故应特别注意及时进行去氢处理。

⑦ 成品检验：检查表面处理质量等。

圆柱螺旋弹簧的绕制分为有芯绕制和无芯绕制两种。有芯绕制又分为手工绕制、卧式车床绕制和有芯自动卷簧机绕制。无芯绕制在自动卷簧机上进行。

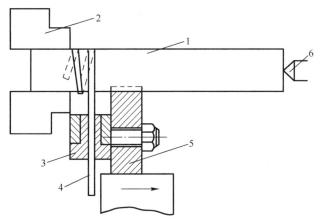

图 4-6　用芯轴在卧式车床上绕制螺旋弹簧的示意图
1—芯轴　2—卡盘　3—钢套　4—钢丝　5—托架　6—顶尖

1）有芯绕制。图 4-6 是用芯轴在卧式车床上绕制螺旋弹簧的示意图。绕制时，重要的是正确选择芯轴的直径。因为弹簧丝在进行冷绕后，由于弹簧丝的弹性作用，会使弹簧直径略有增加，在回火后又会使弹簧直径略有缩小。因此，应当正确选择芯轴直径。

芯轴的直径与弹簧材料的机械性能、钢丝直径、弹簧外径及绕制方法等许多因素有关，可用下列两经验公式之一来计算：

$$D_0 = \frac{D_1}{1+1.7C\dfrac{\sigma_b}{E}}$$

式中，D_0 为芯轴直径（mm）；D_1 为弹簧内径（mm）；C 为旋绕比；σ_b 为材料的抗拉极限强度（N/mm²）；E 为材料的弹性模量。

或

$$D_0 = \frac{1.02d}{\dfrac{d}{D}+1.85\dfrac{\sigma_b}{E}} - d$$

式中，D 为弹簧中径（mm）；d 为弹簧钢丝直径（mm）。

实践证明，上述两公式计算出的结果与实际基本一致。

芯轴的精度直接影响到弹簧的绕制质量。所以芯轴所用材料应为弹簧钢或碳素工具钢，经热处理后表面磨光。表面粗糙度不低于 $Ra3.2\,\mu m$，表面硬度不低于 45HRC。

当弹簧丝直径大于 10mm 时，需要进行热绕。在车床上热绕时，芯轴尺寸等于弹簧内径。

2）无芯绕制。无芯绕制就是不用芯轴，而使弹簧成型的加工方法。它主要由万能自动卷簧机完成。现代化自动卷簧机精度高，功能全，生产效率高，适合于大批量专业化生产。自动卷簧机工作原理图如图 4-7 所示。

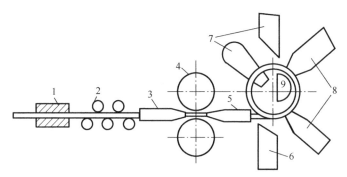

图 4-7　自动卷簧机工作原理图

1—钢丝清洁器　2—校直器　3—输入导轨　4—送料轮　5—输出导轨
6—节距斜铁　7—切断刀　8—挡销　9—芯轴刀

弹簧钢丝从线架上引出后，首先经过钢丝清洁器 1，由毛毡清除钢丝表面的各种脏物；再进入校直器 2，进行水平和垂直两个方向的校直；再经输入导轨 3 进入送料轮 4；由送料轮将钢丝经由输出导轨 5 推向两个互成 60°～ 80° 的卷簧挡销 8，使钢丝在挡销槽中弯曲成型；节距斜铁 6 的上下移动（或节距爪沿弹簧轴向的前后移动）开出弹簧的节距；弹簧卷绕成型后，由切断刀 7 下移与芯轴刀 9 将卷好的弹簧切掉。这样一个工作循环完成了一个弹簧的生产。节距斜铁（爪）的移动距离及速度由机内节距凸轮及支架控制。如将凸轮制成特殊曲线，可加工变节距弹簧。两个卷簧挡销装在绕制板的两个滑块上。如果在绕制板上加装所需凸轮，控制滑块移动，则可生产出变直径的锥形、双锥形等弹簧。

现代卷簧机加工弹簧所用线材的送进多少，是由偏心轮及摆动的扇形齿轮控制的。往复摆动的扇形齿轮与送料轮轴上的单向离合器相啮合，完成送料过程。

上述全部过程均由机内凸轮轴上的各种凸轮控制完成。凸轮轴每转动一周，就完成一个工作周期，绕制成一个弹簧。如此往复运转就实现了弹簧的自动化成型。不论手工或机械绕制的弹簧都要根据需要进行端部处理。压缩弹簧的端部磨平工作可在专用机床上进行。

3. 弹簧的处理工艺

（1）弹簧的机械强化处理

1）喷丸处理。喷丸处理是用高速弹丸喷射弹簧表面，使材料表面产生塑性变形，形成一定厚度的表面强化层。强化层内形成较高的应力，这种应力在弹簧工作时能抵消一部分变载荷作用下的最大拉应力，从而提高弹簧的疲劳强度。同时，也使弹簧材料表面的脱碳、划痕及浅表裂纹等缺陷得到改善。其结果是提高了弹簧在交变载荷下的寿命。据有关资料介绍，与不进行喷丸处理的弹簧相比，喷丸处理后的弹簧疲劳强度一般可提高 20%～30%，疲劳寿命可提高 5～10 倍。但是，喷丸处理对承受静载荷的弹簧作用不大。

喷丸的效果取决于弹丸的材料、硬度、尺寸、形状及喷射的持续时间。而且喷丸的部位要合理选择，如受弯曲应力的扭簧、板簧等的受压面不能喷丸，以免压应力叠加而产生不良后果。

喷丸处理后的弹簧一般应进行低温回火。

喷丸处理主要应用于大、中型弹簧，特别是热绕成型弹簧。

2）强压处理。强压处理就是将弹簧成品用机械的方法，从自由状态强制压缩到最大工作载荷高度（或压并高度）3～5 次，使金属表面层产生塑性变形，从而在材料表面产生残余应力，有利于材料的弹性极限和屈服极限，提高弹簧的负荷特性，稳定弹簧的几何尺寸。强压处理后弹簧长度会变化，故卷制时要预留变形量。强压处理也包括强拉和强扭。对于工作应力较大、比较重要的及节距较大的压缩弹簧，一般应进行强压处理。

（2）弹簧的热处理

采用碳素弹簧钢丝、琴钢丝绕制的冷绕弹簧，绕后应进行低温回火，以消除绕制产生的残余应力，调整和稳定尺寸，提高机械强度。油淬火回火的铬钒、硅锰等合金弹簧钢丝绕制的弹簧也需进行去应力回火。用退火状态的碳素弹簧钢丝（如 65、70、75 及 85 钢）、合金弹簧钢丝（如 50CrA）绕制的弹簧应进行淬火回火处理。用退火状态制作的片弹簧一般进行等温淬火，可得到要求的硬度和很高的疲劳寿命。

回火处理可在油炉、电炉或硝盐炉内将弹簧加热到 200~300℃，保温时间为 10~60 min，冷却剂可用空气或水。

应用硝盐炉回火时，温度均匀。硝盐中含有 45% 的硝酸钠和 55% 的硝酸钾。用电炉加热可以免去回火后的清洗工序。为防止淬火时的氧化脱碳，可在可控或保护气体炉中进行。表 4-2 列举了碳素钢弹簧硝盐炉的回火规范。

表 4-2　硝盐炉的回火规范

钢丝直径 d/mm	回火温度/℃	回火时间/min	冷 却 剂
1 以下	220~250	15	水
1~2	270~280	25	水
2 以上	280~300	40	水

经回火后的弹簧，其尺寸要发生变化。随着回火温度的增高，弹簧的高度大约减少 1.5%，弹簧的直径大约减小 2%。弹簧丝直径的减小正比于弹簧丝直径，与材料类别无关。经过回火后的弹簧外径也有改变，其缩小且与弹簧丝直径和弹簧外径的大小有关，在 0.1~0.5 mm 之间。对于热绕的弹簧需进行淬火后再回火处理。

（3）弹簧的老化处理

为了防止弹簧在工作中产生残余变形，提高工作稳定性，对于要求严格的弹簧，需要进行老化处理。老化处理的方法是用专用工具，使弹簧处于工作状态，并超载 20%~30%，持续 2~24 h 或更长时间。

（4）弹簧的表面处理

弹簧表面处理的目的是在材料表面涂覆一层致密的保护层，以防止锈蚀。表面涂覆的类别主要有氧化、磷化、电镀和涂漆。不锈钢和铜合金制成的弹簧一般不必进行表面处理。

1）发蓝处理。发蓝处理一般是将弹簧放在化学氧化液中，使弹簧表面生成一层均匀致密的氧化膜，膜的厚度为 0.5~1.5 μm。发蓝处理后的弹簧只适用于腐蚀性不太强的场合。由于发蓝处理成本低，工艺配方简单，生产效率高，不影响弹簧的特性，所以广泛应用于冷绕成型小型弹簧的表面防腐。

2）磷化处理。经磷化处理的弹簧表面可形成磷酸盐保护层，膜厚为 7~50 μm。其抗蚀能力为发蓝处理的 2~10 倍，耐高温性能也较好，缺点是硬度低、有脆性及机械强度较差。

（5）电镀

电镀有镀锌、镀镉、镀铜、镀铬、镀镍及镀锡等多种，以镀锌最为普遍。镀层厚度视弹簧使用环境而定。腐蚀性比较严重的可镀 25~30 μm，腐蚀性较轻的可镀 13~15 μm，无腐蚀性介质可镀 5~7 μm。

片状弹簧电镀后去氢处理很重要。因为片状弹簧多采用强度高的 65Mn、60Si2Mn 等材料，且厚度小，特别容易产生氢脆，从而影响弹簧的寿命。去氢处理应在镀后立即或几小时内进行，将弹簧按使用材料的不同采用不同的加热温度，琴钢丝：190~200℃ 3h，其他各种钢丝：210~220℃ 3h，即可去氢。一般来讲，镀后至去氢处理间隔时间短、加热时间长及温度高则去氢效果较好。这样处理后的弹簧不仅免于变脆，而且镀层也不易脱落。

（6）涂漆

涂漆也是弹簧防腐的主要方法之一，多用于大、中型弹簧。对于重要的弹簧，为了提高油漆的附着力和防腐能力，也可采用先磷化后涂漆的工艺。用于弹簧的油漆常用的有沥青漆、酚醛漆和环氧漆，常用的涂漆方法是喷漆和浸漆。近年来，静电喷涂和电泳涂漆等先进工艺正获得推广。

4. 弹簧的质量检查

弹簧多为批量生产，制造工序较多，影响其质量的因素也较多，因此必须严格做好材料的进厂检验和半成品检验。半成品检验在弹簧绕制完毕、表面处理前进行。在生产中，一些可进行自动检测的项目（如弹簧自由高度、负荷等），以及用于特别重要场合的弹簧可逐件检验；不能自动检测的项目（如表面质糙、金相组织、脱碳层等），以及周期长、费用高的（如疲劳试验）项目，则只能进行抽样检测。特别要注意，每批弹簧都要进行 5~20 件的首件检验，只有首件合格后，才可投入批量生产。

（1）表面质量检验

一般用目测检查是否有锈蚀斑点、划痕或飞边等。普通弹簧允许有个别缺陷，其深度不得大于钢丝直径公差的一半。承受动负荷及疲劳强度要求高的则不允许有缺陷。

（2）几何尺寸的检验

1）弹簧直径：通常用游标卡尺多点测量，应注意端圈是否增大或缩小。测量结果外径以最大值计、内径以最小值计。批量生产或精度要求高的弹簧可用弹簧内外径塞规或环规检验。

2）自由高度（自由长度、自由角度）：压缩弹簧的自由高度用通用（如长尺）或专用量具测量弹簧最高点，当自重影响自由高度时，可在水平位置测量。拉伸弹簧的自由长度是两钩环内侧之间的长度，用通用（如长尺）或专用量具测量。

3）拉伸弹簧钩环部及扭转弹簧扭臂的尺寸：用通用式专用量具检验。

（3）形状位置的检验

1）垂直度：端面磨削的压缩弹簧，弹簧轴线对两端面的垂直度，用测量弹簧外圆母线对端面的垂直度来表示。弹簧对宽座角尺自转一周，检查上端（钢丝端头至 1/2 圆处的相邻圈）与角尺间隙的最大值 Δ。

2）两钩环的相对角度：目测或用样板测温。

3）钩环位置度：用通用或专用量具测量。

（4）弹簧特性及永久变形检验

1）弹簧特性检验。对于拉伸弹簧和压缩弹簧，一般在精度不低于 1% 的弹簧试验机或检测仪上进行，并且所测负荷应在试验机量程的 20%~80% 范围内。弹簧特性的检测，在批量生产中，一般以抽样方式进行。

2）永久变形检验。将压缩弹簧的成品用试验负荷压缩三次后，测量第二次与第三次压缩后的自由高度变化值，该值即为永久变形，要求其不得大于自由高度的 0.3%。拉伸弹簧和扭转弹簧，如无特殊要求，不做该项试验。

（5）弹簧热处理检验

对热处理（回火）后的弹簧检验，主要凭经验，用目测直接检查弹簧回火后的颜色。一般碳素弹簧丝回火后为黄褐色，稍发黑尚可，蓝色说明过热，变色不明显说明温度不够或保温时间短。过热或加热不足均会影响弹簧的强度。

（6）弹簧表面处理质量检验

1）发蓝处理后氧化膜应均匀致密，不应有斑点、发花或杂色沉淀物存在。碳素弹簧钢丝氧化后表面呈黑色，合金钢丝则略呈红棕色。

将发蓝处理后的弹簧去油清洗吹干，再放入 2% 的硫酸铜溶液中，保持 30s 后取出，用水洗净，不应出现红色斑点。

2）磷化处理后磷化膜应均匀、不发花，表面呈灰色或暗灰色。

用食盐水浸泡法检验磷化膜的耐腐蚀性能：将磷化后的弹簧浸泡在 3% 的食盐水里 15 min，取出后用水洗净，在空气中晾干 30 min，要求不得有黄锈。

3）电镀后的弹簧经去氢处理后，其电镀层应与被镀弹簧丝结合牢固，电镀层应光滑均匀。

4）涂漆后弹簧表面应呈现光滑、均匀及无气孔状态，涂层不许有脱落现象。

4.2.6 双金属片的制造过程

双金属片是由两层或多层热膨胀系数各不相同的金属或合金材料互相牢固结合形成的复合金属材料。双金属片具有一般金属所没有的特殊性能——热敏性，即随温度变化而产生不同的弯曲变形，故又称为热敏双金属片。变形的形式随双金属片形状不同而不同，如弯曲、旋转或翻转等。双金属片及其元件结构多样、简单、动作可靠及使用方便，被用作调节、控制、检测与保护元件，广泛应用于电器电信、仪器仪表、医疗器械及家用电器等行业中。在使用中，它既可作为感测元件，又可兼作感测与动作执行元件。

双金属片可按其敏感系数、使用温度、电阻率及使用环境分类，见表 4-3。

表 4-3　双金属片的分类及特点

分类方法	双金属片类型	特　点	举　例
按敏感系数分类	高灵敏型	具有高敏感性能和高电阻性能，可提高元件的动作灵敏度及缩小尺寸，但弹性模量及允许应力较低，耐腐蚀性差	5j20110
	通用型	具有较高的灵敏度和强度，适用于中等使用温度范围	5j1578
	低灵敏型	敏感系数较低，适用于高温温度范围	5j0756
按使用温度分类	高温型	敏感性能较差，但有较高的强度和良好的抗氧化性能，线性温度范围宽，适用于 300℃ 以上的温度范围工作	5j0576
	低温型	适用于 0℃ 以下温度工作。性能与通用型相近	5j1478
	中温型	均属于通用型，适用于中等使用温度范围	5j1578
按电阻率分类	高电阻型	具有高（或较高的）敏感性能，性能与高灵敏型相近	5j2011 5j15120
	低电阻型	具有中等敏感性能	5i1017
	系列电阻型	具有较宽的电阻率范围，可供不同用途使用，适用于各种小型化、标准化的电气保护装置	5j1411 5i1417
按使用环境分类	耐腐蚀型	有良好的耐腐蚀性能，适用于腐蚀性高的介质环境。性能与通用型相近	5j1075
	特殊型	适用于各种特殊用途场合	

对制造双金属片的技术要求如下：

1）组合材料的热膨胀系数差应尽可能大，并且被动层在较宽的温度范围内保持不变或变化很小，以提高双金属片的灵敏度和线性温度范围。

2）组合材料的弹性模量和许用弯曲应力应尽可能相近，且弹性极限大，以便提高双金属片的使用温度。

3）便于加工，稳定性好。

4）材料经济，易得到，符合我国的资源情况。

5）符合其他性能要求，如韧性、强度、耐腐蚀性及电阻率等。

1. 双金属材料

（1）主动层材料

对主动层材料，最主要的要求是具有较大的热膨胀系数，其次是熔点高、焊接性能好以及具有与被动层相近的弹性模量。它有如下两类：

1）有色金属及合金，如黄铜、青铜和锰铜镍等。黄铜、青铜的优点是热膨胀系数大、力学性能好及耐腐蚀性好，缺点是物理性能不稳定。黄铜在 200℃ 时已部分地开始再结晶，弹性模量下降很大，使双金属片变形不能使用。含有高锰的锰铜合金（Mn72%、Ni10%、Cu18%）则是一种较好的主动层材料，它具有合适的热膨胀系数、弹性模量及很高的电阻率，物理性能稳定，不受热处理的影响。

2）黑色金属及合金。含镍量25%左右的铁镍合金具有较大的热膨胀系数，被广泛地用作主动层材料。若加入少量的铬（2%~3%）、钼或锰（5%），形成铁镍铬、铁镍钼或铁镍锰合金，其热膨胀系数非常稳定，在20~600℃温度范围内热膨胀系数保持在$(19 \sim 21) \times 10^{-6} 1/℃$。如果含锰7%，则热膨胀系数可达$22.5 \times 10^{-6} 1/℃$，与钢组成优质双金属材料。表4-4给出了几种主动层合金的热膨胀系数。

表4-4　双金属主动层合金的热膨胀系数

温度范围/℃	Ni27. 25% Mo5. 95%	Ni23. 74% Cr2. 16 %	Ni26. 88% Cr2. 31%
20~108	18.6×10^{-6}	20.2×10^{-6}	19.2×10^{-6}
20~286	18.2×10^{-6}	20.0×10^{-6}	18.9×10^{-6}
20~491	18.2×10^{-6}	19.7×10^{-6}	18.9×10^{-6}
20~712	18.5×10^{-6}	19.8×10^{-6}	19.0×10^{-6}

注：所有金属含量均为质量分数。

（2）被动层材料

首先要求被动层材料具有很小的热膨胀系数。铁镍合金是制造双金属片最适当的材料。特别是当其含镍量为36%时，其热膨胀系数最小，只有$(1.2 \sim 1.5) \times 10^{-6} 1/℃$，这正是所需要的被动层材料。因钢（或因瓦钢），这种材料的适用温度范围是$-20 \sim +170℃$，超过这个范围，其膨胀系数变化很大。因此，用因钢作被动层的双金属片线性温度只有200℃左右。含镍量42%的铁镍合金适用于200~300℃范围。当温度为400℃时，含镍量46.3%的铁镍合金具有最小的热膨胀系数。

如果在因钢中加入少量的第三种元素（$\omega_{Fe}63.5\%$、$\omega_{Ni}32.5\%$、$\omega_{Co}4\%$），则其热膨胀系

数在 20~80℃ 范围内等于零。当使用温度范围不大时，这是理想的被动层材料，称为超级因钢。

2. 双金属片的制造工艺

（1）双金属片的结合方法

双金属片结合用得最普遍的是热轧复合与冷轧复合两种制造工艺，采用的均是组元固相复合原理。

热轧复合工艺是将各片状的组元叠合一起，加热并在热态下轧制而接合成一体。

冷轧复合工艺是将长带状的各个组元，不经加热即送入合适的复合轧机中，从而使得上下组元压合在一起。冷轧复合工艺的优点是一次可生产出很长的带料，且成批生产的双金属片的物理性能较稳定。

应用热轧复合和冷轧复合工艺生产的双金属片，在真空或保护气体中进行再结晶退火处理后，可轧制成不同厚度的带材成品。根据不同用途，调节最后一道冷轧工艺参数就可获得双金属片的各种最终硬度。

此外，还有液相复合和爆炸复合等工艺。

（2）双金属片的制造工艺

1）直条形双金属片的制造。直条形双金属片应严格沿纵向（即片材轧制方向）落料。横向落料会使热敏感性能降低，承受弯曲负荷的能力也比纵向落料的元件低。冲制的元件应加如缺口等适当标记，以便识别主动层与被动层，这对于要进行电镀的元件尤为重要。冲制后的成型元件不得在边缘处有飞边，否则会降低元件的敏感性能。直条形双金属片冲制前应对带料进行整平，落料后的成品元件需要再次整平。整平可采用人工方法，即用木制榔头捶平，也可用轧辊机，这将大大地提高整平效率。

2）U形双金属片的制造。该元件的制造应避免过小的弯折半径，否则弯曲处容易出现裂纹，横向落料的元件比纵向落料的元件容易折断。

3）螺旋形双金属片的制造。在绕制螺旋形双金属片时，要考虑双金属片的反弹力。为了使外形尺寸达到要求，绕制时，匝与匝之间常常要加适当的垫带。

4）碟形双金属片的制造。冲制碟形双金属片时，应考虑到双金属片的反弹力，以保证碟形片的曲率半径符合设计要求，即保证能得到合适的电流动作特性或温度动作特性。冲制时，下模可以衬垫适当硬度和厚度的弹性材料，如聚氨酯橡胶材料等，以缓冲上模的冲击，减小冲制元件的反弹力。也可用研磨的方法加工碟形双金属片。

（3）双金属片的热处理工艺

在双金属片生产以及元件制造与装配过程中，各道工序都会使元件产生内部残余应力。通过热处理可以消除或减小残余应力，以保证元件的性能和工作的稳定。但这种热处理不同于一般的钢铁热处理，经热处理的双金属片在硬度和组织上并无改变，主要是消除应力，因此，又常称这种热处理为稳定处理或人工老化处理。实验证明，经过正确的稳定处理后，可以完全消除元件的残余变形。

温度、保温时间和处理次数是双金属片热处理的三个主要因素。这三个因素的选择是根据双金属片的品种、加工方法、几何形状、使用条件及仪器精度等来考虑的。在实际应用中各种因素是错综复杂的，因而不能为使用提供实用的热处理规范，各型号双金属材料的

"推荐热处理温度"可作为参考值。但应注意以下几点：

1) 热处理温度一般应比双金属元件工作的最高工作温度高出50℃，在达到热处理温度后，保温1~2h，随炉空冷。

2) 热处理应根据双金属元件不同的形状采用不同的方法。如较厚的直条形双金属片保温时间应长些，反复次数可少些。螺旋形、U形双金属片等易变形，碟形双金属片体积小、厚度薄，处理温度不宜太高，保温时间不需太长，但反复次数可增多些。对于动作频繁、精度要求高的元件，宁可增加处理次数，也不宜采用高的处理温度，且保温时间也不宜太长，以获得良好的热处理效果。

3) 稳定性要求较高的双金属元件，除了热处理温度选择适当外，还应有足够的保温时间和反复处理次数。这种元件除了成型后进行回火处理外，在元件装配后还应尽可能连同整个部件一起进行稳定处理。在进行这种整体元件的稳定处理时，温度的确定还应考虑到相关零部件所能耐受的温度及连接方式。

4) 对于承受较大负荷的或兼作弹性元件的双金属元件，应在相同的负荷条件下进行热处理。温度不宜太高，可适当增多反复处理的次数。

5) 对于经常工作在0℃以下的双金属元件，应增加低温冷处理工序，以增强元件在低温下工作的稳定性。

6) 在热处理过程中，温度升降不宜过快。在处理炉中，元件间应有足够的间隙，呈自由弯曲状态，不得重叠放置，以便在受热弯曲时元件互不碰撞。

（4）表面防护

双金属的组合层材料虽然大部分是铁镍合金或铁镍铬合金，有较好的耐腐蚀性，但时间长了也会锈蚀。当元件和其他金属零件之间形成微电时尤其如此。所以，元件表面需要防护。如果元件在低温中工作，可用油漆或塑料涂层保护；在高温下工作时，可用表面电镀方法；在潮湿空气中工作时，可用镀锌或镀镉；直接浸在水中工作的，可用镀镉保护。如果镀镉设备使用不当，容易中毒，可以用锡锌镀层代替。

镀铬和镀镍后，元件表面较硬，有利于高温下工作的元件。电镀后的元件，电阻率会发生变化，热敏感性一般都会降低，镀层越厚，降低则越多。

表面发蓝处理后的元件，其耐腐蚀性有很大的提高，元件的各项性能都不会改变。在严重腐蚀性环境中工作的元件，应采用耐腐蚀型双金属材料制造。

（5）双金属元件的固定

双金属元件的固定必须足够牢固，以便适应不同的工作温度。固定的方法可用铆钉、螺钉、点焊、锡焊或铜焊。焊接温度不应太高，太高会引起双金属元件软化，而且在冷却时又会出现新的内应力。采用电阻焊较好，它不会引起元件金属组织的变化，也没有开裂的危险。可焊性的好坏与元件的表面状态有关。因此，采用电阻焊时，应使元件表面清洁，要除掉氧化膜、油膜及脏物等。熔点较低的双金属材料应用电阻焊时，因容易氧化，故应引起注意。

3. 质量检查

双金属元件的质量对有关电器产品的性能影响很大。因此，对质量问题应予以充分注意。双金属元件的质量检查主要有以下几方面。

（1）受热或通电状态下的挠度和推力

将双金属元件置于最大允许使用温度，或相对应的工作电流条件下，检查双金属元件产生的挠度和推力是否符合设计要求。如不符合设计要求，其原因可能出自材料质量有问题、冲制的双金属元件边缘有飞边、热处理过程控制不当以及电锁层厚薄不合适等，可以通过改善调整有关工序解决。

（2）表面质量

双金属元件经表面处理后，表面不得有缺陷。涂漆、电镀或发蓝处理后元件表面应形成致密、均匀且光滑的保护层。

（3）双金属元件的固定和连接

双金属元件的固定和与相关零部件的连接，其质量直接影响到电器整机的性能。铆接处要求牢固不松动、表面应光滑，不得有影响导电性能的缺陷。点焊连接不得出现虚焊，点焊表面不得有变形。

双金属元件的制造涉及面较广，如机械加工、金属热处理、化学工艺处理、焊接及测试等。应严格控制各工序的质量，发现问题应及时分析处理，并及时总结经验。只有这样，才能高效保质地生产出合格产品。

4.2.7 线圈的制造过程

线圈是各种电器电磁系统的重要组成部分，它的质量直接影响电器的性能指标和工作可靠性。线圈的作用是将电能转变为机械能，并在磁能的作用下完成预定的工作。

根据电器工作环境条件，线圈应能承受机械应力、热应力、电击穿及化学腐蚀等作用，尤其是工业污染严重及潮湿的湿热带气候中要求更为突出。在各种机械、热和电磁应力的作用下，线圈容易松动与摩擦而导致短路、断路或烧毁。因此，在线圈制造中，必须正确地选择线圈材料，并采取有效的工艺措施，提高线圈质量，以防止有害故障的发生。

1. 线圈的分类

按照结构工艺特点，线圈可分为电磁线圈、大电流线圈和环形线圈。电磁线圈是用电磁线绕制而成的，包括电压线圈和一部分电流较小的电流线圈。习惯上所说的电器线圈往往是指电磁线圈，它占线圈生产的绝大部分。大电流线圈是用较粗（许多情况下采用矩形截面）的裸铜线绕制而成的，这类线圈的制造工艺和前者完全不同。除常见的较大电流的电流继电器和过载脱扣器线圈外，大容量的吹弧线圈也具有大电流线圈的结构特征，故也包括在大电流线圈制造之中。图4-8所示是常用电磁线圈和大电流线圈的结构。

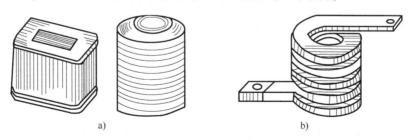

a)   b)

图4-8　电磁线圈和大电流线圈

a) 电磁线圈　b) 大电流线圈

按照有无骨架，线圈可分为有骨架线圈和无骨架线圈。有骨架线圈是将导线直接绕在骨架上，线圈骨架大多数是用塑料压制而成的，也有用塑料层压板制成的。图4-9所示是塑料压制而成的骨架。个别情况也有用金属制成的骨架，这种骨架对线圈导线有保护作用，散热情况也好，多用于直流电磁铁。骨架形状有圆形和方形之分，如图4-9a是方形骨架，图4-9b是圆形骨架。通常，直流电磁系统多用圆形骨架，交流电磁系统多用方形骨架，其形状主要依据电磁铁铁心结构形状而定。大量生产都是用塑料压制而成（图4-9a），而小批或试生产多采用黏结骨架（图4-9b）和组合式骨架（图4-9c）。无骨架线圈是将导线绕在垫有绝缘衬垫，即内层绝缘的模子上，绕完后取下再包扎外层绝缘，并把引出线固定好。也有些直流电磁系统把线圈直接绕在垫有绝缘的铁心上，此种结构有利于散热，但它的结构工艺性差、维修困难，故很少采用。

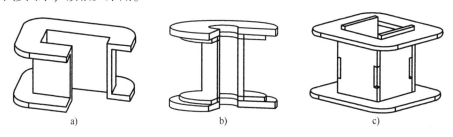

图4-9　线圈骨架结构

a）塑料方形骨架　b）黏结圆形骨架　c）组合式方形骨架

2. 线圈的技术要求

1）应有合格的技术参数，如线径、匝数及电阻值等应符合图样要求。通常线圈直流电阻的允许公差见表4-5，线圈匝数允许公差见表4-6。

表4-5　直流电阻值允许公差

线径/mm	直流线圈（%）	交流线圈（%）
≤0.16	±10	±20
0.17~0.25	±7	±10
>0.25	±5	±7

表4-6　匝数允许公差

线 圈 匝 数	允许公差（%）
<100	0
100~500	±1
>500	±2

2）尺寸形状应符合图样要求。

3）绝缘结构应符合下列要求：

① 耐压。成品线圈用50Hz正弦交流电压试验，并在相对湿度60%~70%、温度（20±5）℃条件下，一端接在线圈引出头，另一端接在最近的金属架上，其试验电压的数值应符合表4-7的要求。

表 4-7　试验电压数值

线圈额定电压/V	试验电压/V	
	1 min	1 s
0~24	500	650
25~48	1000	1250
50~500	2000	2500
660	2500	3500
1140	3500	4500

② 绝缘电阻。500 V 以下的线圈，在相对湿度为 60%~70%、温度为 (20±5)℃ 条件下，用 500 V 绝缘电阻表测量，一端接在线圈引出头，另一端接在最近的金属架上，数值达 100 MΩ 以上。

4) 交流线圈中不允许匝间短路。

5) 出线端要牢固，不得松动和有裂纹。

6) 耐潮性在相对湿度为 95%±3%、温度为 (20±5)℃ 条件下，试验 72 h，应满足表 4-8 之耐压要求，而绝缘电阻还应保持在 1.5 MΩ 以上。

表 4-8　耐潮性耐压试验数值

线圈额定电压/V	试验电压/V	
	1 min	1 s
24	250	—
48	500	—
250	1500	1900
500	2000	2500
660	2500	—
1140	3500	—

7) 浸漆的线圈要浸透和烘干。

综上所述，应严格按照设计提出的技术要求，制造出质量合格的线圈。但是为了便于制造，要求能设计出结构工艺性好的线圈。对于湿热带产品，要求线圈绝缘具有很好的防潮和防霉能力。

3. 线圈的制造工艺

电器线圈一般采用 E 级或 B 级绝缘，通常采用 QZ 型高强度聚酯漆包铜线、醇酸玻璃漆布（带）、环氧玻璃漆布（带）、醇酸玻璃漆管及聚酯薄膜等材料，并按 E 级或 B 级绝缘要求进行绝缘浸漆处理。

线圈的结构工艺性是设计和选择电器线圈的主要因素，本着形状简单、制造方便、绕制容易以及节省工时与材料等原则，工艺性主要考虑以下几个方面。

1) 线圈形状。在可能的情况下尽可能采用圆柱形线圈，这种线圈制造起来比较方便。方孔线圈制造起来比较复杂，而且在绕制过程中不可能使线圈空间填充得很均匀，在棱角处导线压得很紧密，而在侧面显得很松。

2）线圈骨架结构形式。首先需要决定线圈采用有骨架或无骨架结构，可根据使用要求和生产条件确定。

① 用于重任务工作条件、较小的电磁交流线圈可采用无骨架结构，它适合于大量生产，其缺点是在包扎外层绝缘时操作困难。小线圈由于内孔小难以保证绝缘，应当采用有骨架的结构。

② 用于轻任务工作条件、较小的电磁线圈，适合采用塑料骨架，它与无骨架线圈比较，简化了线圈外层绝缘的操作。但必须注意到，线圈的散热条件变差了。

③ 直流线圈最好绕在金属骨架上，目的是利用线圈内表面散热。

④ 在以下情况，最好采用组合式线圈骨架：少量生产的电磁线圈，这时没有必要去制造塑料骨架；大尺寸的电磁线圈采用无骨架结构时制造困难，又不可能制造塑料骨架。

⑤ 匝数较少而导线较粗（导线直径大于 0.8mm）的线圈最好设计成无骨架的结构。在没有任何限制的情况下，应当采用无骨架的结构。

3）内层绝缘和导线的选用。

① 绝缘材料根据线圈的耐热等级选用，为了提高线圈的可靠性，减少重量和缩小体积与尺寸，应当采用耐热等级高的绝缘材料。但是考虑到这种材料价格高，应当结合制造成本与使用寿命等因素综合考虑，并尽量避免采用价格昂贵的绝缘材料。

② 为了简化材料供应部门的繁重工作，在生产过程中力求把所采用绝缘材料的品种、规格和形状等限制在最小的范围内。

③ 根据电气和机械性能的要求，所用绝缘材料的层数应尽量减少，过多的绝缘材料层数会导致制造的复杂化，又会增加线圈体积、尺寸和成本，并使散热变差。

④ 在没有特殊要求的情况下，尽量采用高强度漆包线，这样有利于提高线圈的填充系数，也可以减小线圈的尺寸和重量。但要与降低成本统一考虑。

⑤ 尽量避免采用很细的导线，这种导线价格贵，绕制时容易断头，断头焊点的包扎困难，给生产和质量带来许多麻烦。

⑥ 具有很大横截面的线圈，可以采用两根导线并行绕制，这样使绕制方便，并可缩短绕制时间。

4）导线的绕法。导线直径不粗的多匝线圈，在没有提出特殊要求的情况下，最好采用自动排线，因为这种方式生产率高。

当线圈采用导线直径粗时（如超过 0.3mm，有时超过 0.2mm），就可采用控制严格的排绕方法，排绕的速度要低于自动排线的速度。但对于线圈电流密度大、尺寸小和要求散热好的线圈应当采用排绕。

5）绕制方向。绕制方向采用顺时针或逆时针绕制并不影响结构工艺性。但是，有些非对称和要求有一定极性的直流线圈，设计者则应在图样上注明绕制方向。双节线圈应特别注意绕制方向。

6）引出线形式。线圈采用哪种引出线，即软引线或硬引线，主要取决于电器结构和运行的要求。

一般情况下，尽可能采用硬引线。软引线大部分采用橡塑绝缘，这种绝缘在长期干燥的高温作用下以及浸漆时，容易失去弹性而损坏。因而应当在浸漆后再把橡塑或相类似的绝缘套在引出线上，但这会使外层绝缘包扎困难。最好将硬引线固定在塑料骨架上。

7）外层绝缘。从各种结构工艺性的要求出发，外层绝缘应当做以下规定：

① 不浸漆的骨架线圈，外表面的保护采用一层薄的绝缘膜包扎，如采用聚酯薄膜和聚四氟乙烯生塑料带等，最好用有自黏性的塑料薄膜，这样会给生产带来很多方便。

② 有些无骨架线圈外表面应包扎玻璃丝带，而后再进行浸漆处理。

8）浸漆方法。线圈工作于干燥而暖和的地方时，仅为了防止尘埃和其他介质积存于表面，如二次保护继电器线圈可以不浸漆。代替浸漆的办法是外表面涂漆。现在采用耐高温等级的高强度漆包线，使得许多过去需要浸漆的线圈也不需要浸漆了。因此，线圈浸漆并不是一个必不可少的工艺。

在选择浸漆方法时，应考虑尽可能地缩短浸漆和烘干的周期，以提高劳动生产率。同时，还应考虑工厂现有浸漆设备的条件：

① 可以采用简单的浸漆设备，但是必须反复进行多次（2~3 次）浸漆，以保证线圈质量。每次浸漆后必须有长时间的烘干，所以浸漆时间很长。

② 采用真空浸漆能减少浸漆次数，但是要求具有复杂和昂贵的浸漆设备。

9）表面涂漆/釉。表面涂漆还是涂釉主要取决于线圈的耐热要求。干燥的方法可以采用空气冷却和加热炉烘干。不论采用哪种方法都要求缩短烘干时间和提高涂漆质量。

线圈绕制主要是指采用各种绕线机来完成绕制任务的工艺。根据操作方式的不同，绕线机可以分为手摇绕线机、半自动绕线机以及数控自动绕线机等。使用不同的绕线机对线圈绕制的质量和效率都有影响，要根据线圈的结构、大小及导线的粗细等因素，选用合适的绕线机。

导线较细、匝数较多的线圈，宜选用速度高的数显自动或半自动绕线机；导线粗、匝数少的大线圈，宜选用转速慢、绕制力大的绕线机，如大电流线圈多选用车床式绕线机；环形线圈只能选用环形线圈绕线机绕制。绕制工艺过程如下：

1）有骨架电磁线圈的绕制。

① 准备工作：备齐各种材料、工具，调整、检查设备。

② 绕制过程：固定线圈骨架→调节导线的拉紧力→包内层绝缘→焊内引出线、绝缘并固定→开机绕线→焊外引出线、绝缘并固定。

③ 绝缘浸漆处理：无浸漆要求的可直接进行包扎。

④ 包扎：根据要求包扎 2~3 层绝缘线（绕一层后再绕另一层），最后把印有线圈数据的醋酸纤维黏胶带包在最外层。这种方法省工省料，比包纸标牌再包透明薄膜的方法好。

⑤ 焊导电片：焊引线导电片。

⑥ 检验。

2）无骨架线圈的绕制。

备齐各种材料、工具，调整、检查设备，并做好骨架模芯。模芯的一般用料为铝、硬塑料、胶木板或木材。

① 将绕线模芯及挡板固定在专用轴上，再将专用轴安装到绕线机转轴上。

② 在模芯上包两层较厚的绝缘纸（一般用青壳纸或牛皮纸）。

③ 焊内引出线并绝缘，固定好。

④ 调节导线拉紧力。

⑤ 开机绕线，纱包线不垫层间绝缘，漆包线层间要垫绝缘纸。绝缘纸适当宽一点，弯

折后包上绝缘一两匝。绕线剩最后 15~20 匝时停车，包一层电缆纸或牛皮纸，放上外引出线，再绕完剩余导线，将外引出线捆牢。

⑥ 焊外引出线并绝缘，固定好，再包一层牛皮纸，用黏结剂粘牢。

⑦ 取下线圈，如有变形，可用木榔头轻轻敲打整形。

⑧ 包扎：线圈两端用青壳纸或牛皮纸粘一层，用玻璃丝带进行外部包扎。

⑨ 浸漆处理：浸漆烘干后，涂表面漆。

⑩ 装线圈标牌：贴好标有线圈参数的标记。

⑪ 检验：按技术条件进行检验。

3）小电流线圈的绕制方法与电磁线圈相同。用粗裸纯铜线绕制大电流线圈，绕制工艺过程如下：

① 下料：按线圈展开长度下料，并留有适当裕量。

② 调直：用调直机或手工调直，手工调直的工具为木质或黄铜榔头。

③ 绕制：多在专用的车床式绕线机上绕制，若手工绕制则应在专用胎具上进行。

④ 整形：通常是手工整形。

⑤ 检验：按技术条件进行检验。

环形线圈的绕制。通常要用专门的环形绕线机，按使用说明进行绕制。当环形铁心的内径较小时，只能手工绕制。手工绕制方法是将导线绕在预制的梭子上，在芯径内反复穿梭而完成绕制的。环形线圈的绝缘、外引线及固定等方法，与前述方法大致相似，此处不再重述。

绕制工艺要点如下：

1）导线要保持适当的拉力：绕制时导线的拉紧程度要适当，拉紧力应保证线圈导线不松动，且以小些为好。拉力太小，会使线圈绕得太松，当线圈在工作中承受各种作用力时，由于导线之间松动而互相摩擦，易把导线漆层磨损而造成短路。拉力太大，会使线圈绕得太紧，在绕制过程中易断线，或者导线虽未达到拉断程度，但却因为导线被拉长而使其漆层产生裂纹或剥落，造成不易发现的隐患，或在工作过程中也可能受热应力而产生断线现象。此外，线圈绕制时的松紧程度，还影响到线圈的外形尺寸和电阻值。

2）排线方式：当采用手摇绕线机和半自动绕线机（无自动排线）绕制线圈时，线匝的排列大致可以分为两种情况，即乱绕和排绕。一般线径较细时（如线径小于 0.2 mm），采用乱绕的方法；当线径大于 0.5 mm 时，不宜采用乱绕而多采用排绕的方法。如果采用半自动绕线机和自动绕线机时，无须考虑采用哪种排线方式，它会自动均匀地绕在线圈骨架上。

3）绕线速度：绕线速度的选择应当根据导线粗细而定。一般粗导线采用低速绕制；细导线采用高速绕制，但也要选择适当，以免造成过多的断线。在绕制过程中不要擦伤漆包线的漆层。用半自动或自动绕线机时，漆包线是通过一个牛皮或塑料膜夹头的，此夹头内表面应光滑，不要夹得太紧，否则漆包线通过它时会擦伤漆层，影响绝缘性能，甚至会造成短路。

4）层间绝缘：为了增加层间的绝缘能力和提高线圈的机械强度，线圈应采用层间绝缘。一般较细的油基性漆包导线多采用电容器纸作层间绝缘。有时怕线圈绕得不平，也可以用垫绝缘纸的办法垫平，但要适当，不要因垫过多绝缘纸而影响浸漆或绝缘性能。采用高强度漆包线的线圈，原则上可以不用层间绝缘，因为采用层间绝缘纸的绝缘等级低于高强度漆包线，反而影响线圈的绝缘等级。由于高强度漆包线的应用已十分广泛，垫层间绝缘的作用也小了。

5）始末端引线的固定：线圈的始末端有引线端，它是线圈与外电路连接的过渡导体。引出线可分为软出线与硬出线。硬出线头是用纯铜或黄铜片冲制而成，如图 4-10a 所示，其上冲孔便于用螺钉与外电路连接。导线和硬出线头用锡焊在一起，并包扎黄蜡绸或聚酯薄膜，如图 4-10b 所示，再用扎线绕数匝压紧固定，以防松动。

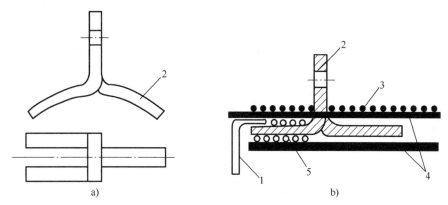

图 4-10　硬出线头和导线的连接

a）硬出线头（冲片）　b）出线头包扎

1—导线　2—硬出线头　3—扎线　4—黄蜡绸　5—焊接处

软出线一般用耐高温的电磁线。软引出线和导线的接头形式也很重要。0.3 mm 以下导线可采用如图 4-11 的形式，这种引出线形式较好，铜线不易折断，而后用黄蜡绸或聚酯薄膜将焊接部分及附近裸铜部分上下包扎好，并用扎线扎紧，不得松动。引出线处理不当，最容易造成线圈引出端的断线或短路等故障。

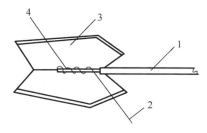

图 4-11　软引出线接头形式

1—引出线　2—漆包线　3—黄蜡绸　4—焊头

在和引出线焊接前，导线端头需用砂纸擦去漆层。如果操作者用力不当，容易把导线的基体金属也擦掉一部分，使导线截面变小，尤其是细导线，容易在工作中产生断线的故障。为避免擦伤导线金属，有些工厂采用化学方法去除漆层。

接头的锡焊点要光滑不带飞边，否则易擦破绝缘层，造成线圈匝间短路。焊剂用中性的较佳，否则线圈在通电工作过程中，由于剩余酸的作用，会引起电化学腐蚀而产生断线故障。

6）线圈填充系数：线圈填充系数是与绕制工艺有密切关系的系数。线圈导线总截面积与线圈横截面积之比称为线圈的填充系数，用符号 K 表示：

$$K = \frac{NS}{HL}$$

式中，N 为线圈匝数；S 为线圈的金属截面积（cm²）；H 为线圈的厚度（cm）；L 为线圈的高度（cm）。

填充系数小于1，它表示线圈空间的利用率。一般设计线圈时，希望选取较高的填充系数值，以缩小电器的体积与尺寸。但是，填充系数除了受线圈的结构形式、导线质量和粗细的限制外，还与排线的方式、层间绝缘厚度及绕线机的类别等工艺因素有关。许多工厂积累了填充系数的经验数据，可作为设计的参考值。

图 4-12 为填充系数和导线直径 d 的关系，曲线 1 和 2 说明不同种类的绝缘导线对填充系数的影响，其中，曲线 1 为各种漆包线的填充系数，曲线 2 为双纱包线和玻璃丝包线的填充系数。

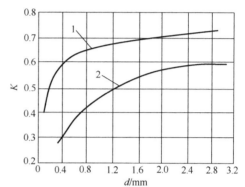

图 4-12　填充系数和导线直径的关系
1—漆包线　2—双纱包线和玻璃丝包线

线圈制造中的常见质量问题。线圈所发生的许多问题，常常是因为线圈绕制过程中质量控制不严造成的。常见的质量问题主要有：

1）短路。

① 漆包线质量不好、耐刮性不合格、针孔过多、绕制中漆层损坏等容易造成短路。因此，漆包线进厂时要严格检验。有的是由于保管不当、长期受潮或置于有腐蚀性气体的空气中造成的侵蚀。

② 绕制时拉力太大、断头次数多、漆层受损而出现裂纹，当时不易发现，在以后使用过程中常会出现短路或烧毁现象。

③ 导线夹太紧和不光滑，漆包线通过此夹时，漆层受擦损伤而造成短路。

④ 引出线与漆包线焊接处绝缘层未包好，焊点有飞边破坏绝缘层，接头处压得不紧，在工作中因振动磨破绝缘层而造成短路故障。

⑤ 绕制太松，导线在工作过程中受电动力或机械力的作用而相互摩擦，漆层磨损而造成短路。

2）断路。

① 引出线与漆包线焊接点松动，工作中因受力振动疲劳而断开。

② 绕制过紧，再因受热膨胀和其他力的作用，使导线被拉断。

③ 因引出线与导线接头处焊药未清洗干净，工作过程中形成电化学腐蚀而断线。

3）匝数超差。

① 手摇绕线机计数机构失灵。

② 自动绕线机计数器或控制匝数机构失灵，使计数不准。

③ 测匝仪有故障，读数不准确。

④ 断线次数多也会产生超差现象。

4）骨架断裂。常见的有些是绕制太紧，骨架受挤压力过大而破碎；或因骨架设计不合理，个别地方壁太薄；或因平面相交处有尖角，造成应力集中而断裂；或因材料选用不合理；或因在制造、运输及转工序过程中磕碰等而使骨架损坏。

5）线圈在使用中烧毁。多数是因为导线匝间短路、局部过热使绝缘材料烧毁而引起。

上述各种质量问题，在线圈制造过程中要充分注意。过去线圈制造过程要加层间绝缘和浸漆处理，近年来，由于多层高强度漆包线大量供应，许多制造厂已取消垫层间绝缘和浸漆处理工艺，也能满足技术要求。要消除以上所述各种质量问题，必须在线圈绕制过程中严格按工艺规程操作。

线圈绕制完后，除小功率继电器线圈外，大部分低压电器线圈要进行浸漆处理。在绕制时采用有机纤维绝缘材料，如棉纱、布带或纸等，其耐热等级低；另外在匝间空隙充满气体，因为它们的吸潮性大、耐热和导热性能低，故形成绝缘的薄弱环节。如果把充满气体的空隙完全由漆或胶所代替，线圈形成一个整体，就能提高线圈的机械性能和电气绝缘性能，也增强了它的抗化学侵蚀性能。

经过浸漆（或浸胶）的线圈，具有以下的优点：

1）提高了电气绝缘性能。凡是有机纤维绝缘材料都有毛细管，它易储藏和吸收水分，使绝缘性能变坏。经过浸渍后，空隙充满漆或胶，也使绝缘材料密实。经验证明，经过浸渍后的有机纤维绝缘材料，绝缘强度可以调高 8~10 倍。

2）提高了耐潮性能。经过浸漆后的线圈，如果浸渍的是无溶剂漆，则可以排除空气，根绝了吸收潮气的条件；如果浸渍的是有溶剂漆，也可调高防潮性能。

3）增强了耐热性能和提高了导热率。一般棉质纤维在 80~90℃ 的温度下长期工作就会老化，其绝缘性能和机械强度都相应下降。经过了浸渍，耐热性能显著改善；另一方面，也由于空隙中充满了漆或胶，改善了热的传导性能。

4）增加了机械强度和防止匝间短路。由于浸渍后的线圈层匝间牢固地结合成整体，更能经受住机械振动和电动力的作用，也不致由此引起匝间摩擦而造成短路。

5）提高了化学稳定性能。经过浸渍和表面涂漆后的线圈，耐化学侵蚀的能力有了很大的提高，也由于其表面光滑，可以减少尘埃的堆积和吸收潮气。

用于湿热地带的电器线圈，需在漆中加入防霉剂，进行防霉工艺处理，使线圈具有耐霉性能。在表 4-9 和表 4-10 中分别列出了线圈浸渍时常用的绝缘浸渍漆和绝缘覆盖磁漆。

表 4-9　常用绝缘浸渍漆

名　称	型号	耐热等级	干燥类型	主要特点及用途
醇酸漆	1030	B	烘干	有较好的耐油性和耐电弧性，漆膜平滑有光泽，适用于普通地区线圈浸渍及绝缘零件覆盖
丁基酚醛醇酸类	1031	B	烘干	固化性、耐潮性和绝缘性能良好，耐霉，适用于湿热带
三聚氰胺酸漆	1032	B	烘干	固化性、耐潮性和绝缘性能良好，耐霉性一般，适用于湿热带和普通地区
环氧酯漆	1033	B	烘干	固化性、耐潮和绝缘性能良好，耐霉性一般，适用于湿热带和化工用电器
有机硅漆	1050	H	烘干	耐热性高，固化性和绝缘性能良好，耐霉，适用于高温线圈浸渍及石棉水泥零件防潮处理
无溶剂漆	H30-1	E~B	烘干	固化快，耐潮，耐热和绝缘性能良好，不需要溶剂，适用于湿热带
苯乙烯环氧聚酯无溶剂漆	—	B	—	适用于湿热带
聚酰亚胺浸渍漆	—	C	烘干	具有耐高温、耐溶剂、抗辐射、抗燃烧性能，可在 -60~200℃ 下长期使用

表 4-10　常用绝缘覆盖漆

名　　称	型号	耐热等级	干燥类型	主要特点及用途
沥青漆	1211	A	烘干	具有良好的耐潮和温度变化性能，适用于普通地区电器线圈
灰磁漆	1320	B	烘干	漆膜坚韧，耐潮和绝缘性能一般，有一定的耐电弧性能，适用于普通地区
环氧灰磁漆	H31-4	B	烘干	耐潮和绝缘性能良好，漆膜有较强的耐冲击性能，适用于湿热带和化工用电器
气干环氧灰磁漆	H31-2	B	气干	性能较 H31-4 稍差，可常温干燥，适用于湿热带和化工用电器，不宜高温烘焙
有机硅磁漆	1350	B	烘干	耐热性高，耐潮性、耐冲击性和绝缘性能良好，耐霉性一般，适用于高温电器

线圈浸漆主要由 3 个过程组成，即预烘、浸漆和烘干。下面就每个过程的作用和目的做必要的说明。

1）预烘：预烘的目的就是把绝缘和空气中的潮气除掉。要把潮气完全除去不是一件轻而易举的事情，这需要一定的温度和时间，有些甚至需要采用一些特殊的方法，例如，抽真空、循环通风才能达到。去潮的本质就是将水分蒸发出去。因此，为了缩短预烘时间，可以将温度提得稍微高些，但是温度过高将会降低绝缘材料的寿命。一般采用的预烘温度为110~120℃（在正常压力下）；若在真空烘箱中预烘，预烘温度可以适当降低，温度一般在80~110℃的范围内。预烘温度的选择要与绝缘材料的耐热等级联系起来，例如，A 级绝缘预烘最高温度不应超过130℃。

预烘都放在预烘箱内加热干燥，烘箱有以下几种：

① 空气自然循环烘箱。采用空气加热或电加热的方法，箱内温度不均匀，但设备简单，应用较多。

② 强迫空气循环烘箱。采用空气或电加热的方法，箱内温度均匀，空气流速大，可以及时把潮气迅速排除。设备比较简单，应用很广泛。

③ 真空烘箱。箱内潮气不断抽出，气压低，潮气也易排出，可以比较彻底地把线圈潮气除掉，而且可以在较低的温度下进行，可以减少有机绝缘材料的热损伤，缺点是设备费用昂贵，使用受到限制。

预烘时间通过实验来确定，主要取决于绝缘电阻是否达到规定的标准，也与预烘方法有关。强迫空气循环的烘箱内，一般需要 2h 绝缘电阻才不再增加。

为使线圈内的水分易于蒸发出来，预烘温度要逐步增加，使热量渐渐从外部进入线圈内部，内部水分才易于蒸发出来。否则，骤然加热线圈，表面层蒸汽压力大，水分不易从内部排出。

2）浸漆：浸漆前先将漆基放于稀释剂内溶解，使绝缘漆的黏度调至 4 号黏度杯 25~40s（在 20℃时）。稀释剂有甲苯、松节油等，稀释剂的选择应根据绝缘漆和漆包线漆层的性质而定。还可在漆内加入辅助性材料，例如，干燥剂（缩短烘干时间）、增韧剂（增加漆质的弹性和韧性）、稳定剂或防霉剂（用于湿热带的产品）。浸漆的方式有热浸法、加压浸漆和真空加压浸漆法。

① 热浸法：适用于有机纤维绝缘的粗导线、匝数又不多的线圈，可以得到良好的效果，对匝数多的线圈效果则不好。为了提高浸漆质量，可以采用多次浸渍法（2~5次），漆的黏度应当是逐次提高。

② 加压浸漆：亦称压力浸漆，加压增强了漆的渗透能力，浸得较透，比热浸法时间短，质量高。

③ 真空加压浸漆：浸渍质量很高，容易浸透，可以使线圈吸潮能力减至最小限度。缺点是设备较复杂。

3）烘干：浸漆后的烘干比预烘更复杂，烘干过程不仅有物理过程（即稀释剂的挥发），还有化学过程。溶剂不仅可作为稀释用，干燥时溶剂还可从内部挥发，形成毛细孔，能使空气进入漆内部，加速内部的氧化过程。

烘干实际上可分为两个阶段，第一阶段是溶剂挥发，第二阶段是漆膜的氧化。

溶剂挥发阶段温度应该低些，一般为70~80℃，温度不宜过高，否则会使漆大量挥发，造成流漆现象，同时还会在绝缘表面形成硬膜，妨碍溶剂从内部挥发。此阶段的时间长短应视溶剂的挥发情况而定，一般需要1~3h。如果采用真空干燥，可以使挥发更彻底，从而所需温度更低、挥发时间更短。

漆膜氧化阶段的温度应该提高，并放在热风循环炉里，以加速漆基的氧化骤缩过程，一直烘到干透。A、B级绝缘的烘干温度一般为120℃左右，最高不应超过140℃。干燥时间应根据实验来确定，此阶段主要根据绝缘电阻是否达到要求而定，若温度不够高，光靠延长加热时间是不能解决问题的。

湿热环境下使用的电器产品线圈，应选用具有耐霉性的绝缘材料，当所采用材料的耐霉性能尚不能满足具体要求时，则需对材料进行防霉处理。

为了保证线圈的质量标准，完成绕制和浸漆等主要工序后，根据技术要求需对每个线圈进行检测。除了对外观尺寸检查外，还要进行电阻、匝数、短路、绝缘和温升的检测。

1）电阻值测试：常用惠斯通电桥检测电阻值，并换算到标准室温20℃时的电阻值。

2）短路测试：可用短路测试仪测试绕组是否存在短路。

3）匝数测试：安全匝数测量一般是用已知标准线圈做比较来测量被测线圈，比较法有两种：①比较两个线圈中由相同的磁通量变化感应出来的电动势，称为电势比较法；②比较通过同样大小电流时两个线圈所产生的磁通势（亦称磁压），此法称为磁势（压）比较法或磁压法。

4）绝缘性能测试：线圈的绝缘性能测试一般是通过测量绝缘电阻和耐压试验来检查电器线圈的绝缘材料及其结构的绝缘性能。绝缘材料即使在很高的电压作用下也只能通过极少量的泄漏电流，绝缘电阻一般用MΩ作为测量单位。用来测量绝缘电阻的仪表称为绝缘电阻表。绝缘材料所能承受电压的能力用抗电强度表示。其值为绝缘体在击穿时单位厚度所承受的电压值，单位以kV/mm表示。绝缘材料的抗电强度与温度、湿度、电源频率以及其波形有关，应按规定进行试验。

5）线圈温升测试：线圈厚度的温度分布不均，不易测得准确的数值。因此一般都用电阻法测定线圈的平均温升。

4.3 低压电器的特殊工序

低压电器的特殊工序是指：

1）产品质量不能通过后续的测量或监控加以验证的工序。

2）产品质量需进行破坏性试验或采取复杂昂贵方法才能测量或只能进行间接监控的工序。

3）该工序产品仅在产品使用或交付之后，不合格的质量特性才能暴露出来。

典型的特殊过程有焊接、热处理、电镀、涂漆、塑料、铸造、锻造、压铸以及黏结等。本书重点介绍低压电器产品中常用的电镀、热处理和焊接工艺。

4.3.1 电镀工艺

电镀是一种电化学加工工艺，其理论是电解理论。电解就是以一定的电流通过电解质溶液（或熔融盐）时，在阴极发生还原、阳极发生氧化的过程，也就是电能转变为化学能的过程。镀层的质量要求有以下几个方面：

1）镀层和基体金属结合牢固。

2）镀层结构细致紧密。

3）镀层色泽正常。

在电器制造中，铝的应用是十分广泛的。有的制成接线端头、触刀等导电零件；有的制成铝盘和支架等结构零件。导电零件一般多采用镀锌、镀钢或镀银等工艺；如无导电要求的结构件可采用阳极氧化进行表面处理。铝及其合金零件经过电镀后，可以改善其导电、锡焊、抗腐蚀和光学性能，以及提高表面的硬度、耐磨性等。

铝是一种化学性质很活泼的金属，其表面总是存在一层很薄的氧化膜，影响被覆层与其基体金属的结合力。必须采取恰当的镀前处理，去掉氧化膜，才能顺利进行电镀。铝属于两性金属，在酸、碱溶液中都不稳定，往往使电镀过程中的反应复杂化，铝的膨胀系数与许多电镀层的膨胀系数相差较大，随着温度的变化更容易引起内应力，使镀层损坏。此外，铝金属中常含有 Si、Cu 等元素，增加了表面处理的困难。铝制件电镀可采用多层镀覆的方法。

4.3.2 热处理工艺

热处理是将金属材料放在一定的介质内，加热、保温、冷却，通过改变材料表面或内部的金相组织结构，来控制其性能的一种金属热加工工艺。热处理加工后的金属部件更加耐热、塑型、硬度更高，从而延长了产品的使用寿命，是金属零部件必不可少的加工工艺。热处理的分类如图 4-13 所示。

低压电器常见的热处理工艺主要有退火、正火、淬火和回火，通常称为热处理的"四把火"。除此之外，常用的还有渗氮热处理，以提高机构零件的表面硬度、消除制件的残余应力等。

热处理过程的主要技术参数有以下几个。

1）加热介质：高温下与工件表面发生化学反应而改变表层成分。例如，空气使工件表面发生氧化；C 或 N，会发生渗碳或渗氮反应。

2）加热速率：影响加热时的热应力、组织应力和相变过程。加热速率越大，工件表面温度和心部温度差越大，导致出现大的热应力和组织应力，因此大工件不能进行快速加热，实际生产中应严格控制。

3）加热温度和保温时间：通过保温使材料达到热力学平衡状态，使成分均匀、晶粒长大、应力消除及位错密度降低。通过保温使工件内外温度均匀，相变充分。加热温度和保温时间需根据热处理的目的和平衡相图确定。

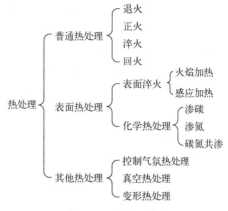

图 4-13 热处理分类

4）冷却速率：通过合理控制冷却速度，就能得到想要的金相组织。在快速冷却条件下，工件内外温差大，热应力和组织应力增大，容易导致工件产生大的应力、变形甚至开裂，所以应尽量减小冷却速度。

1. 退火和正火

退火和正火是生产广泛应用的预备热处理工艺。对受力小、性能要求不高的零件，也可作为最终热处理。铸件的退火和正火通常为最终热处理。

将钢加热到适当温度，保温一定时间后缓慢冷却，以获得接近平衡状态的组织的热处理工艺，称为退火。退火的目的是通过相变重结晶（再结晶）可以细化晶粒、调整组织、消除内应力及热加工缺陷、降低硬度、改善切削加工性能和冷塑性变形性能。根据退火目的，退火可分为完全退火、不完全退火、球化退火、扩散退火、去应力退火及再结晶退火等。

正火处理是将钢件加热至 Ac_3（亚共析钢）或 Ac_{cm}（过共析钢）以上 $30 \sim 50 ℃$，保温一定时间，使之完全奥氏体化，然后空冷，以得到珠光体类型组织的热处理工艺。

正火与完全退火相比，两者的加热温度相同，但正火的冷却速度较快，转变温度较低。正火工艺较简单、经济，主要应用于以下方面：

1）改善低碳钢的切削加工性能。碳量小于 0.25% 的低碳钢及低合金钢，退火后硬度过低，正火处理可提高硬度，改善切削加工性能。

2）消除中碳钢热加工缺陷。中碳结构钢铸件、锻件、轧件及焊件，热加工后易出现魏氏组织、粗大晶粒等过热缺陷和带状组织，正火可消除，达到细化晶粒、均匀组织、消除内应力的目的。

3）消除过共析钢网状碳化物。如过共析钢球化退火前组织中存在网状渗碳体时，通过正火处理，可消除网状碳化物，提高球化退火质量，为淬火做组织准备。

4）提高普通结构件的机械性能。对于受力不大、性能要求不高的碳钢和低合金钢结构件，可用正火作为最终热处理。

2. 淬火和回火

淬火处理是将钢加热至 Ac_3 或 Ac_1 以上一定温度，保温一定时间，然后以大于临界冷却速度冷却，使过冷 A 转变为 M（或 B）组织的热处理工艺。

钢的淬火是最重要的一种热处理工艺，是重要的材料强化方法之一。经淬火后，工件的强度、硬度和耐磨性得到了提高。再与不同回火工艺配合，可获得满足各种工件所要求的性能。

1) 淬火应力。淬火应力分为热应力和组织应力两种。当淬火应力超过材料的屈服极限时，工件就会产生塑性变形；当淬火应力超过材料的强度极限时，工件则产生开裂。

淬火初期，当工件表层温度降到 Ms 点以下发生马氏体转变时，体积产生膨胀，而心部温度尚处在 Ms 点以上，仍为奥氏体组织，体积不发生变化。因此，表层膨胀受到心部的牵制，而产生压应力，心部则产生拉应力。

随后在继续冷却过程中，当心部温度降到 Ms 点以下，开始发生马氏体转变。体积发生膨胀时，由于表层马氏体转变已经基本结束，形成强度高、塑性低的硬壳，不发生塑性变形，因此，心部体积膨胀受到表层的约束，则在心部产生压应力，表层产生拉应力。

钢件在淬火冷却过程中的淬火应力为热应力和组织应力两者的叠加。而两者的变化规律恰好相反，因此如何恰当利用其彼此相反的特点，对减小变形、开裂具有实际意义。

2) 淬火加热温度。淬火加热温度的选择应以得到均匀细小的 A 晶粒为原则，以便淬火后获得细小的 M 组织。淬火温度主要根据钢的临界点确定。

亚共析钢的淬火加热温度为 Ac_3 以上 30~50℃。温度过高，会引起 A 晶粒粗大，淬火后得到粗大 M，脆性大。加热温度如在 Ac_1~Ac_3 之间，淬火后有部分铁素体存在，严重降低钢的硬度和强度。

过共析钢的淬火加热温度为 Ac_1 以上 30~50℃。淬火前要球化退火，组织为粒状珠光体。加热后组织为细小奥氏体及未溶粒状碳化物，淬火后得隐晶马氏体加细小粒状渗碳体，这种组织具有高硬度、高强度和高耐磨性，且有较好的韧性。如淬火温度高于 Ac_{cm}，则渗碳体全部溶入 A 中，含碳量增高，Ms 点降低，淬火后残余 A 量增多，降低硬度和耐磨性，同时 A 晶粒粗大，冷却后得粗片状 M，使钢的韧性降低。

低合金钢由于合金元素的加入，A 化温度通常高于碳钢，一般为 Ac_1 或 Ac_3 以上 50~100℃。高合金工具钢含有较多的强碳化物形成元素，则可采用更高的加热温度。

淬火加热可能存在以下问题：

① 过热：工件在淬火加热时，由于温度过高或时间过长，造成奥氏体晶粒粗大的缺陷。过热使淬火后得到的马氏体组织粗大，使工件的强度和韧性降低，易于产生脆断，容易引起淬火裂纹。对于过热工件，进行一次细化晶粒的退火或正火，然后再按工艺规程进行淬火，便可以纠正过热组织。

② 过烧：工件在淬火加热时，温度过高，使奥氏体晶界发生氧化或出现局部熔化的现象。过烧的工件无法补救，只能报废。

③ 氧化：工件在加热过程中，工件与炉气中的 O_2、H_2O 及 CO_2 等氧化性气体发生化学反应。氧化使工件尺寸减小，表面粗糙度上升，并影响淬火冷却速度。氧化与工件温度有很大关系。在 570℃ 以下加热，氧化不明显；570℃ 以上加热，氧化速度加快。加热温度越高，氧化速度越快。

④ 脱碳：工件在加热过程中，钢中的 C 与炉气中 O_2、H_2O、CO_2 及 H_2 发生化学反应，形成含碳气体逸出钢外，使工件表面含碳量降低。表面脱碳会降低工件表面硬度、耐磨性及疲劳强度。脱碳进行的速度取决于化学反应速度和碳原子的扩散速度。加热温度越高，加热时间越长，脱碳层越深。为了防止工件氧化与脱碳，可采用盐浴加热、保护气氛加热、真空

加热或装箱加热等方法，还可以采用在工件表面热涂硼酸等方法，有效防止或减少工件表面的氧化或脱碳。

3）淬火冷却。为使钢获得马氏体组织，淬火时冷却速度必须大于临界冷却速度，但是冷却速度过大又会使工件淬火应力增加，产生变形或开裂。因此，要结合钢过冷奥氏体转变规律，确定合理的淬火冷却速度，达到使工件既能获得马氏体组织，又能减小变形和开裂倾向之目的。

过冷奥氏体在不同温度区间的稳定性不同，在 600～400℃温度区间过冷奥氏体最不稳定，所以淬火时应当快速冷却，以避免发生珠光体或贝氏体转变，保证获得马氏体组织。在 650℃ 以上或 400℃ 以下温度区间，特别是在 Ms 点附近温度区间，过冷奥氏体比较稳定，应当缓慢冷却，以减少热应力和组织应力，从而减小工件淬火变形和防止开裂。理想的淬火冷却曲线如图 4-14 所示。

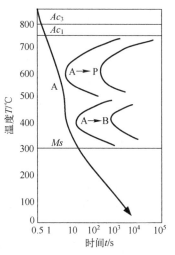

图 4-14　理想的淬火冷却曲线

常用的淬火介质有水、机油及盐水、碱水等。

水在 800～380℃ 温度范围内，由于工件被蒸汽膜包围，使工件冷却速度很慢，不超过 200℃/s。当工件降至 380℃ 左右，蒸汽膜破裂，工件与水直接接触，水迅速汽化，产生大量气泡，形成沸腾现象，此时工件冷却最快，可达 770℃/s。工件低于 100℃ 时，冷却靠对流方式进行，但冷却速度仍有 450℃/s。在工件需要快冷的 650～400℃ 温度区间，其冷却速度较小，而在需要慢冷的马氏体转变区，其冷却速度又变大，很容易造成工件变形和开裂。水温对水的冷却特性影响很大，水温升高，高温区的冷却速度显著下降，而低温区的冷却速度仍然很高。因此，淬火时水温不应超过 30℃，加强水循环和工件的搅动可以加速工件在高温区的冷却速度。水适用于尺寸不大、形状简单的碳素钢工件淬火。

5%～10%NaCl 的水溶液及 10%NaOH 或 50%NaOH 的水溶液可以使高温区的冷却能力显著提高。由于淬火时水剧烈汽化，NaCl 或 NaOH 微粒在工件表面析出，破坏蒸汽膜和气泡，所以能提高工件的冷却速度。但这两种水基冷却介质在低温区的冷却速度也很大。

油也是一种常用的冷却介质，如锭子油、机油等。它的优点是在低温区的冷却速度比水小很多（为 20～50℃/s）。但缺点是在高温区的冷却速度也比较小（为 100～200℃/s）。所以油被广泛用于过冷奥氏体比较稳定的合金钢。用油淬火，由于在马氏体转变区冷却速度很慢，从而可以显著降低淬火工件的组织应力，减小工件变形和开裂的倾向。与水相反，升高油温可以降低油的黏度，增加流动性，使高温区的冷却能力增加。用热油淬火时，油温一般保持在 40～100℃，不能过高，以防着火。

常用的淬火方法如下：

1）单液淬火法。单液淬火法是将加热至奥氏体状态的工件，淬入某种淬火介质中，连续冷却至介质温度的淬火方法。如碳钢在水中淬火，合金钢在油中淬火，尺寸小于 3 mm 的碳钢工件也可以在油中淬火。

为了减小单液淬火时的淬火应力，常采用预冷淬火法，即将奥氏体化的工件，在淬入淬火介质之前，先在空气中或预冷炉中冷却一段时间，待工件冷至临界点附近的温度时，再淬入淬火介质中冷却，以减小工件与淬火介质间的温差，减小热应力，从而减小工件变形和开裂的倾向。

2）双液淬火法。双液淬火法是将加热至奥氏体状态的工件先在冷却能力较强的淬火介质中快速冷却至接近 Ms 点的温度，以避免过冷奥氏体发生珠光体和贝氏体转变，然后再转到冷却能力较弱的淬火介质中继续冷却，使过冷奥氏体在缓慢冷却的条件下转变成马氏体。一般采用水–油双液淬火法，正确控制工件在水中的冷却时间是双液淬火法的关键。水–油双液淬火主要适用于中、高碳钢工件和合金钢制大型工件。有时也采用油–空气双液淬火法，用于合金钢工件。

3）分级淬火。分级淬火是将加热至奥氏体状态的工件先淬入高于该钢 Ms 点的热浴中停留一定时间，待工件各部分与热浴的温度一致后，取出空冷至室温，在缓慢冷却的条件下完成马氏体转变的淬火方法。分级淬火法由于冷却介质温度较高，工件在热浴中的冷却速度较慢，对于截面尺寸较大的工件很难达到其临界淬火速度。因此，只适用于尺寸较小，如刀具、量具和要求变形小的精密工件。

4）等温淬火。等温淬火是将加热至奥氏体状态的工件淬入温度稍高于 Ms 点的热浴中等温，保持足够长时间，使之转变为下贝氏体组织，然后取出在空气中冷却的淬火方法。等温淬火与分级淬火的区别在于前者获得下贝氏体组织，由于下贝氏体的强度、硬度较高，而且韧性良好，同时由于下贝氏体的质量体积比马氏体的质量体积小，而且组织转变时钢件内外温度一致，故淬火组织应力也较小，可以显著减小工件变形和开裂的倾向，适用于处理用中碳钢、高碳钢或低合金钢制造的形状复杂、尺寸要求精密的工具和重要机械零件，如模具、刀具和齿轮等。同分级淬火一样，等温淬火也只适用于尺寸较小的工件。

钢的回火是将淬火钢加热至 A_1 以下某温度，保温后，冷却至室温的热处理工艺。其目的是稳定组织，减小或消除淬火应力，提高钢的塑性和韧性，获得强度、硬度和塑性、韧性的适当配合，以满足不同工件的性能要求。

回火温度根据工件要求的性能选择，可分为低温回火、中温回火和高温回火。低温回火温度为 150~250℃，具有很高的强度、硬度和耐磨性，同时显著降低了钢的淬火应力和脆性，适用于高碳、高合金钢制造的工具、轴承、渗碳件等。中温回火温度为 350~500℃，回火屈氏体，具有高的弹性极限、较高的强度和硬度、良好的塑性和韧性，适用于弹簧件及热锻模等。高温回火温度为 500~650℃，回火索氏体，具有强度、塑性和韧性都较好的综合机械性能，适用于中碳和低合金结构钢制造的重要结构件。

习惯上将淬火加随后的高温回火相结合的热处理工艺称为调质处理。回火后的性能常以硬度来衡量，一般回火最初 0.5 h 内硬度降低最快，随后逐渐变慢，时间超过 2 h 后硬度变化很小，所以回火时间一般不超过 2 h。回火后一般空冷。对重要零件，为防止重新产生应力和变形，常用缓慢冷却的方式。有高温回火脆性的合金可采用油冷或水冷，以抑制回火脆性。

3. 化学热处理

化学热处理是将钢件置于某种化学介质中加热，化学介质受热分解出某些活性原子渗入钢件表面，从而改变钢的表面化学成分及组织的热处理工艺。化学热处理的过程包括分解、吸收及扩散 3 个步骤。分解是在一定温度下，化学介质分解出活性原子。吸收是活性原子被工件表面吸收形成固溶体，过量的活性原子将形成化合物。扩散是表面活性原子向钢内部扩散形成一定深度的扩散层。化学热处理一般有渗碳、渗氮、碳氮共渗及渗金属处理等。

（1）渗碳处理

渗碳处理是指将钢件加热到900~950℃，活性炭原子渗入钢件表面的过程。它适用于工件表面要求高硬度、高耐磨而心部要求足够高韧性的机械零件。渗碳处理可分为固体渗碳、液体渗碳及气体渗碳，最常用的是气体渗碳。

（2）渗氮（氮化）处理

渗氮处理是指向钢件表面渗入活性氮原子，形成富氮硬化层的过程。其目的是使钢件表面获得极高的硬度和耐磨性，提高疲劳强度和抗蚀性。由于其热处理变形小，常用于处理塑壳断路器、框架断路器的机构零件、主轴等部件。常用渗氮方法有气体渗氮和离子渗氮。

（3）碳氮共渗处理

碳氮共渗处理是指同时向工件表面渗入活性的碳原子及氮原子的过程。目前生产中常用的是中温碳氮共渗及低温碳氮共渗工艺。经中温碳氮共渗处理的工件，其硬度、耐磨性及疲劳强度等均优于渗碳处理工件，共渗时间短，工件变形小。缺点是渗层较薄。

低温碳氮共渗的温度一般在500~570℃，以渗氮为主，这种工艺处理的工件表层硬度、脆性及裂纹倾向均低于氮化工艺，故又称为软氮化。温度低，时间一般为3~4 h，共渗层中化合物层为10~20 μm，扩散层为0.5~0.8 mm。表面硬度达500~900HV。软氮化工艺广泛用于各种工具、模具等热处理，可有效提高工件的耐磨性。

4.3.3 焊接工艺

1. 钎焊工艺

钎焊是基体金属（被焊金属）不熔化，借助填充材料（焊料）熔化填缝而和基体金属形成接头的焊接方法。常用的钎焊方法有火焰钎焊和电阻钎焊等。

选择焊料时必须考虑钎焊过程对焊料提出的基本要求，即：

1）焊料的熔点低于钎接金属熔点50~60℃，高于最高工作温度100℃以上。

2）熔化的焊料能很好地润湿钎接金属，能与钎接金属相互熔解和扩散，焊料要有良好的填缝能力与连接能力。

3）焊料的物理性能尽可能与钎接金属相近，不含有对钎接金属有害的成分或易生成气孔的成分，不易氧化或形成的氧化物易于除去。

电器触点钎焊时常用的焊料有银磷焊料（LAgP-1）、铜磷锑焊料（LCuP-3）、银焊料、银铜磷焊料及金镍焊料等。

焊剂在钎焊中是必不可少的，其作用如下：

1）去除基体金属表面氧化膜或杂质。

2）改善基体金属的润湿作用。

3）在焊接过程中，它浮在基体金属上面或充满焊缝，防止基体金属和焊料再度受到空气作用而氧化。

常用焊剂及其应用举例见表4-11。

（1）火焰钎焊

火焰钎焊的全称为气体火焰钎焊，简称气焊，是采用可燃气体与氧气混合燃烧来加热工件的钎焊方法。热源种类较多，常用的为氧-乙炔焰、压缩空气-乙炔焰，其成本较低。

表 4-11　常用焊剂及其应用

序号	焊　　剂	应用举例
1	XH－442 银焊焊剂	银、铜及其合金、银-钨、铜-钨等
2	氟硼酸钾 62%，QJ 101 银焊粉 38%	银、钨
3	四硼酸钠 70%，XH-442 银焊剂 30%	银-氧化镉、其他银基触点
4	硼酸水溶液（硼酸∶水＝1∶10），微量磷酸三钠	银、银-氧化镉、其他银基触点
5	氟硼酸钾 24.4%，四硼酸钠 16.5%，三氧化二硼 58.8%，磷酸氢钠 0.3%	银-钨
6	氟硼酸钾 21%~25%，氟化钾 40%~44%，三氧化二硼 33%~37%	银-镍，银-石墨
7	XH－421 铜焊粉	铜和铜基触点
8	氟硼酸钾 70%~75%，四硼酸钠 25%~30%	铜、铜-钨
9	氟硼酸钾 42%，氟化钾 40%，硼酸 18%	铜-钨

焊接前，触点和导电零件必须进行表面清洗处理，然后把焊剂和焊料放置于导电零件（如触桥、支承件等）和触点之间，用氧-乙炔等火焰加热离触点一定距离的导电零件部位，当银焊料开始熔化时，把触点调整在正确的位置，最后待银焊料凝固时放入水中强制冷却或自然冷却。

火焰钎焊的优点是工艺简单、设备少；可以焊接各种金属或合金触点；加热温度不高，基本不熔化；银焊料与青铜和黄铜的电位差小，焊缝抗蚀能力强。缺点是耗银量大、生产率较低；焊接质量取决于操作工人的熟练程度；被焊零件易退火，使弹性降低，影响电器的反力特性，降低了触点的使用寿命，当被焊触桥为磷青铜、铍青铜等具有弹性的材料时更加明显。

（2）炉中钎焊

该工艺是把焊件、焊料和焊剂放好位置，将它们夹持好，放入炉中进行钎焊的方法。其特点是焊件整体加热，加热速度慢、均匀，温度容易控制，可同时焊接多个工件。

如果炉中钎焊在空气中进行，焊件易被氧化，会影响钎焊的质量，因此通常是在保护气氛中进行炉中钎焊。常用的保护气氛有城市煤气、氨分解气体、氢气以及惰性气体等。对钛、锆、含氧铜等金属，不宜用氢气作保护气氛，因为易产生氢脆现象。使用各种保护气氛时，要注意相应的安全措施。这种炉中钎焊必须使用焊剂，以消除某些金属表面含有的氧化锰、氧化铬和氧化硅等氧化物。

这种炉中钎焊所使用的炉有普通炉和串炉。串炉，又称连续作业炉，形式上像隧道。通常由前炉门、预热段、工作段、冷却段及后炉门组成。炉底有轨道或输送带、辊道等，各段有温度控制系统，炉内通保护气氛。一般采用微机、程控和其他辅助装置来实现其自动化。钎焊质量稳定可靠，外表光洁。

在要求焊件不允许氧化、焊后不允许残留焊剂及对工件表面清洁度要求很严的情况下，例如，真空电器的触点焊接、波纹管的焊接及半导体器件的烧结等，真空炉中钎焊就显出其特殊的优越性。这种焊接往往只用焊料而不用焊剂。

真空炉或真空容器可用机械泵、增压泵和扩散泵等抽真空。真空炉中钎焊对使用的焊料有特殊的要求，即要求其不能释放有害气体和蒸气，否则影响真空度，还会缩短真空器件的使用寿命。例如，锌、镉一类的元素，在焊接温度下蒸气压很高，不能用作焊料成分。

（3）电阻钎焊

电阻钎焊是利用焊接区电阻产生的热量来焊接的。电阻钎焊电流大，焊接时间短，只有局部加热区，能保持非焊区的硬度，工件变形小，劳动强度低，操作技术易掌握，还易实行半自动化和自动化焊接，是一种较好的焊接方法。

电阻钎焊在焊接过程中，电极和触点间不得产生电弧，以免烧损触点表面。

2. 点焊工艺

点焊是利用电流通过被焊工件之间的接触电阻产生的热量来熔化工件的接触面金属，使之互相扩散而形成接头的焊接方法。这种焊接工艺不用焊料和焊剂，连接处具有高的机械强度和良好的导电性能。点焊适用于小型触点的焊接。继电器触点除少量采用铆接工艺外，绝大部分都是采用点焊工艺把触点和导电簧片连接起来。此外，点焊还广泛用于小型继电器的总装过程。

点焊的主要工艺参数也是焊接电流、电极压力和焊接时间，参数与电极及工件的形状、尺寸和材料等有关，需根据具体情况试验确定。

这种焊接方法不需要金属焊料，焊接质量的好坏取决于焊料液态下相互扩散混合的程度。点焊的触点与导电零件（簧片）相接触的端面上一般应设凸台，即焊点在导电零件上应设锥形孔，这对焊接的强度有好处，参见图4-15。但当焊点半径很小时，簧片上不再需要设锥形孔。

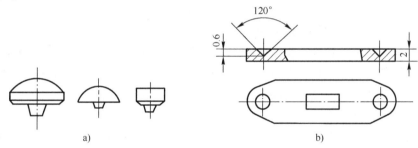

图4-15 电焊触点焊点和触桥锥形孔
a）触点 b）触桥

对电极形状进行设计时应注意，应使电极与工件的接触面积大于工件之间的接触面积，这样可使电极与触点、电极与导电零件（如簧片）之间的接触电阻因通电产生的热量远小于焊接区域产生的热量，这样既可保证焊接区域接触面金属的熔化，又可避免使电极金属转移而造成触点污染。同时，不致因电极和工件受压力作用而使触点表面变形。

电极的材料要求有良好的导电、导热性能，一般采用纯铜圆棒。点焊大功率触点时，也有采用铅铜或铬青铜的。

4.4 低压电器的装配

装配是将零件组合成组件、部件，以及将组件、部件和零件装成产品的过程。根据产品的技术条件，把电器产品的各种零件和部件按照一定的程序和方式结合起来的工艺过程称为电器装配工艺。电器装配过程虽不制造新的零件，但这个过程是电器产品制造的最后阶段，对电器产品的质量影响很大。由于装配工艺性和产品结构工艺性有密切关系，故在装配过程中，要求电器产品具有良好的结构工艺性，可从 3 个方面考虑：①选择合适的装配精度；②选择方便的零件连接方法；③在装配单元中选择合适的零件数目。

4.4.1　电器装配的技术要求

（1）选择合适的电器装配精度

电器制造中精度的内容包括几何尺寸精度和物理电气参数精度两方面。电器产品的精度是由大量的原始误差所决定的，必须对传动链和尺寸链进行深入的分析才能有所了解。因此，在装配工作中，为了达到技术条件规定的装配精度，应以较低的零件加工精度来达到较高的装配精度；应以最少的装配劳动量来达到装配精度。这是装配工艺研究的核心问题，也是对产品结构工艺性提出来的重要要求之一。电器装配精度不仅取决于尺寸，还取决于零件的位置精度和材料的性能等因素。有的产品为避免组成环误差对装配精度的影响，在结构设计中考虑几个零件组装后的加工方法，这样能较容易地达到较高的装配精度。

（2）选择合理的电器连接方式

电器在装配过程中常用的连接方式有螺钉连接、铆接及焊接等方式。因此，电器零件的装配和连接，应设计得合理和方便。有时对结构设计稍作修改，不需要增加多大的加工量就可以大大地简化装配的操作。

进行电器设计时，还需要考虑装配时所用工具、夹具和设备对该电器部件装配时有无困难。装配时，如需要将两个零件点焊在一起，应考虑电极能否伸进焊接处；若用螺钉连接时，要考虑是否有相应的空间，以方便地使用螺钉旋具、扳手或使用其他气动工具等。电器部件能够分别进行装配的特性是很重要的，因为这样可以使许多部件同时进行装配，互不干扰，故可以缩短整个装配周期。在电器部件装配时，应尽量避免进行机械加工，因为机械加工会降低装配生产率，同时金属切削可能影响装配精度和产品性能等。

（3）选择合适的零件数

电器结构设计确定装配单元中最合适的零件数目，可以从以下 4 个方面考虑：

1）在电器部件设计中，尽量减少不必要的零件。省去该产品一个特有的零件，不仅可以节约生产准备的大量工时，而且节省了机械加工工时，又简化了装配操作，也降低了成本。

2）尽量采用在生产中已经掌握的其他类似电器的零件和结构。

3）规格和尺寸相近的零件尽量统一成同一规格尺寸的零件。这样也可以在制造过程中引进成组加工技术。

4）在装配结构中广泛采用标准件。

如果能认真地按上述要求进行装配，就可以使电器的结构工艺性得到改善。

4.4.2　电器装配方式

在电器制造中，有 5 种不同的装配方式。

（1）完全互换法（或称极值法）装配

采用完全互换法装配，电器的各零件均不需任何选择、修配和调整，装配后即能达到规定的装配技术条件。这需要对各零件规定以适当的精度，列入装配尺寸链的各组成环的公差之和，不得大于封闭环的公差。为了达到互换，零件的制造精度要求很高，给制造带来困难。

如何分配各组成环的公差大小，一般可按经验，视各环尺寸加工的难易程度加以分配。例如，尺寸相近、加工方法相同的，可取公差相等；尺寸大小不同，所用加工方法和加工精度相当的，可用等精度法取其精度等级相等；加工精度不易保证的，可取较大公差值。

（2）不完全互换法（概率法）装配

根据加工误差的统计分析知道，一批零件加工时其尺寸处于公差带中间部分是多数，接近极限尺寸的是少数（基本上符合正态分布曲线）。因此，如按极大极小法计算装配尺寸链中各组成环的尺寸公差，显然是不合理的；如按概率法进行计算，将各组成环公差适当扩大（如扩大 $n-1$ 倍），装配后可能有 0.27%不合格品（少到可以忽略的程度），必要时可通过调换个别零件来解决这些废品问题。

（3）分组互换法装配

分组互换法装配是将按封闭环公差确定的组成环基本尺寸的平均公差扩大 n 倍，达到经济加工精度要求；然后根据零件完工后的实际偏差，按一定尺寸间隔分组，根据大配大、小配小的原则，按对应的组进行互换装配来达到技术条件规定的封闭环精度要求。

（4）修配法装配

修配法装配是用钳工或机械加工的方法修整产品某一个有关零件的尺寸，以获得规定装配精度的方法。而产品中其他有关零件就可以按照经济合理的加工精度进行制造。这种方法常用于产品结构比较复杂（或尺寸链环节较多）、产品精度要求高以及单件和小批量生产的情况。

（5）调整法装配

调整法装配也是将尺寸链各组成环按经济加工精度确定零件公差，由于每一个组成环的公差取得较大，必然导致装配部件超差。为了保证装配精度，可改变一个零件的位置（动调节法），或选定一个（或几个）适当尺寸的调节件（也称补偿件）加入尺寸链（固定调节法），来补偿这种影响。

调整装配法既有修配法的优点，又使修配法的缺点得到改善，使装配工时比较稳定，又易于组织流水生产。

4.4.3　工艺文件的制订

工艺文件，是主要描述如何通过过程控制，实现最终产品的操作文件。应用于生产的叫生产工艺文件，有的称为标准作业流程（Standard Operation Procedure），也有的称为作业指导书（Work Instruction）。

一整套工艺文件应当包括工艺目录、工艺文件变更记录表、工艺流程图和工位/工序工艺卡片。工艺目录，指整个文件的目录；重要的是需要标明当前各文件的有效版本，这个很重要。工艺文件变更记录表，通常是在文件内容变更后，进行走变更流程的记录，这些主要内容有变更的内容页名称、变更的依据文件编号、变更前和变更后的版本。工艺流程图是用图表符号形式，表达产品通过工艺过程中的部分或全部阶段所完成的工作。工位/工序工艺卡片，就是具体到每一个环节，通常为操作者使用，主要内容是操作步骤顺序和方法。

（1）装配工艺规程

装配工艺规程是指导整个装配工作进行的技术文件，是组织产品装配生产的基本依据之一。装配工艺规程内容主要有：

1）根据装配图分析尺寸链，在弄清零、部件相对位置的尺寸关系的基础上，根据生产规模合理安排装配顺序和装配方法，编制装配工艺流程图、工位/工序工艺卡片。

2）根据生产规模确定装配的组织形式。

3）选择设计装配所需的工具、夹具、设备和检验装置。

4）规定总装配及部件装配各工序的装配技术条件和检查方法。

5）规定装配过程的合理输送方式和运送工具方式。

编制装配工艺规程所需的原始资料如下：

1）总装配图和部件装配以及重要零件的零件。

2）产品的技术条件。

3）生产纲领，使所编制的工艺规程与在这种生产规模下的最合适的装配方法和组织形式相适应。

（2）装配工艺流程图

用来表明装配工艺过程的图称为装配工艺流程图。装配工艺流程图能够比较直观、明了地反映出电器装配的顺序，并能清楚地看出各工序间的先后关系，更便于搞好装配的组织工作。图 4-16 为某型塑壳断路器产品的装配工艺流程图。

绘制装配流程图时，首先要深入研究零部件的结构、工作条件和检验技术条件等，编制出装配单元流程图，从而决定这些单元之间的相互关系和各个部件及整个产品的装配顺序，然后规定整个装配过程进行的方法。在装配单元流程图上加上注解，说明所需的补充操作，于是就成为装配工艺流程图。根据该图，可将全部装配过程中每个工步先后次序逐一记录下来，再依据技术和组织上的具体条件，将若干个相邻的工步组合成工序。

安排工序时要注意下列原则：

1）前面的工序不得影响后面工序的进行。

2）先下后上、先里后外、先重后轻、先精密后一般。

3）在流水线的装配中，工序应与装配节奏相协调，完成每一工序所需时间应与装配节奏大致相等，或者为装配节奏的倍数。

4）在完成某些可能产生废品的工序及包括调整工作的工序之后，都必须进行强制检验。

在装配工艺流程图上不易表达的工序和操作的内容，可以加入补充的文字说明。这种装配工艺流程图，配合装配工艺规程，在生产中有一定的指导意义。但主要用在大批、大量生产中，便于组织流水生产，分析装配工艺问题。

（3）电器装配工艺文件的制订

工序卡片是在工艺卡片的基础上分别为每一个工序制定的，是用来具体指导工人进行操作的一种工艺文件。工序卡片中详细记载了该工序加工所必需的工艺资料，如定位基准、安装方法、所用机床和工艺装备、工序尺寸及公差、切削用量及工时定额等。在大批量生产中广泛采用这种卡片。在中、小批量生产中，对个别重要工序有时也编制工序卡片。

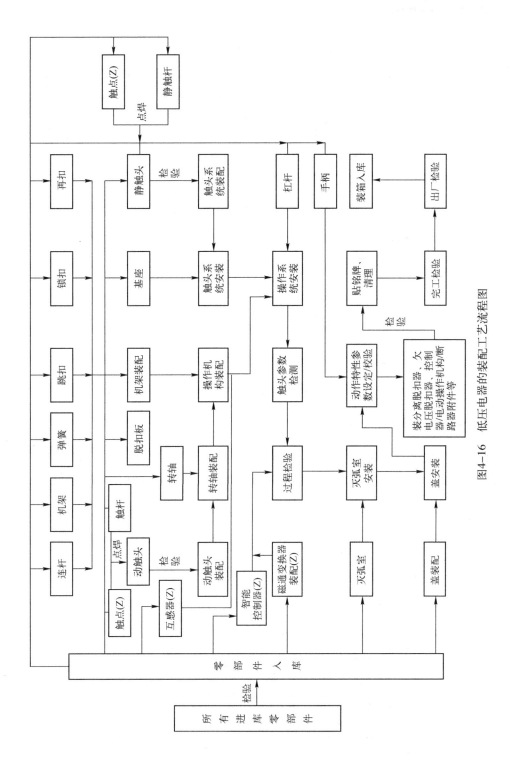

图4-16 低压电器的装配工艺流程图

4.5　低压电器的数字化车间架构

2006 年，美国 ARC 顾问集团总结了以制造为中心、以设计为中心以及以管理为中心的数字制造，并考虑了原材料和能源供应、产品的销售与供应，提出用工程技术、生产制造和供应链 3 个维度来描述工厂的全部活动。如果这些描述和表达能够在这 3 个维度各自贯通，得到实时数据的支持，还能够实时下达指令指导这些活动，并且为实现全面的优化，能够在这 3 个维度之间进行交互，即成为理想的数字化工厂。在此基础上进一步实现产品设计的智能化、产品制造的智能化以及管理的智能化，即成为智能工厂。ARC 的 3 维工厂模型如图 4-17 所示。

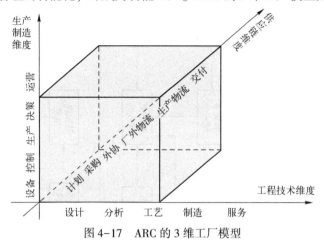

图 4-17　ARC 的 3 维工厂模型

4.5.1　IEC 标准中的企业功能模型

起源于 ISA-95（美国仪表协会制定的标准）的 IEC/ISO 62264 国际标准（对应国标为 GB/T 20720）借鉴了普渡大学的层次模型，提出了制造企业的 5 层功能模型（见图 4-18），并提出了功能性企业控制模型，如图 4-19 所示。

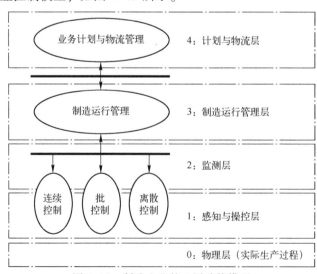

图 4-18　制造企业的 5 层功能模型

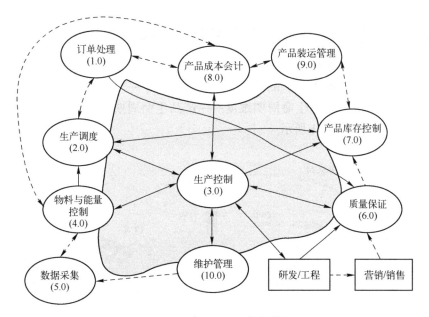

图 4-19 功能性企业控制模型

该标准在国际影响非常大，GB/T 25485—2010《工业自动化系统与集成 制造执行系统功能体系结构》也借鉴了该标准。IEC/ISO 62264 为智能工厂的功能结构分层提供了基本的参考。

4.5.2 德国 RAMI4.0 模型

"工业 4.0"和"工业互联网"对智能化工厂建设提出了方向性指引，德国电工电子与信息技术标准化委员会（DKE）于 2015 年公布了工业 4.0 参考架构模型（RAMI 4.0），如图 4-20 所示，通过 3 个维度对工业 4.0 的架构进行描述。

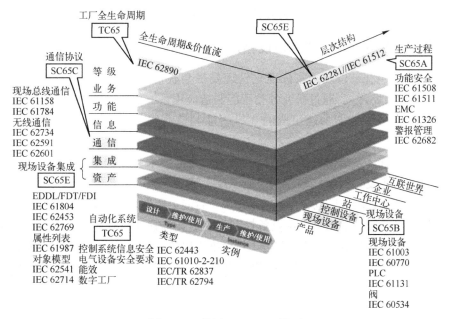

图 4-20 德国 RAMI 4.0 模型

4.5.3　美国 NIST 的智能制造系统（SMS）体系架构

2016 年 2 月，美国国家标准与技术研究院 NIST 工程实验室系统集成部门发表了一篇名为"智能制造系统现行标准体系"的报告。该报告提供了一个对智能制造的检验标准，包括用于集成和跨越的 3 个制造生命周期维度——产品生命周期、生产系统生命周期和业务（商业）生命周期，如图 4-21 所示。

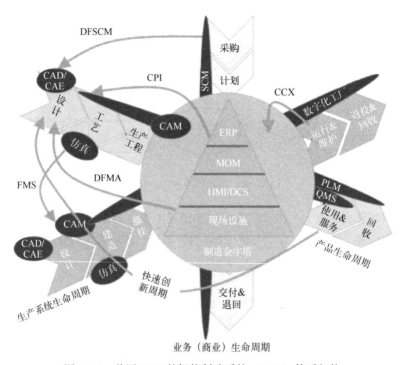

图 4-21　美国 NIST 的智能制造系统（SMS）体系架构

4.5.4　国家智能制造标准体系建设指南

我国工业和信息化部以及国家标准化管理委员会联合发布了《国家智能制造标准体系建设指南（2018 年版）》，通过研究各类智能制造应用系统，提取共性抽象特征，构建了由生命周期、系统层级和智能功能组成的 3 维智能制造系统。智能制造系统架构如图 4-22所示。

该智能制造标准体系结构包括"基础共性""关键技术"和"重点行业"3 个部分，其中，关键技术标准主要包括智能装备、智能工厂、智能服务、工业软件与大数据、工业互联网 5 个部分。具体到智能工厂范畴，该指南指出：智能工厂是以打通企业生产经营全部流程为着眼点，实现从产品设计到销售，从设备控制到企业资源管理所有环节的信息快速交换、传递、存储、处理和无缝智能化集成。智能工厂标准主要包括智能工厂建设规划、系统集成、智能设计、智能生产、智能管理和智能物流 6 个部分。数字化车间可以说是智能工厂的一个子集。

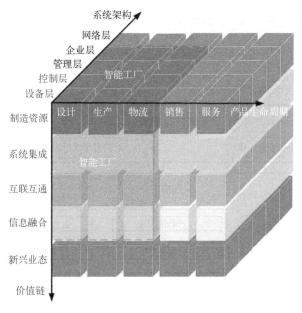

图 4-22 智能制造系统架构

4.5.5 小型断路器数字化车间的特殊要求

小型断路器数字化车间的特殊要求，主要集中在以下 4 个方面：

1）小型断路器的零部件生产、产品组装、产品检验和包装的全部工艺流程，可在同一车间内完成。在调研中发现，电力设备的其他元器件生产，如高压电器设备、成套电力设备均需要多个车间协同才能完成整个产品的生产制造。高压电器设备受工艺流程特点，其智能制造主要体现在零部件生产阶段，产品组装、产品检测均无法实现流程化生产。成套电力设备，受制于其个性化定制要求，目前尚未实现全流程的自动化生产。小型断路器作为用户端电气元件的典型产品，从生产制造角度，其生产流程最为全面，最具有代表性，研究小型断路器的制造流程，对于用户端其他类产品，诸如塑壳断路器、框架断路器、接触器等元器件智能制造具有借鉴意义。

2）小型断路器受产品认证及质量体系要求，在自动化生产中要实现数字化在线检测。根据小型断路器标准要求，小型断路器常规试验包括瞬动、延时和耐压，全部均需在线完成，其检测要求和检测结果要直接与工艺执行和质量控制相关联。其他机电类产品检测大多为抽样检测，或者受工艺限制只能在线下完成，如高压类产品。

3）小型断路器设备多样复杂，要借助网关和中间件实现系统集成。小型断路器的生产设备由于接口不统一，需要通过网关设备和中间件实现系统集成。对于已经具备以太网接口的设备，直接采用中间件实现数据的接入；对于不具备以太网接口的设备，采用网关实现设备接口到以太网的数据接入。

4）小型断路器数字化车间采用统一数据库实现数据共享和互联互通，实现几大软件系统的数据共享和互联互通，避免数据的信息孤岛和数据库的重复建设，未来也可以实现数据库线下到云端的共享。

4.5.6 小型断路器的数字化车间模型

根据小型断路器数字化车间的生产及工艺要求，包括基础环境要求、功能模块要求和系统集成要求，确定小型断路器数字化车间体系架构，如图4-23所示。

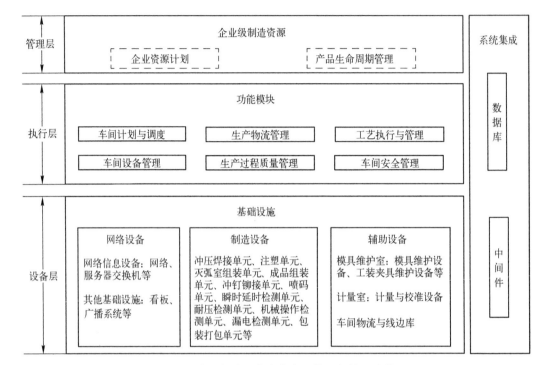

图4-23 小型断路器数字化车间体系架构层次模型

小型断路器数字化车间体系架构分为管理层、执行层和设备层。

管理层包括产品生命周期管理（PLM）和企业资源计划（ERP）等系统。

执行层主要包括车间计划与调度、车间安全管理、工艺执行与管理、生产物流管理、生产过程质量管理和车间设备管理。执行层对生产过程中的各类业务、活动或相关资产进行管理，实现车间制造过程的数字化、精益化及透明化。

设备层主要包括网络设备、制造设备和辅助设备。网络设备包括网络信息设备、看板系统等。制造设备包括数字化加工设备、数字化装配设备、数字化检测设备及数字化包装设备。辅助设备包括车间物流与线边库、模具维护设备、工装夹具维护设备和计量与校准设备等。基础设施是承载数字化车间业务运行和信息集成的基础，数字化制造设备是执行生产、检验和物料运送等任务和反馈的终端。

小型断路器数字化车间设备层物料与物料之间、设备与设备之间一般不直接建立数据交互关系，设备与物料之间需建立数据交互，设备与执行层各功能模块间需建立数据交互。小型断路器数字化车间各功能模块之间，功能模块与管理层、设备层之间，均可通过中间件和数据库进行系统集成。

4.6 小型断路器数字化制造设备

1. 数字化加工设备

小型断路器数字化加工包括零件加工和部件加工。零件加工如弹簧、接线端子和动静触头等；部件加工如磁脱扣系统、热脱扣系统等。零部件加工宜使用具有数字化功能的车床、钻床等切削设备、冲压机、注塑机、3D打印机、焊接和电镀等设备。

2. 数字化装配设备

小型断路器数字化装配设备包括自动灭弧室组装设备、自动热脱扣系统组装设备、自动磁脱扣系统组装设备、自动成品总装设备、自动装订设备、自动铆合设备和自动喷码设备。成品总装主要通过灭弧室、热脱扣系统、磁脱扣系统、操作机构及壳体的自动组装等自动化生产环节实现。

3. 数字化检测设备

小型断路器数字化车间检测设备包括自动延时特性校验设备、自动瞬时特性校验设备和自动耐压特性校验设备等。上述数字化检测设备必须具备在线或离线检测、存储和显示等功能。

4. 数字化包装设备

小型断路器数字化车间包装设备包括自动移印设备、自动折包装盒设备、产品本体扫码设备、自动装产品设备、放说明书设备和自动封箱扫码设备等。

5. 制造设备硬件要求

小型断路器数字化车间制造设备硬件应满足如下要求：

1）设备布局合理，工作可靠，便于维修。

2）设备单元应具备安全联锁装置，设备开启时联锁装置应闭锁。

3）机械运行、启动运行、传动运行区需安装防护装置，可能产生安全隐患的需在明显位置贴安全标识。

4）宜具备与工业以太网互联的端口。

5）应设置手动紧急停止开关。

6. 制造设备软件要求

小型断路器数字化车间制造设备软件应满足如下要求：

1）软件运行、测试功能良好。

2）界面友好、直观，满足使用要求。

3）设备单元应具备与执行层对接的功能模块，即具备生产数据（生产量、规格）、设备OEE指标（故障次数、故障类型、停机时间）、合格率信息实时记录并统计的功能。

4）通过工业以太网络以及现场总线实现联网，可以与执行层系统进行数据交互。

5）设备应具有权限管理，并可根据实际情况调整。

7. 制造设备功能要求

在小型断路器数字化车间中，各类制造设备不再作为独立设备运行，而是作为车间的一个组成部分与其他设备共同协作运行，接受车间管理模块的统一调度管理。实现的数字化功能可分为如下两大方面。

（1）数据采集

1）生产信息：用于描述该制造设备在进行某一生产过程相关的信息，如工件名称、工艺参数、加工时间及工件计数等。

2）设备状态信息：用于描述制造设备的运行状态、工作状态和组件状态等相关信息，如开机状态、设备总运行时间和操作模式等。

3）故障报警及信息：用于描述制造设备异常时产生的故障和报警相关信息，如报警代码、报警内容、持续时间和频次等。

4）设备感知功能：根据传感器等上传的信息自动完成自诊断及调整，即自适应和自诊断功能。

5）互联互通功能：具备开放接口，方便实现数据的上传下达。

6）其他信息：用于描述各种制造设备特有的数据信息。

（2）操作功能

1）文件访问：支持工厂管理系统对制造设备进行文件类数据进行（读写、修改、删除、复制和移动等）操作，例如，从检测设备中将测量结果文件上载至服务器等。

2）诊断和调试：支持远程对数字化制造设备进行故障诊断及操作调试，以便于快速维修。

3）操作权限：数字化制造设备应具备权限管理功能，可以区分操作人员、维护人员及编程人员等操作权限，避免由于误操作对设备或生产造成损失。

4）数据缓存：支持数字化制造设备保存一定时间的历史数据，以确保意外离线时仍然能够保持数据的连续性、完整性。

5）操作追溯：支持记录数字化制造设备的操作历史，便于装备发生故障时进行追溯。

6）时钟同步：确保设备与整个车间网络内其他设备保持同一时钟，以免发生记录混乱。

7）归档：支持工厂管理系统定期对制造设备中的重要数据，如调试数据、加工程序及配置信息等归档保存进行管理，以便于由于数字化制造设备更换、维修后，可快速恢复生产。

8）其他：用于实现各种制造设备特有的操作功能。

4.7 数字化车间的辅助设备

4.7.1 车间物流与线边库及要求

小型断路器数字化车间具有如下功能。

1）物料输送自动化系统应能与仓库进行数据交互，使整个生产过程中的物料供应能实现准时、准点且准量。

2）物料输送自动化系统应对物料的输送进行实时监测。

3）小型断路器数字化车间推荐使用线边库，应至少具有如下功能：

① 应具有库存实时监控功能，并能进行人工库存查询。

② 应具有库存量上下限及物料超时留存警告。

③ 应能进行条形码扫描管理。

④ 应具有用料分析功能，以及时反馈仓库进行补料。

4.7.2 模具和工装夹具及要求

小型断路器数字化车间的模具和工装夹具主要与制造设备配套使用，宜具有电子标签（用于存储信息），推荐采用 RFID 技术、条码读取及解码技术，记录模具、工装夹具进行加工、维修、维护或计量的信息，信息自动存储至模具 BOM、工装夹具 BOM 中。模具和工装夹具需要为车间设备管理模块提供用于统计、分析、监控等所需的基础数据，包括以下几个方面。

1）设备状态信息：用于描述加工设备的运行状态、工作状态及组件状态等相关信息，如开机状态、设备总运行时间和操作模式等。

2）故障报警信息：用于描述加工设备异常时产生的故障和报警的相关信息，如报警代码、报警内容、持续时间和频次等。

4.7.3 计量与校准设备及要求

根据质量管理要求，需要对车间相关设备进行计量和校准，接受车间设备管理模块下达的计量和校准维护要求，部分设备需要申请第三方计量机构进行计量校准服务。计量校准包括计量校准电源、计量仪器仪表、计量校准负载及计量校准软件等，计量和校准所需的设备和软件能够接受第三方认证机构的定期/不定期计量审核。

4.8 数字化车间的信息平台

数字化车间信息平台及各模块间的关系如图 4-24 所示。

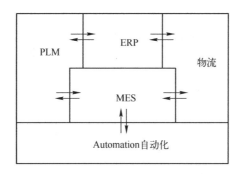

图 4-24 信息平台各模块间的关系

4.8.1 网络信息设备及要求

小型断路器数字化车间网络信息设备包括但不限于服务器、交换机、网关、存储设备及安全设备等，应能支持语音、图像、视频和控制等信息的传递。小型断路器数字化车间基础设施网络架构示意如图 4-25 所示。

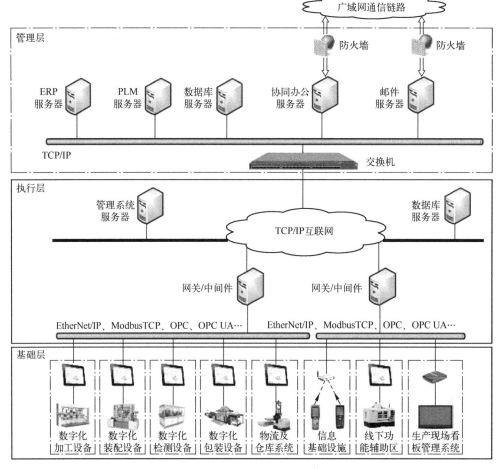

图 4-25 数字化车间基础设施网络架构示意图

（1）环境要求

小型断路器数字化车间网络信息设备推荐使用工业级产品，能应用于高温（40~50℃）、潮湿（95% R.H.）、电磁干扰（A类）、振动（10 G 峰值加速度，11 ms 间隔）、腐蚀气体以及灰尘等恶劣环境中。

（2）通信接口要求

小型断路器数字化车间网络信息设备推荐使 EtherNet/IP、Modbus TCP、OPC、OPC UA 等工业级以太网通信接口。

（3）设备监测及维护要求

小型断路器数字化车间网络信息设备监测记录宜符合下列要求：

1）建立日常硬件监测、维护计划。结合硬件设备性能参数表，明确每天需要监测的硬件参数并记录。

2）网络与设备管理，应具有对数字化装备、网络进行管理，收集、监测网络内的监控设备、相关服务器的运行情况。

3）网络信息安全管理，应具备保证信息安全的各项措施。

4）日志管理，支持日志信息的查询和报表制作等功能。

5）监控智能化，宜在系统中尽可能多地采用智能化处理技术。

6）移动/无线监控。作为对固定/有线网络形式的补充，扩大监控区域，方便用户实时了解数字化车间运行情况，系统宜能支持基础设施设备的移动/无线接入和使用。

7）当监测到设备及系统发生故障后，维护机构应及时做出响应和初步判断，并根据故障的严重程度制定维修计划，重要设备及系统的故障应在协商约定时间内予以排除。

4.8.2 看板系统及要求

小型断路器数字化车间、数字化设备和各生产工位应具备现场看板，对目标产品工艺、生产过程、检测及包装过程的关键参数生产统计分析看板等进行可视化管理，看板宜具有工位管理看板、生产计划及配送看板和生产数据统计看板。也可使用 PDA、平板电脑、移动多媒体设备等移动终端。

看板应实现生产调度及物流管理信息等看板管理功能：

1）工位管理看板功能包括作业指导书、图样、工艺流程、生产求助信息及生产安全注意事项等的显示。

2）生产计划及配送看板功能包括生产任务计划和物料配送计划等的显示。

3）生产数据统计看板功能包括实时数字化制造设备运行状态（例如，运行/故障/维护、维修状态等）、生产统计数据（例如，目标产品产量、日/月产量、目标达成率、设备综合效率等）及品质统计数据（例如，产品合格率、产品一次通过率等）等的显示。

4.8.3 广播系统及要求

广播系统及功能要求如下。

1）情景模式：支持音乐广播、通知广播和应急广播等多种模式，具备分区广播功能。

2）报警联动：具有消防联动报警触发接口，发生火灾、地震或事故等突发情况时，可以从日常广播模式切换到紧急广播模式，对涉及区域进行分区广播。

3）音频输入：具备通用输入接口，支持外部音频媒介。

4）信息存储：可存储不少于 24 h 的播放内容。

5）掉电稳定：掉电等极端条件下也不影响时钟运行，保持已有内存资源。

4.9 数字化车间的系统集成

根据小型断路器数字化车间各层级之间，以及执行层各模块之间的数据通信与系统集成，确定小型断路器数字化车间信息流传输，如图 4-26 所示。

管理层 ERP 系统到执行层车间计划与调度模块的信息流包括生产规划、车间生产计划/车间订单。执行层车间计划与调度模块到管理层 ERP 系统的信息流包括排产结果、生产运行结果反馈及生产完工预警。

管理层 ERP 系统到执行层生产物流管理模块的信息流包括库存信息。执行层生产物流管理模块到管理层 ERP 系统到的信息流包括采购/配送需求。管理层 ERP 系统到执行层车间安全管理模块的信息流包括人员信息。管理层 PLM 系统到执行层工艺执行与管理模块的信息流包括数字化工艺信息。

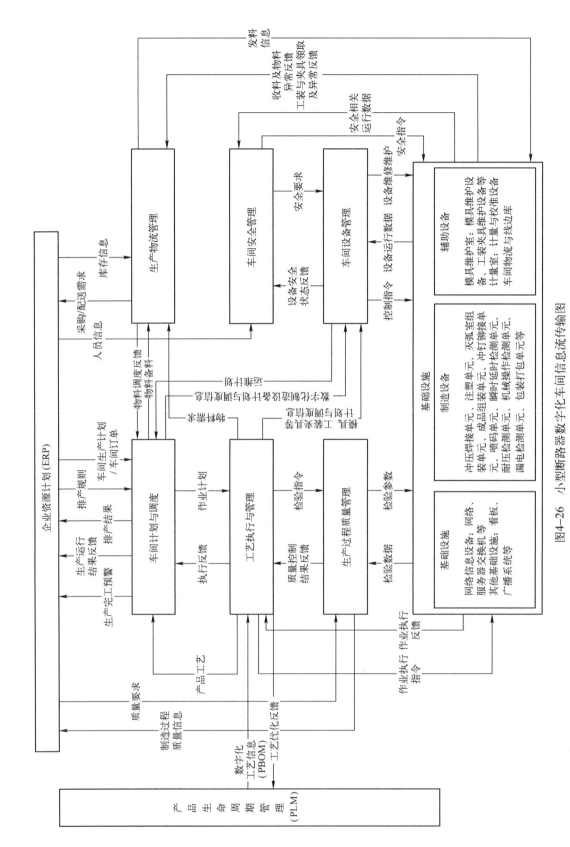

图4-26 小型断路器数字化车间信息流传输图

178

执行层各个模块之间的信息流重点关注小型断路器的可靠性和一致性。

小型断路器数字化车间的管理层企业级制造资源模块、执行层功能模块均支持开放数据库的接入。小型断路器数字化车间设备层数字化设备应用软件采用中间件实现与数据库的接入。

管理层企业级制造资源模块、执行层功能模块与设备层数字化设备均通过开放数据库实现数据共享和互联互通。小型断路器数字化车间的数据库分为实时数据库和关系数据库。

对于在线数据,宜采用实时数据库(大规模数据的并发缓存、原始数据采集存储)。对于经处理的可关联数据宜采用关系数据库。由实时数据库向关系数据库导入数据的过程中,需要对数据进行预处理,即原始采集数据按规则进行数据的过滤、剔除处理过程。对于离线数据,由于数据实时性滞后和数据量少的特点,通常直接采集到关系数据库。

实时数据库与关系数据库对采集数据的存储方式及相互关系如图4-27所示。

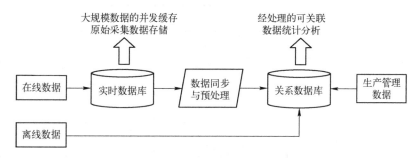

图4-27 数据采集存储方式及相互关系

实时数据库嵌入在设备层的数字化加工、数字化装配、数字化检测、数字化包装、数字化物流以及数据采集装置等设备的应用软件中,用于采集和存储生产现场实时性较高的数据,根据既定逻辑控制设备动作,并向执行层提供所需信息,其功能要求包括:

1)能够实现通过OPC Server与执行层、管理层模块进行数据交换。

2)身份认证和权限管理,应具有对接入的用户进行授权和认证的功能。

3)降低重复数据,减少数据冗余,保证数据的一致性。

4)具有完整性控制功能,保证数据的正确性、有效性和相容性。

5)具有故障恢复机制,可及时发现物理上或者逻辑上的错误并修复,防止数据被破坏。

6)可设置分布式数据库,支持执行层的数据调用。

关系数据库主要用于管理离散数据和预处理数据,以及经过数据同步和预处理后的实时数据的存储功能。为满足执行层和管理层的数据交换,执行层和管理层宜采用同一数据库,推荐使用支持标准SQL语言的数据库产品,功能要求包括:

1)身份认证和权限管理,应具有对接入的用户进行授权和认证的功能。

2)降低重复数据,减少数据冗余,保证数据的一致性。

3)具有安全控制功能,以防止数据丢失、错误更新和越权使用。

4)具有完整性控制功能,保证数据的正确性、有效性和相容性。

5)具有并发控制功能,使在同一时间周期内,允许对数据实现多路存取。

6）具有故障恢复机制，可及时发现物理上或逻辑上的错误并修复，防止数据被破坏。

中间件是小型断路器数字化车间中设备层数字化设备与执行层，或者数字化设备与数据库之间进行数据传递的独立系统软件或服务程序。中间件应能实现不同数字化设备及系统的互联、互通和互控，实现生产信息的采集、传输和转换。中间件应具备如下功能要求：

1）通信协议转换功能。中间件可以实现但不限于 Modbus TCP、EtherNet/IP 等工业以太网通信协议到数据库，以及 OPC、OPC UA 到数据库的转换。工业以太网通信协议的服务、功能的描述应符合 GB/T 9387.1—1998 等标准。

2）可运行于不同操作系统平台；支持跨网络、硬件和操作系统平台的数据传递。

小型断路器数字化车间系统集成架构如图 4-28 所示。

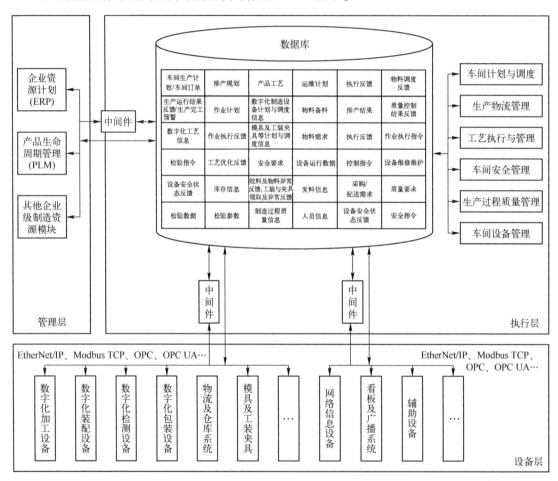

图 4-28　小型断路器数字化车间系统集成架构

4.10　小型断路器数字化车间数据字典

小型断路器数字化车间设备在通信中传送信息的参数项、数据类型、单位和语义描述等详见表 4-12。小型断路器数字化车间设备的参数无法详列，表 4-12 中给出了部分典型参数，是否保留由制造商申明，差异部分由制造商直接在产品使用手册或说明书中说明。

表 4-12　小型断路器数字化车间制造过程数据字典

序号	参 数 项	类 型	单位	语 义	备 注
1	制造时间（年、月）	WORD	—	设备出厂年份	数字化生产线设备描述
2	制造时间（日、时）	WORD	—	设备出厂日期	
3	额定频率	UINT	Hz	设备工作额定频率	
4	额定电流	UINT	A	设备工作额定电流	
5	额定电压	UINT	V	设备工作额定电压	
6	工作环境温度	SINT	℃	设备工作环境温度	
7	设备描述 ID	SBRING24	—	设备于企业中的标识码	
8	设备描述版本	SBRING4	—	设备版本序列号	
9	设备描述出版日期	SBRING10	—	设备描述出版日期时间	
10	制造商 ID	SBRING32		设备制造商序列号	
11	出厂编号	SBRING32	—	设备出厂序列号	
12	产品版本号	SBRING8	—	设备版本序列号	
13	控制单元版本号	SBRING8	—	设备控制单元序列号	
14	硬件版本号	SBRING8	—	设备硬件序列号	
15	软件版本号	SBRING8	—	设备软件序列号	
16	频率	UINT	Hz	数字化生产线工作频率	数字化生产线设备工作状态
17	电流	UINT	A	数字化生产线工作电流	
18	电压	UINT	V	数字化生产线工作电压	
19	环境温度	SINT	℃	数字化生产线工作温度	
20	工作时间	UINT	—	数字化生产线工作时间	
21	工作节拍	UINT	次/s	数字化生产线工作节拍	
22	故障次数	UINT	次	数字化生产线故障次数	
23	系统时间（年、月）	WORD	—	当前日期（年、月）	系统时间设置
24	系统时间（日、时）	WORD	—	当前时间（日、时）	
25	系统时间（分、秒）	WORD	—	当前时间（分、秒）	
26	塑料流速	UINT	mm/s	注塑设备供料速度	注塑参数
27	注塑压力	UINT	kPa	注塑设备注塑压力	
28	模具温度	UINT	°C	注塑设备模具当前温度	
29	注塑时间	UINT	s	注塑设备注塑所需时间	
30	冷却时间	UINT	s	注塑设备模具冷却时间	
31	注塑成品时间	UINT	s	注塑设备产出成品时间	
32	注塑产出数	UNIT	个	注塑设备产出成品数量	
33	注塑不良数	UINT	个	注塑设备产出不良个数	
34	冲压速度	UINT	mm/s	冲压设备冲压速度	冲压参数
35	送料速度	UINT	mm/s	冲压设备每次供料速度	
36	送料行程	UINT	mm	冲压设备每次供料行程	

序号	参 数 项	类 型	单位	语 义	备 注
37	冲压角度	UINT	°	冲压设备冲压角度	
38	电极压力	UINT	kPa	电焊设备电极产生压力	电焊参数
39	焊接电流	UINT	A	电焊设备工作电流	
40	焊接时间	UINT	s	电焊设备完成成品时间	
41	材料厚度	UINT	mm	当前电焊材料厚度	
42	装订铆合压力	UINT	kPa	装订铆合工作压力	装订铆合参数
43	装订铆合强度	UINT	N	装订铆合工作强度	
44	装订铆合节拍	UINT	个/s	装订铆合成品时间	
45	喷码移印位置（X）	UINT	mm	喷码 X 轴位置	喷码移印参数
46	喷码移印位置（Y）	UINT	mm	喷码 Y 轴位置	
47	喷码移印位置（Z）	UINT	mm	喷码 Z 轴位置	
48	喷码移印节拍	UINT	个/s	喷码完成一次时间	
49	装配节拍	UINT	个/s	装配成品完成时间	装配参数
50	工作半径	UINT	mm	装配所需工作半径	
51	回转速度	UINT	mm/s	装配设备回转速度	
52	伸缩行程	UINT	mm	装配机械手臂伸缩行程	
53	装配位置（X）	UINT	mm	装配设备工作 X 轴位置	
54	装配位置（Y）	UINT	mm	装配设备工作 Y 轴位置	
55	装配位置（Z）	UINT	mm	装配设备工作 Z 轴位置	
56	焊接尺寸	UINT	mm	焊接具体位置参数	
57	超程	UINT	mm	动触头超行程的距离	
58	气隙尺寸	UINT	mm	电气间隙的长度	
59	双金属片位置	UINT	mm	双金属片的位置参数	
60	零件是否漏装	BOOL	—	称重比对	
61	长延时电流整定值	UINT	A	延时检测长延时电流设定值	检验参数
62	长延时时间整定值	UINT	s	延时检测长延时时间设定值	
63	短延时电流整定值	UINT	A	延时检测短延时电流设定值	
64	短延时时间整定值	UINT	ms	延时检测短延时时间设定值	
65	瞬动电流整定值	UINT	A	瞬时检测电流设定值	
66	耐压整定值	UINT	V	耐压检测压力设定值	
67	泄漏电流值	UINT	mA	泄漏电流检测设定值	
68	耐压时间整定值	UINT	s	耐压检测时间设定值	
69	包装节拍	UINT	个/s	包装完成单个成品时间	包装打包参数
70	包装时间（年、月）	WORD	—	包装完成年、月	
71	包装时间（日、时）	WORD	—	包装完成日、时	
72	包装时间（分、秒）	WORD	—	包装完成分、秒	

序号	参 数 项	类 型	单位	语 义	备 注
73	入库时间（年、月）	WORD	—	采购物料入库年、月	
74	入库时间（日、时）	WORD	—	采购物料入库日、时	
75	入库时间（分、秒）	WORD	—	采购物料入库分、秒	
76	配送时间（年、月）	WORD	—	生产物料配送年、月	
77	配送时间（日、时）	WORD	—	生产物料配送日、时	
78	配送时间（分、秒）	WORD	—	生产物料配送分、秒	
79	配送完成时间（年、月）	WORD	—	生产物料配送完成年、月	
80	配送完成时间（日、时）	WORD	—	生产物料配送完成日、时	
81	配送完成时间（分、秒）	WORD	—	生产物料配送完成分、秒	
82	配送数量	UINT	个	生产过程所需原料数量	
83	配送设备 ID	SBRING32	—	配送设备序列号	
84	工单号	SBRING32	—	生产工单序列号	
85	生产班次	WORD	—	生产工作班次（白班、夜班）	
86	生产设备 ID	SBRING32	—	生产设备序列号	
87	成品仓 ID	SBRING32	—	生产成品存放区域序列号	
88	原料仓 ID	SBRING32	—	采购原料存放区域序列号	

第5章 低压电器的测试技术

5.1 低压电器测试概述

按照低压电器的产品分类方法，低压电器的主要测试标准分别为 GB/T 14048 系列、GB/T 17701、GB/T 10963 系列、GB/T 16916 系列、GB/T 16917 系列和 GB/T 13539 系列等标准。由于产品的性能指标和预期用途不尽相同，有关低压电器测试的项目和过程也存在一定的差异。

为便于理解，本书运用"逻辑化"的梳理和汇总手段，将低压电器测试项目分为环境适应性、软件适用性、安规测试、性能测试和电磁兼容测试 5 个方面。低压电器测试项目汇总如图 5-1 所示。

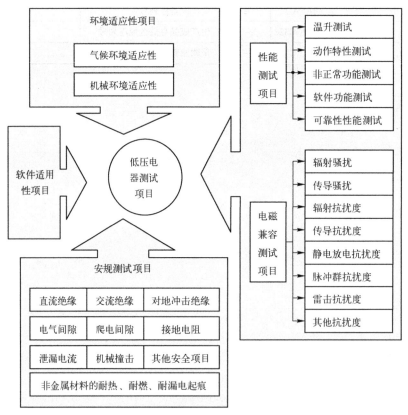

图 5-1 低压电器测试项目汇总

环境适应性测试项目分为机械环境适应性和气候环境适应性测试；安规测试项目分为直流绝缘电阻测试、交流绝缘工频耐压测试、对地冲击绝缘耐压测试、电气间隙和爬电距离测试、接地电阻测试、泄漏电流测试、机械撞击测试、非金属材料的耐热、耐燃和耐漏电起痕性测试等项目；性能测试项目包括温升测试、动作特性测试、非正常功能测试、机械和电气寿命测试、可靠性性能测试等项目；电磁兼容测试项目包括辐射骚扰、传导骚扰、射频场的辐射抗扰度测试、射频场的传导抗扰度测试、静电放电抗扰度测试、电快速瞬变脉冲群抗扰度测试、雷击（冲击）抗扰度测试、工频磁场抗扰度测试和周波跌落抗扰度测试等项目。

验证低压电器性能的试验主要为型式试验和常规试验。低压电器的种类和壳架等级较多，考虑到成本和时间周期的因素，针对每个型号的低压电器产品进行型式试验是一种非常不经济的方案。低压电器行业通常选取典型的试验程序和样品进行性能验证。

为说明这种性能验证的逻辑关系，本书以断路器为例进行介绍，其他产品的试验程序和样品数量请查阅相应的产品标准。断路器的试验程序分类见表5-1，断路器的样品选择原则见表5-2。

表 5-1　断路器的试验程序分类表

试 验 程 序	适 用 于		试 验
I 一般工作特性	全部断路器		脱扣极限和特性 介电性能 机械操作和操作性能能力 过载性能（如适用） 验证介电耐受能力 验证温升 验证过载脱扣器 验证欠电压和分励脱扣器（如适用） 验证主触点位置指示（如适用）
II 额定运行短路分断能力	全部断路器		额定运行短路分断能力 操作性能能力 验证介电耐受能力 验证温升 验证过载脱扣器
III 额定极限短路分断能力	使用类别A的全部断路器和使用类别B带瞬时超越的断路器		验证过载脱扣器 额定极限短路分断能力 操作性能能力 验证介电耐受能力 验证过载脱扣器
IV 额定短时耐受电流能力	使用类别B的断路器		验证过载脱扣器 额定短时耐受电流 验证温升 最大短时耐受电流时的短路分断能力 验证介电耐受能力 验证过载脱扣器
V 带熔断器的断路器性能	带熔断器的断路器	第一阶段	选择性极限电流下的短路 验证温升 验证介电耐受能力
		第二阶段	验证过载脱扣器 交流电流下的短路 额定极限短路分断能力下的短路 验证介电耐受能力 验证过载脱扣器

试验程序	适用于	试验
Ⅵ 综合试验程序	使用类别 B 的断路器 当 $I_{cw}=I_{cs}$（代替程序Ⅱ和程序Ⅳ） 当 $I_{cw}=I_{cs}=I_{cu}$（代替程序Ⅱ、程序Ⅲ和程序Ⅳ）	验证过载脱扣器 额定短时耐受电流 额定运行短路分断能力 操作性能能力 验证介电耐受能力 验证温升 验证过载脱扣器
单极短路试验程序	用于相接地系统的断路器	单极的短路分断能力 I_{su} 验证介电耐受能力 验证过载脱扣器
单极短路试验程序	用于 IT 系统的断路器	单极的短路分断能力（I_{1T}） 验证介电耐受能力 验证过载脱扣器

表 5-2　断路器的样品选择原则

试验程序	标志的额定电压 U_e 个数			端子标记电源/负载		试品数量	试品编号	电流整定值		试验电压	试验电流		验证温升	注
	1个	2个	多个	有	无	—	—	最小	最大		相应	最大		a
Ⅰ	■	■	■	■	■	1	1		■	U_e 最大值	–	–	■	h、j
Ⅱ（I_{cs}）和Ⅲ（综合）	■			■		2	1		■	U_e	■		■	h、i、j
							2	■		U_e	■			b
	■				■	3	1		■	U_e	■			h、i、j
							2	■		U_e	■			b
							3		■	U_e	■			c、j
		■		■	■	3	1		■	相应的 U_e 最大值		■		h、i、j
							2	■		相应的 U_e 最大值		■		b
							3		■	U_e 最大值			■	c、j
			■	■	■	4	1		■	相应的 U_e 最大值		■		h、i、j
							2	■		相应的 U_e 最大值		■		b
							3		■	U_e 中间值	■			f、j
							4		■	U_e 最大值	■			d、j
Ⅲ（I_{cu}）	■			■		2	1		■	U_e	■			h
							2	■		U_e	■			b
	■				■	3	1		■	U_e	■			h
							2	■		U_e	■	■		b
							3		■	U_e	■			c
		■		■	■	3	1	■		相应的 U_e 最大值		■		h
							2		■	相应的 U_e 最大值				b
							3		■	U_e 最大值	■			c
			■	■	■	4	1		■	相应的 U_e 最大值		■		h
							2		■	相应的 U_e 最大值		■		b
							3	■		U_e 中间值	■			f
							4	■		U_e 最大值	■			d

186

试验程序	标志的额定电压 U_e 个数			端子标记 电源/负载		试品数量	试品编号	电流整定值		试验电压	试验电流		验证温升	注
	1个	2个	多个	有	无	—	—	最小	最大		相应	最大		a
IV (I_{cw})	同试验程序III													e
V (I_{cu})	■	■	■	■	■	2	1		■	U_e 最大		■		g、h、j
							2	■		U_e 最大		■		b
单极 (I_{su})	■	■	■	■	■	2	1		■	U_e 最大	I_{su}			h
							2	■		U_e 最大				—
单极 (I_{1T})	■	■	■	■	■	1			■	U_e 最大	I_{1T}			h

注：
a. 对于一个给定壳架等级 I_n，在可调过载脱扣器的情况下，最小是指最小 I_n 的最小整定值，最大是指给定壳架等级的最大 I_n。

b. 在下列情况下，此样品可省去：①在一给定壳架等级中，断路器只有一个不可调电流整定值；②断路器只装分励脱扣器（即没有内装过电流脱扣器）；③带电子过电流保护的断路器，对一给定壳架等级有一个仅靠电子方法调整电流整定值（即不变换传感器）。

c. 接线相反。

d. 接线相反，如端子无标记。

e. 适用于 B 类断路器，也适用于部分特殊类型的 A 类电路器。

f. 与试验站和制造商协商。

g. 如果端子无标记，则应在附加试品上进行接线相反试验。

h. 在同一壳架等级中有一个或一个以上结构段的情况下，在对相应于每结构的最大额定电流下，应按试品 1 的试验条件在增加样品上进行试验。

i. 注 h 的要求仅适用于综合试验程序。

j. 如果 I_n 值因为外部载流部件（即可更换的端子或抽屉座连接）不同而有差异的断路器，这种连接的最小和最大额定值应承受全部程序。程序完毕后最大额定值样品应对每种外部载流部件增加温升验证。

5.2 低压电器的温升测试

低压电器的热源主要来自主电路导电元器件工作时产生的热能、控制电路导电元器件动作过程中产生的热能及控制电路绕组工作时产生的热能。关注和控制低压电器的热源至少有 3 个目的：①温度与绝缘材料的寿命负相关，过高的温度会加速绝缘材料的老化、破坏低压电器的绝缘系统，从而影响低压电器的使用寿命；②低压电器某些位置的热量会以热传导的方式传递到其他零部件或位置上，过高的温度会导致其他零部件不能正常工作，比如过高的温度会导致温度保护传感器的动作；③低压电器外壳表面的热量会以辐射的方式传递到周围的空气或设备上，对于温度敏感的设备在此环境中也会出现工作不正常的现象。为控制上述热源的大小，低压电器行业结合产品的特点制定了针对低压电器热源的温升测试方法，具体包括测量位置、测量方式和温度限值等。

温升测试的试验设备包括电阻测试仪、温度测试仪和秒表。测试时的供电电源、试验负载需满足测试的要求。

一般情况下，温升测试除线圈和电磁铁绕组的温升采用测量冷热态电阻从而计算温升以外，其余的温度均采用温度测试仪进行直接测量而获取。常用的温度测量仪包括膨胀式温度计、指针式温度计、半导体温度计、传感器式温度计和红外线测温仪等。

传感器式温度计的传感元件主要包括热电偶、热电阻和光纤温度传感器等。热电偶是温升测试应用最多的一种热传感器，热电偶传感器由两种不同材料的导体组成一个闭合回路，当两个闭合回路的结合点出现温度差时，该回路就会在"热电效应"的影响下产生电动势和电流，测量电动势或电流便可通过一定的运算得到热电偶结合点的温度。热电阻是基于某些特定电阻的阻值随着温度的变化而按照一定规律发生变化的性质而工作的。光纤温度传感器采用一种和光纤折射率相匹配的高分子温敏材料涂覆在两根熔接在一起的光纤外面，使光能由一根光纤输入至该反射面，并从另一根光纤输出，由于这种新型温敏材料受温度影响，折射率发生变化，因此输出的光功率与温度呈函数关系。

用来反映温度传感器在测量温度范围内温度变化对应传感器电压或者阻值变化的标准数列被称为分度号。以热电偶为例，热电偶的分度号主要有 S、R、B、N、K、E、J、T、WRe 和 WFT 等几种。其中 S、R 和 B 属于贵金属热电偶，N、K、E、J 和 T 属于廉金属热电偶。

常用热电偶传感器的性能及特点见表 5-3。

表 5-3　常见热电偶传感器对比表

传感器类型	材　质	测温范围	分　度　号	特　　点
铜-康铜热电偶	铜-康铜	0~200℃	T	稳定性好、灵敏度高、制作简单、价格低廉
镍铬-镍硅热电偶	镍铬-镍硅	0~200℃	K	
铜热电阻	铜	-50~150℃	G、CU50、CU50	线性较好、温度系数大、价格较低
铂热电阻	铂	-200~660℃	BA1、BA2、BA3、Pt50、Pt100	高温下和氧化介质中性能稳定、准确度高
镍热电阻	镍	-50~200℃	NI120、NI500、NI1000	温度系数较大、线性好、价格较低
光纤	高分子温敏材料	-10~300℃	—	较高的灵敏度和线性特性、较宽的动态和频带范围、绝缘性能好、柔性好

实际选择温度计时，需要注意测温仪的准确度、安装尺寸及使用环境等因素。膨胀式温度计通常采用酒精或水银作为膨胀材料，由于水银属于金属材料，在存在交变磁场的环境下不可使用；半导体温度计由于反应速度慢，测量变化较快的温度时不宜采用；红外测温仪误差较大，普通的品种不适宜做精密的测量考核，在使用红外测温仪时，还需要掌握仪器与被测部件的距离和光线的垂直度。

除线圈外，低压电器的所有部件均应用合适的温度检测器来测量。温度检测器测量的热态温度与环境温度的差值，即为被试低压电器相关部件的温升。

线圈和电磁铁绕组的温度测量一般采用电阻变化来确定其温升。线圈的热态温度 T_2 按式（5-1）计算。线圈的热态温度 T_2 与冷态温度 T_1 的差值即为线圈的温升。

$$T_2 = R_2/R_1(T_1+234.5)-234.5 \qquad (5-1)$$

式中，T_1、T_2 分别表示线圈的热态和冷态温度（℃）；R_1、R_2 分别表示线圈的热态和冷态电阻（Ω）。

温升测试时，通电时间应使温度达到稳定值为止，但不超过 8 h。当每小时温升变化不超过 1 K 时，可认为温度达到稳定状态。

温升测试时，周围空气温度要求为 10~40℃，其变化应不超过 10 K。试验过程中，周围空气温度的变化超过3 K，则应按低压电器的热时间常数用适当的修正系数对测得的部件温升予以修正。

在试验周期的最后1/4时间内，要求记录周围空气温度。测量时要求至少使用两个温度检测器，温度检测器要求均匀地分布在被试电器的周围，并要求放置在距离被试电器高度的1/2处且离开被试电器距离约1 m。温度检测器应保证免受气流、热辐射影响并避免由于温度迅速变化产生的显示误差。

由于低压电器的热源与接线端子、主电路线径和长度存在较大的关联性，因此在进行低压电器温升测试时，需重点关注供电电源的类型，连接导线的线径、长度及连接方式等细节，更需要关注低压电器的类型和使用时规定的工作制。低压开关设备和控制设备温升测试典型示例如图5-2所示。

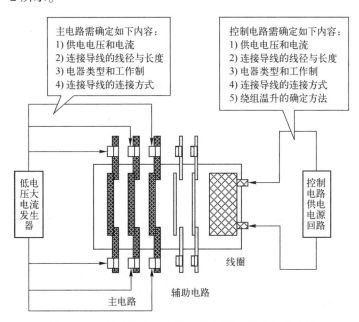

图5-2 低压开关设备和控制设备温升测试典型示例

温升测试时的试验电流与低压电器的约定自由空气发热电流（I_{th}）和约定封闭发热电流（I_{the}）一致。由于发热源仅对电流敏感，同时为了降低供电电源的成本，温升测试时的供电电压通常为低电压。温升测试时的电源工作制与低压电器规定的工作制一致，低压开关设备和控制设备的额定工作制定义见表5-4。

表5-4 低压开关设备和控制设备的额定工作制

序号	额定工作制	定 义	备 注
1	八小时工作制	电器的主触点保持闭合且承载稳定电流足够长的时间使电器达到热平衡，但达到8 h必须分断的工作制	1）该工作制是确定电器的约定发热电流I_{th}和I_{the}的基本工作制 2）分断意指由电器操作分断电流
2	不间断工作制	没有空载期的工作制，电器的主触点保持闭合且承载稳定电流超过8 h（数周、数月甚至数年）而不分断	该工作制区别于八小时工作制，因为氧化物和灰尘堆积在触点上可导致触点过热

序号	额定工作制	定　义	备　注
3	断续周期工作制或断续工作制	电器的主触点保持闭合的有载时间与无载时间有一确定的比例值，此两个时间都很短，不足以使电器达到热平衡，断续工作制用电流值、通电时间和负载因数来表征	负载因素的标准值为 15%、25%、40%、60%；根据每小时能够继续的操作循环次数来表示电器的等级；例如，在每 5 min 有 2 min 流过 100 A 电流的断续工作制表示为 100 A，12级，40%
4	短时工作制	电器的主触点保持闭合的时间不足以使其达到热平衡，有载时间间隔被无载时间隔开，而无载时间足以使电器的温度恢复到与冷却介质相同的温度	短时工作制的通电时间标准为 3 min、10 min、30 min、60 min、90 min
5	周期工作制	无论稳定负载或可变负载总是有规律地反复运行的一种工作制	—

对多相电流试验，各相电流要求达到平衡状态，每相电流在 ±5% 的允差范围内，多相电流的平均值要求不小于相应的试验电流值。具有各极相同的多极电器用交流电流进行试验时，如果电磁效应能够忽略，经制造商同意，可以将所有极串联起来通以单相交流电流进行试验。具有中性极与其他各极不同的四极电器，温升测试可按如下方式进行：

1）在三个相同的极上通以三相电流进行试验。

2）中性极与邻近极串联起来通以单相电流进行试验，试验值按中性极的约定发热电流确定。

低压电器温升测试用的连接导体根据试验电流进行确定，例如，对试验电流值小于 400 A 的低压开关设备和控制设备中，其连接导线类型、线径和长度规定如下：

1）连接导线采用单芯聚氯乙烯（PVC）绝缘铜导线，其截面按表 5-5 选取。

2）连接导线置于大气中，导线间的间距约等于电器端子间的距离。

3）单相或多相试验，从电器一个端子至另外一个端子或至试验电源或至星形点的连接导线长度规定如下：

① 截面小于或等于 35 mm² （或 AWG2），长度为 1 m。

② 截面大于 35 mm² （或 AWG2），长度为 2 m。

表 5-5　试验电流为 400 A 及以下的试验铜导线

试验电流范围[①]/A		导线尺寸[②,③,④]	
		/mm²	AWG/kcmil
0	8	1.0	18
8	12	1.5	16
12	15	2.5	14
15	20	2.5	12
20	25	4.0	10
25	32	6.0	10
32	50	10	8
50	65	16	6

试验电流范围[1]/A		导线尺寸[2],[3],[4]	
		/mm²	AWG/kcmil
65	85	25	4
85	100	35	3
100	115	35	2
115	130	50	1
130	150	50	0
150	175	70	00
175	200	95	000
200	225	95	0000
225	250	120	250
250	275	150	300
275	300	185	350
300	350	185	400
350	400	240	500

① 试验电流应大于第一栏的第一个数值，并小于或等于第二个数值。

② 为了便于试验，在制造商的同意下，可采用较小试验电流规定的导体。

③ 表中列出了米制和 AWG/kcmil 制的尺寸变换和铜排的 mm 和 inch 的尺寸变换。

④ 按试验电流范围规定的两种导体的任一种均可采用。

    对于其他电流等级的低压电器温升测试，其连接导线或铜排的选取方法与上述方法类似，限于篇幅，本书将不再罗列。

    考虑到实际应用，低压电器对接线端子、易接近部件、主电路、控制电路、线圈和电磁铁的绕组、辅助电路规定了限值要求。低压开关设备和控制设备的温升限值遵照表 5-6 和表 5-7 执行。其他类型的低压电器与低压开关设备和控制设备的限值要求类似，读者可查阅相关产品标准。

表 5-6 端子的温升极限 (GB/T 18048.1—2012)

端子材料	温升极限 K[1],[3]
裸铜	60
裸黄铜	65
铜（或黄铜）镀锡	65
铜（或黄铜）镀银或镀镍	70
其他金属	[2]

① 在实际使用中外接导体不应显著小于标准规定的导体，否则会促使端子和电器内部部件温度较高，严重时会导致电器损坏，为此在未得到制造商同意的情况下不应采用这些导体。

② 温升极限按照使用经验或寿命试验来确定，但不应超过 65 K。

③ 产品标准对不同试验条件和小尺寸区间可规定不同的温升值，但不应超过本表规定的 10 K。

表 5-7　易接近部件的温升极限 （GB/T 18048.1—2012）

易接近部件	温升极限 K[①]
人力操作部件：	
—金属的	15
—非金属的	25
可触及但不能握住的部件：	
—金属的	30
—非金属的	40
正常操作时不触及的部件：[②]	
外壳接近电缆进口处外表面	
—金属的	40
—非金属的	50
电阻器外壳的外表面	200[②]
电阻器外壳通风口的气流	200[②]

① 产品标准对不同的试验条件和小尺寸器件可规定不同的温升值，但不应超过本表规定的 10 K。

② 应防止电器与易燃材料接触或人的偶然接触。如果制造商有此规定，则 200 K 的极限可以超过。确定安装位置和提供防护措施以免发生危险是安装者的责任，制造商应提供适当的信息给用户。

5.3　低压电器的动作特性测试

低压电器主要分为低压开关设备和控制设备、低压熔断器、家用与类似用途的电器设备等。由于产品类别与原理存在一定的差别，从技术层面很难对低压电器的动作特性进行描述。综合低压电器的动作原理，得到如图 5-3 所示的低压电器动作特性的来源模型。从模型中可以看出，低压电器的动作特性主要包括正常工作时的动作特性和保护功能的动作特性两个大的方面。一般情况下，正常工作时的动作主要分为正常工作电压控制动作、动力操作机构动作和分励脱扣器动作；保护功能的动作主要为逆电流脱扣器动作、逆功率脱扣器动作、过电流脱扣器动作、欠电压脱扣器动作以及剩余电流脱扣器动作等。

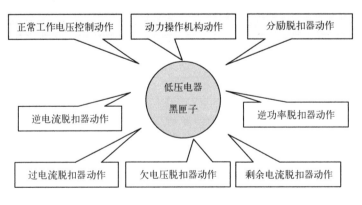

图 5-3　低压电器动作特性的来源

在功能正常的情况下，低压电器的动作特性也应该满足动作的正常"逻辑"，即给定一个条件，低压电器应该能满足该给定条件预定的"逻辑"功能。低压电器动作特性测试的本质就是通过试验的方法来验证这种"逻辑"关系的正确性。

5.3.1 低压开关设备和控制设备的动作特性测试

一般情况下，低压开关设备和控制设备的动作特性遵从表5-8的规定，动作验证测试的环境温度为-5~+40℃。

表 5-8 低压开关设备和控制设备的动作特性

序号	动作项目	动作范围
1	动力操作电器（电磁操作的电器）	（85%~110%）U_s 范围内可靠吸合，U_s 为额定控制电压，交流或直流
2	动力操作电器（气动操作的电器）	（85%~110%）P 范围内可靠吸合，P 为额定气压
3	动力操作电器（电磁操作的电器）	（75%~20%）U_s 范围内可靠释放，U_s 为额定控制电压，交流；制造商有要求时，可为（75%~10%）U_s
		（75%~10%）U_s 范围内可靠释放，U_s 为额定控制电压，直流
4	动力操作电器（气动操作的电器）	（75%~10%）P 范围内可靠断开，P 为额定气压
5	欠电压动作（动作电压）	（70%~35%）U_n 范围内可靠断开，U_n 为额定电压
		$<35\%U_n$ 时，防止电器闭合，U_n 为额定电压
		$\geqslant 85\%U_n$ 时，确保电器闭合，U_n 为额定电压
6	零电压动作（动作时间）	（35%~10%）U_n 范围内可靠断开，U_n 为额定电压
7	分励脱扣器动作	（70%~110%）U_s 范围内脱扣器断开，U_s 为额定控制电压，交流或直流
8	过电流动作（瞬时动作）	电流等于过载整定电流的90%时，脱扣器不动作；电流等于过载整定电流的110%时，脱扣器动作。电流持续时间为0.2 s
9	过电流动作（定时限动作）	电流等于过载整定电流的90%时，脱扣器不动作；电流等于过载整定电流的110%时，脱扣器动作。电流时间间隔等于制造商规定的延时时间的2倍
10	过电流动作（反时限动作）	电流等于整定电流的105%时，2 h 不脱扣（$I_n\leqslant 63$ A 时，为1 h）；电流等于整定电流的130%时，2 h 脱扣（$I_n\leqslant 63$ A 时，为1 h）

具有电子式控制电磁铁的动力操作电器，在交流条件下，如果制造商规定电器释放电压极限值范围为额定控制电压的75%~10%，则电器还需要进行如下电容性释放试验：电源电路（电压 U_s）串入电容 C，连接导体的总长度不长于3 m。电容被一个阻抗可忽略的开关短路。将电压调节至 1.1U_s，当开关打到断开位置时，验证电器的释放。电容的取值按下式选择：

$$C(\text{nF}) = 30+200000/(fU_s) \tag{5-2}$$

式中，f 为额定频率最小值（Hz）；U_s 为额定电源的最大值。

设备用断路器的动作特性遵从表 5-9 的规定，动作验证测试的基准环境温度为（23±2）℃。设备用断路器也可在不同的基准环境温度下验证，但要求在产品上标识。

表 5-9　设备用断路器的动作特性

序号	动 作 项 目	动 作 范 围
1	过电流-时间动作特性	冷态、I_{nt}、1 h 内不脱扣
		紧接着不脱扣试验、I_t、$t \leqslant 1$ h 内脱扣
		冷态、$2I_n$、规定时间内脱扣
		冷态、$6I_n$、规定时间内脱扣
		冷态、mI_n、规定时间内脱扣（可选时间）
		冷态、I_{ni}、0.1 s 内不脱扣
		冷态、I_i、$t < 0.1$ s 内脱扣
2	过电压动作特性	标准暂无规定
3	欠电压动作特性	$U \geqslant 0.7U_n$，不脱扣；$U \leqslant 0.35U_n$，脱扣；$U \geqslant 0.85U_n$，脱扣器被驱动后能复位
4	零电压动作特性	$U \geqslant 0.7U_n$，不脱扣；$U \leqslant 0.1U_n$，脱扣；$U \geqslant 0.85U_n$，脱扣器被驱动后能复位

5.3.2　家用及类似场所用过电流保护断路器的动作特性测试

家用及类似场所用过电流保护断路器的动作特性遵从表 5-10、表 5-11 和表 5-12 的规定，用于交流的过电流保护断路器及用于交流和直流的过电流保护断路器的动作验证测试的基准环境温度为(30~35)℃。用于直流的过电流保护断路器的动作验证测试的基准环境温度为(15~25)℃。如果断路器注明的校准温度不是相应的基准温度，则动作验证要求在这个不同的温度下进行。

表 5-10　家用及类似场所用过电流保护断路器（用于交流的断路器）的动作特性

试验	型　式	试验电流	起始状态	脱扣或不脱扣时间极限	预期结果	附　注
a	B、C、D	$1.13I_n$	冷态	$t \leqslant 1$ h（对 $I_n < 63$ A） $t \leqslant 2$ h（对 $I_n > 63$ A）	不脱扣	
b	B、C、D	$1.45I_n$	紧接着试验	$t < 1$ h（对 $I_n \leqslant 63$ A） $t < 2$ h（对 $I_n > 63$ A）	脱扣	电流在 5 s 内稳定地增加
c	B、C、D	$2.55I_n$	冷态	1 s $< t < 60$ s（对 $I_n \leqslant 32$ A） 1 s $< t < 120$ s（对 $I_n > 32$ A）	脱扣	
d	B C D	$3I_n$ $5I_n$ $10I_n$	冷态	$t \leqslant 0.1$ s	脱扣	通过闭合辅助开关接通电流
e	B C D	$5I_n$ $10I_n$ $20I_n$①	冷态	$t < 0.1$ s	脱扣	

注：对具有多个保护极的断路器，仅在一个保护极上验证动作特性时，其脱扣电流按如下原则执行：对带有两个保护极的两极断路器，为 1.1 倍约定脱扣电流；对三极和四极断路器，为 1.2 倍约定脱扣电流。

① 特定场合为 $50I_n$。

对于用于交流的过电流保护断路器及用于交流和直流的过电流保护断路器，通过如下两个试验来检验周围温度对脱扣特性的影响：

表 5-11 家用及类似场所用过电流保护断路器（用于交流和直流的断路器）的动作特性

试验	型式	试验电流 交流	试验电流 直流	起始状态	脱扣或不脱扣时间极限	预期结果	附 注
a	B、C	$1.13I_n$		冷态	$t\leqslant 1\,h$（对 $I_n\leqslant 63\,A$） $t\leqslant 2\,h$（对 $I_n>63\,A$）	不脱扣	
b	B、C	$1.45I_n$		紧接着试验	$t<1\,h$（对 $I_n\leqslant 63\,A$） $t<2\,h$（对 $I_n>63\,A$）	脱扣	电流在 5 s 内稳定地增加
c	B、C	$2.55I_n$		冷态	$1\,s<t<60\,s$（对 $I_n\leqslant 32\,A$） $1\,s<t<120\,s$（对 $I_n>32\,A$）	脱扣	
d	B C	$3I_n$ $5I_n$	$4I_n$ $7I_n$	冷态	$0.1\,s\leqslant t\leqslant 45\,s$（对 $I_n\leqslant 32\,A$） $0.1\,s\leqslant t\leqslant 90\,s$（对 $I_n>32\,A$） $0.1\,s\leqslant t\leqslant 15\,s$（对 $I_n\leqslant 32\,A$） $0.1\,s\leqslant t\leqslant 30\,s$（对 $I_n>32\,A$）	脱扣	通过闭合辅助开关接通电流
e	B C	$5I_n$ $10I_n$	$7I_n$ $15I_n$	冷态	$t<0.1\,s$	脱扣	

表 5-12 家用及类似场所用过电流保护断路器（用于直流的断路器）的动作特性

试验	型式	试验电流	起始状态	脱扣或不脱扣时间极限	预期结果	附 注
a	B、C、x	$1.13I_n$	冷态	$t\leqslant 1\,h$（对 $I_n\leqslant 63\,A$） $t\leqslant 2\,h$（对 $I_n>63\,A$）	不脱扣	
b	B、C、x	$1.45I_n$	紧接着试验	$t<1\,h$（对 $I_n\leqslant 63\,A$） $t<2\,h$（对 $I_n>63\,A$）	脱扣	电流在 5 s 内稳定地增加
c	B、C、x	$2.55I_n$	冷态	$1\,s<t<60\,s$（对 $I_n\leqslant 32\,A$） $1\,s<t<120\,s$（对 $I_n>32\,A$）	脱扣	
d	B C x	$3I_n$ $5I_n$ 脱扣电流下限值	冷态	$0.1\,s\leqslant t\leqslant 45\,s$（对 $I_n\leqslant 32\,A$） $0.1\,s\leqslant t\leqslant 90\,s$（对 $I_n>32\,A$） $0.1\,s\leqslant t\leqslant 15\,s$（对 $I_n\leqslant 32\,A$） $0.1\,s\leqslant t\leqslant 30\,s$（对 $I_n>32\,A$） $0.1\,s\leqslant t\leqslant 15\,s$（对 $I_n\leqslant 32\,A$） $0.1\,s\leqslant t\leqslant 30\,s$（对 $I_n>32\,A$）	脱扣	通过闭合辅助开关接通电流
e	B C x	$5I_n$ $10I_n$ 脱扣电流下限值	冷态	$t<0.1\,s$	脱扣	

注：x 为特殊脱扣方式。

1）断路器放置在比周围空气基准温度低（35±2）K 的环境温度下直至其达到稳态温度，对断路器所有极通以 $1.13I_n$（约定不脱扣电流）的电流至约定时间，然后在 5 s 内将电流稳定地增加至 $1.9I_n$，断路器在约定时间内脱扣。

2）断路器放置在比周围空气基准温度高（10±2）K 的环境温度下直至其达到稳态温度，对断路器所有极通以 I_n 的电流至约定时间，断路器在约定时间内不脱扣。

对于用于直流的过电流保护断路器，预期在 −5～+40℃ 环境温度下使用时，其周围温度对脱扣特性影响的验证试验同用于交流的过电流保护断路器及用于交流和直流的过电流保护断路器；预期在 −25～+40℃ 环境温度下使用时，通过下列试验来检验断路器是否符合要求：

1）断路器按正常连接，放置在周围空气温度（23±2）℃、相对湿度（93±3）%、容积比大于 50 的试验箱中，断路器在闭合位置且不带负载，进行 5 个低温周期试验。在 6 h 内将周围空气温度下降至 (-25 ± 2)℃，并在该温度下保持 6 h。接着在 6 h 内将温度增加至 (23 ± 2)℃，并且相对湿度增加至 (93 ± 3)%，在该条件下再保持 6 h（第一周期结束）。共进行 5 个周期试验，断路器不应脱扣。

2）在 1）项试验最后 6h 的 -25℃时期前，对断路器所有极通以 $1.13I_n$（约定不脱扣电流）的电流至约定时间，然后在 5 s 内将电流稳定地增加至 $2.1I_n$，断路器应在约定时间内脱扣。然后闭合断路器、不通电流直至低温试验周期结束。最后断路器放置在试验箱内，将试验箱温度增加至 (40 ± 2)℃，直至达到稳态温度。

5.3.3 家用和类似用途的剩余电流动作断路器的动作特性测试

按照结构和电路功能的差异，家用和类似用途的剩余电流动作断路器主要分为 4 类，分别为动作功能与电源电压有关的带过电流保护的剩余电流动作断路器、动作功能与电源电压无关的带过电流保护的剩余电流动作断路器、动作功能与电源电压有关的不带电流保护的剩余电流动作断路器和动作功能与电源电压无关的不带过电流保护的剩余电流动作断路器。这 4 大类产品均为家用及类似用途的剩余电流动作断路器，其最根本的区别在于产品是否兼顾过电流保护的功能以及动作功能是否与电源电压有关。是否兼顾过电流保护的功能是被设计的产品在剩余电流动作的基础上再追加过电流的功能，由于过电流功能验证与低压开关设备和控制设备的动作特性测试中的过电流验证类似，限于篇幅，剩余电流动作断路器的过电流功能验证将不再重复阐述。

一般情况下，AC 型和 A 型 RCCB 交流剩余电流的分断时间和不驱动时间的限值要求见表 5-13 和表 5-14。AC 型和 A 型 RCBO 剩余电流的分断时间和不驱动时间的限值要求见表 5-15 和表 5-16。

表 5-13　AC 型和 A 型 RCCB 交流剩余电流（有效值）的分断时间和不驱动时间的限值

型号	I_n/A	$I_{\Delta n}$/A	分断时间和不驱动时间限值/s						
			$I_{\Delta n}$	$2I_{\Delta n}$	$5I_{\Delta n}$	$5I_{\Delta n}$ 或 0.25 A[①]	5~200 A[②]	500 A	—
一般型	任何值	<0.03	0.3	0.15	—	0.04	0.04	0.04	最大分断时间
		0.03	0.3	0.15	—	0.04	0.04	0.04	
		>0.03	0.3	0.15	0.04	—	0.04	0.04	
S 型	≥25	>0.03	0.5	0.2	0.15		0.15	0.15	最大分断时间
			0.13	0.06	0.05		0.04	0.04	最小不驱动时间

① 本试验值由制造商规定。

② 本试验仅适用于"突加 $5I_{\Delta n}$ 和 500 A 之间的剩余电流、验证动作的正确性"。

表 5-14　A 型 RCCB 半波剩余电流（有效值）的分断时间最大值

型号	I_n A	$I_{\Delta n}$ A	分断时间和不驱动时间限值/s							
			$1.4I_{\Delta n}$	$2I_{\Delta n}$	$2.8I_{\Delta n}$	$4I_{\Delta n}$	$7I_{\Delta n}$	0.35 A	0.5 A	350 A
一般型	任何值	<0.03	—	0.3	—	0.15			0.04	0.04
		0.03	0.3	—	0.15	—		0.04		0.04
		>0.03	0.3	—	0.15	—	0.04			0.04
S 型	≥25	>0.03	0.5		0.2		0.15			0.15

表 5-15　AC 型和 A 型 RCBO 交流剩余电流（有效值）的分断时间和不驱动时间的限值

型号	I_n A	$I_{\Delta n}$ A	分断时间和不驱动时间限值/s						
			$I_{\Delta n}$	$2I_{\Delta n}$	$5I_{\Delta n}$	$5I_{\Delta n}$或 0.25A①	5~200A, 500A②	$I_{\Delta t}$③	
一般型	任何值	<0.03	0.3	0.15	—	0.04	0.04	0.04	最大分断时间
		0.03	0.3	0.15	—	0.04	0.04	0.04	最大分断时间
		>0.03	0.3	0.15	0.04	—	0.04	0.04	最大分断时间
S 型	≥25	>0.03	0.5	0.2	0.15	—	0.15	0.15	最大分断时间
			0.13	0.06	0.05	—	0.04	0.04	最小不驱动时间

① 本试验值由制造商规定。
② 试验仅在规定的条件下进行动作验证，但任何情况下对大于过电流瞬时脱扣范围上限的电流值不进行试验。
③ 在 $I_{\Delta t}$ 等于 B 型、C 型或 D 型（适用时）的过电流瞬时脱扣范围下限的电流时进行试验。

表 5-16　A 型 RCBO 半波剩余电流（有效值）的分断时间最大值

型号	I_n A	$I_{\Delta n}$ A	分断时间和不驱动时间限值/s							
			$1.4I_{\Delta n}$	$2I_{\Delta n}$	$2.8I_{\Delta n}$	$4I_{\Delta n}$	$7I_{\Delta n}$	0.35A	0.5A	350A①
一般型	任何值	<0.03	—	0.3	—	0.15	—	—	0.04	0.04
		0.03	0.3	—	0.15	—	—	0.04	—	0.04
		>0.03	0.3	—	0.15	—	0.04	—	—	0.04
S 型	≥25	>0.03	0.5	—	0.2	—	0.15	—	—	0.15

① 此值不应超过 B 型、C 型或 D 型（适用时）的过电流瞬时脱扣范围的下限电流值。

　　家用和类似用途的剩余电流动作断路器的动作特性测试时，被测品按照正常使用状态安装，试验电路如图 5-4 所示。对于剩余电流在 30mA 以下的剩余电流动作验证，其测量仪表的精度要求为±3.5%；对于剩余电流在 30mA 以上的剩余电流动作验证，其测量仪表的精度

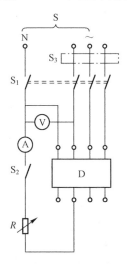

图 5-4　家用和类似用途的剩余电流动作断路器的动作特性测试试验电路
S—电源　V—电压表　A—电流表　S₁—多极开关　S₂—单极开关
S₃—操作除一个相线极以外的所有其他相线极的开关　D—被试剩余电流动作断路器　R—可变电阻器

要求为±5%；动作时间在10~200 ms时，其测量仪表的精度为±5%；动作时间在200 ms~1 s时，其测量仪表的精度为10 ms。对于具有多个额定频率的剩余电流动作断路器，要求在最高和最低频率的条件下进行功能验证。

家用和类似用途的剩余电流动作断路器的动作特性测试主要为"在(20±5)℃的基准温度下，不带负载时，用剩余正弦交流电流进行试验"、"在(20±5)℃的基准温度下，带负载时，用剩余正弦交流电流进行试验""在极限温度下试验"和"对动作功能与电源有关的剩余电流动作断路器的特殊试验"。

AC型和A型RCCB或RCBO交流剩余电流动作试验的试验条件及验证方法见表5-17。

表5-17 AC型和A型RCCB或RCBO交流剩余电流动作试验的试验条件及验证方法

序号	试验项目	试验目的	试 验 条 件	验证方法
1		剩余电流稳定增加，验证动作的正确性	剩余电流从小于或等于$0.2I_{\Delta n}$开始稳步增加，在30 s内达到$I_{\Delta n}$；每次测量脱扣时间	5次测量值均在$0.5I_{\Delta n}$~$I_{\Delta n}$
2		闭合剩余电流时，验证动作的正确性	将试验电路调节至额定剩余动作电流值$I_{\Delta n}$，闭合被试断路器，测量动作时间	5次测量值均不超过规定的极限值
3	在(20±5)℃的基准温度下，不带负载时，用剩余正弦交流电流进行试验	突然出现剩余电流时，验证动作的正确性	将试验电路调节至规定的剩余动作电流值，闭合相应的开关使电路突然产生剩余电流，测量动作时间	5次测量值均不超过规定的极限值
			对S型断路器的补充要求：将试验电路调节至规定的剩余动作电流值，闭合开关S_2使电路中突然产生剩余电流，S_2的闭合时间为相应于剩余电流的最小驱动时间	5次测量，断路器不动作
4		突加$5I_{\Delta n}$和500 A之间的剩余电流，验证动作的正确性	将试验电路随机调节至5~200 A之间的任意两个剩余电流值，闭合电路，对每个剩余电流值进行一次测试，测量动作时间	2次测量，断路器脱扣，动作时间不超过规定的极限值
5	在(20±5)℃的基准温度下，带负载时，用剩余正弦交流电流进行试验	负载状态下，闭合剩余电流时，验证动作的正确性	被试断路器在额定电流负载的情况下达到热稳定状态，进行本表第2项和第3项试验	同第2项
		负载状态下，突然出现剩余电流时，验证动作的正确性		同第3项
6	在极限温度下试验	(-5℃，空载)，突然出现剩余电流时，验证动作的正确性	被试断路器在（-5℃，空载）状态下进行本表第3项试验	同第3项
		(+40℃，热稳定状态)，突然出现剩余电流时，验证动作的正确性	被试断路器在（+40℃，热稳定状态）状态下进行本表第3项试验	同第3项

序号	试验项目	试验目的	试 验 条 件	验证方法
7	对动作功能与电源有关的剩余电流动作断路器的特殊试验	外施电压的动作验证	接线端子施加 $1.1U_n$ 和 $0.85U_n$ 进行试验；对 $I_{\Delta n} \leqslant 30\,mA$ 的动作功能与电源电压有关且电源电压故障时不能自动断开的 RCCB 或 RCBO，RCCB 或 RCBO 处于闭合位置，S_2 断开	断开 S_1 切断电源电压，RCCB 或 RCBO 不动作
			接线端子施加 $1.1U_n$ 和 $0.85U_n$ 进行试验；对 $I_{\Delta n} \leqslant 30\,mA$ 的动作功能与电源电压有关且电源电压故障时不能自动断开的 RCCB 或 RCBO，RCCB 或 RCBO 处于闭合位置，S_2 断开，重新闭合 S_1，在电源端加 50 V 电压，闭合 S_2	对 RCCB 或 RCBO 的一极突然施加 $I_{\Delta n}$，RCCB 或 RCBO 脱扣

对于 A 型 RCCB 或 RCBO，需要验证剩余电流包含有直流分量时的动作的正确性。测试项目包括验证剩余脉动直流电流连续上升时的正确动作、验证突然出现剩余脉动直流电流时的正确动作、验证在基准温度下，带负载时正确动作和验证剩余脉动直流电流叠加 6 mA 平滑直流电流时的正确动作。验证 RCCB 和 RCBO 在剩余脉动直流电流时正确动作的试验电路如图 5-5 所示。

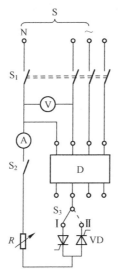

图 5-5　验证 RCCB 和 RCBO 在剩余脉动直流电流时正确动作的试验电路

S—电源　V—电压表　A—电流表　S_1—多极开关　S_2—单极开关

S_3—双向开关　D—被试剩余电流动作断路器（RCCB）　VD—晶闸管　R—可变电阻器

在进行"验证剩余脉动直流电流连续上升时的正确动作"测试时，辅助开关 S_1、S_2 和 RCCB 或 RCBO 闭合，调节晶闸管使电流滞后角分别为 0°、90°和 135°。RCCB 或 RCBO 的每极要求在每个电流滞后角及辅助开关 S_1 在位置 Ⅰ 和位置 Ⅱ 各试验 2 次。每次试验时，电流要求从零开始稳步增加，电流上升率为 $1.4I_{\Delta n}/30\,A/s$（对 $I_{\Delta n} > 0.01\,A$ 的 RCCB 或 RCBO）或 $2I_{\Delta n}/30\,A/s$（对 $I_{\Delta n} \leqslant 0.01\,A$ 的 RCCB 或 RCBO），脱扣电流按照表 5-18 的限值要求考核。

表 5-18　A 型 RCCB 或 RCBO 的脱扣电流范围

滞后角/(°)	脱扣电流/A	
	下　　限	上　　限
0	$0.35I_{\Delta n}$	
90	$0.25I_{\Delta n}$	$1.4I_{\Delta n}$ 或 $2I_{\Delta n}$
135	$0.11I_{\Delta n}$	

在进行"验证突然出现剩余脉动直流电流时的正确动作"测试时，辅助开关 S_1 和 RCCB 或 RCBO 闭合，采用闭合开关 S_2 的方法突然接通剩余电流。在电流滞后角为 0° 且在每个 I_Δ 值的电流下测量 2 次分断时间，第一次测量时 S_3 的位置在 I，第二次测量时 S_3 的位置在 II。测量值要求不超过规定的极限值。

在进行"验证在基准温度下，带负载时正确动作"测试时，RCCB 或 RCBO 的被试极和另外一极通以额定电流重复进行"验证剩余脉动直流电流连续上升时的正确动作"测试。

在进行"验证剩余脉动直流电流叠加 6 mA 平滑直流电流时的正确动作"测试时，RCCB 或 RCBO 按照图 5-6 用半波整流剩余电流（电流滞后角 0°）叠加 6 mA 平滑直流电流进行试验。依次对 RCCB 或 RCBO 的每极在位置 I 和位置 II 时各试验 2 次。半波电流 I_1 从零开始稳步增加，电流上升率为 $1.4I_{\Delta n}/30$ A/s（对 $I_{\Delta n}>0.01$ A 的 RCCB 或 RCBO）或 $2I_{\Delta n}/30$ A/s（对 $I_{\Delta n}\leqslant0.01$ A 的 RCCB 或 RCBO），RCCB 或 RCBO 要求分别在半波电流 I_1 不超过 $1.4I_{\Delta n}$ 或 $2I_{\Delta n}$ 前脱扣。

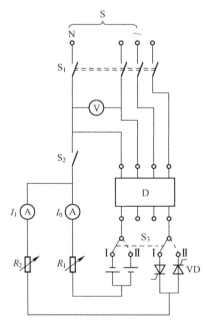

图 5-6　验证 RCCB 和 RCBO 在剩余脉动直流电流叠加 6 mA 平滑直流电流时正确动作的试验电路

S—电源　V—电压表　A—电流表　S_1—多极开关　S_2—单极开关　S_3—双向开关

D—被试剩余电流动作断路器（RCCB）　VD—晶闸管　R_1—可变电阻器　R_2—可变电阻器

5.3.4 低压熔断器的动作特性测试

低压熔断器要求设计合理，在适当的试验装置中且在额定频率和周围空气温度为(20±5)℃时，低压熔断器要求能持续承载不大于其额定电流的任何电流，也能承受正常使用时可能发生的任何电流。对于"g"型熔断器，在约定的时间内：

1）当熔断器承载不大于约定不熔断电流的任何电流时，熔断体不熔断。

2）当熔断器承载等于或大于约定熔断电流的任何电流时，熔断体熔断。

对于"a"型熔断器，在约定的时间内：

1）当熔断器承载不大于规定倍数（$k_1 I_n$）的电流时，在过载曲线规定的时间内熔断体不熔断。

2）当熔断器承载的电流处于规定倍数（$k_1 I_n$）与规定倍数（$k_2 I_n$）时，熔断体可以熔断，其弧前时间大于弧前时间-电流特性所指定的值。

3）当熔断器承载大于规定倍数（$k_2 I_n$）的电流时，在包括燃弧时间在内的时间-电流带范围内，熔断体熔断。

低压熔断器的动作验证主要为约定不熔断电流与约定熔断电流验证、"g"型熔断体的额定电流验证、时间-电流特性和门限验证、过载、约定电缆过载保护试验（仅对"gG"熔断体）和指示装置和撞击器（如有）的动作。

熔断器动作验证在不通风的自然空气中［温度(20±5)℃］进行。试验时熔断器按照正常工作位置安装在绝缘材料上。每一单个熔断器每一边连接线的长度要求不小于1m。如有必要或希望几个熔断器一起进行测试，则熔断器可串联，串联的熔断器接线端子之间连接线的总长度为2m左右，且电缆线要求尽可能直。动作验证测试所使用连接线的截面积按表5-19所规定的原则选取。对额定电流不大于400A的熔断器，选择黑色单芯聚氯乙烯（PVC）绝缘的铜导体作为连接线；对额定电流为500～800A的熔断器，选择黑色单芯聚氯乙烯（PVC）绝缘的铜导体或裸铜排作为连接线；对于更大额定电流的熔断器，仅可采用涂黑色无光漆的铜排。

表5-19 动作验证测试中铜连接导体的截面积

额定电流/A	截面积/mm²	额定电流/A	截面积/mm²	额定电流/A	截面积/mm²
2	1	40	10	400	240
4	1	50	10	500	2×150 2×(30×5)
6	1	63	16		
8	1.5	80	25	630	2×185 2×(40×5)
10	1.5	100	35		
12	1.5	125	50	800	2×240 2×(50×5)
16	2.5	160	70		
20	2.5	200	95	1000	2×(60×5)
25	4	250	120	1250	2×(80×5)
32	6	315	185	—	

注：对于涂黑色无光漆的铜排，同极性的两个并联铜排间的距离要求大约为5mm。

在进行"约定不熔断电流与约定熔断电流验证"测试时，允许在降低电压的条件进行动作验证。试验时熔断体承载表 5-20 规定的约定不熔断电流，观察熔断体是否在约定的时间内熔断；待熔断体冷却到周围空气温度后，熔断器承载表 5-20 规定的约定熔断电流，测量熔断器熔断的时间。

表 5-20 "gG" 和 "gM" 熔断体的约定时间和约定电流

"gG" 额定电流/ "gM" 特性电流	约定时间/h	约定不熔断电流	约定熔断电流
$I_n < 16$	1		
$16 \leq I_n \leq 63$	1		
$63 < I_n \leq 160$	2	$1.25I_n$	$1.6I_n$
$160 < I_n \leq 400$	3		
$400 < I_n$	4		

在进行"'g' 型熔断体的额定电流验证"测试时，选用一个熔断体进行脉冲试验，试验持续 100 h。试验期间熔断体周期性通电，每个试验周期包括一个约定时间的通电和 0.1 倍约定时间的断电，试验电流等于 $1.5I_n$。试验后熔断器进行"约定不熔断"动作验证。

"时间-电路特性"用分断能力验证测试所获得的示波图数据来验证。在进行"时间-电流特性"测试时，验证确定下列时间：

1）从电路接通瞬间至电压测量装置指示出电弧出现瞬间。

2）从电路接通瞬间至电路完全断开的瞬间。

对应于横坐标预期电路测出的弧前时间和熔断时间应在制造厂所提供的时间-电流带之内或在下续部分标准所规定的时间-电流带之内。

考虑到对于同一熔断体系列的熔断体的完整试验仅在最大额定电流的熔断体上进行，对于较小额定电流的熔断体仅需要验证弧前时间。在此情况下，要求在周围空气温度为 (20 ± 5)℃和仅在下列预期电流下进行补充试验。

1）对于"g"型熔断体：

试验 3a）10~20 倍熔断体额定电流之间。

试验 4a）5~8 倍熔断体额定电流之间。

试验 5a）2.5~4 倍熔断体额定电流之间。

2）对于"a"型熔断体：

试验 3a）$5k_2 \sim 8k_2$ 倍熔断体额定电流之间。

试验 4a）$2k_2 \sim 3k_2$ 倍熔断体额定电流之间。

试验 5a）$1k_2 \sim 1.5k_2$ 倍熔断体额定电流之间。

这些补充试验可在降低的电压下进行。如弧前时间超过 0.02 s，则试验时测得的电流值被认为是熔断体的预期电流。

"gG"和"gM"型熔断体进行"门限验证"，可以在降低的电压下进行。试验要求见表 5-21。

表 5-21 "gG" 和 "gM" 型熔断体规定弧前时间的门限值   (单位：A)

1	2	3	4	5
I_n 用于 "gG" I_{ch} 用于 "gM"	I_{min}（10 s）	I_{max}（5 s）	I_{min}（0.1 s）	I_{max}（0.1 s）
16	33	65	85	150
20	42	85	110	200
25	52	110	150	260
32	75	150	200	250
40	95	190	260	450
50	125	250	350	610
63	160	320	450	820
80	215	425	610	1100
100	290	580	820	1450
125	355	715	1100	1910
160	460	950	1450	2590
200	610	1250	1910	3420
250	750	1650	2590	4500
315	1050	2200	3420	6000
400	1420	2840	4500	8060
500	1780	3800	6000	10600
630	2200	5100	8060	14140
800	3060	7000	10600	19000
1000	4000	9500	14140	24000
1250	5000	13000	19000	35000

① 熔断体承受表5-21第2栏的电流10 s，熔断体不应熔断。

② 熔断体承受表5-21第3栏的电流，熔断体应在5 s内熔断。

③ 熔断体承受表5-21第4栏的电流0.1 s，熔断体不应熔断。

④ 熔断体承受表5-21第5栏的电流，熔断体应在0.1 s内熔断。

"aM" 型熔断体进行"门限验证"，除进行"时间-电流特性"测试外，还要求符合表5-22 的要求。

表 5-22 "aM" 型熔断体（全额定电流）的门限值

时间 \ 电流	$4I_n$	$6.3I_n$	$8I_n$	$10I_n$	$12.5I_n$	$19I_n$
$t_{熔断}$	—	60 s	—		0.5 s	0.1 s
$t_{弧前}$	60 s	—	0.5 s	0.2 s	—	—

⑤ 熔断体承受表5-22第2栏的电流60 s，熔断体不应熔断。

⑥ 熔断体承受表5-22第3栏的电流，熔断体应在60 s内熔断。

⑦ 熔断体承受表 5-22 第 5 栏的电流 0.2 s，熔断体不应熔断。

⑧ 熔断体承受表 5-22 第 7 栏的电流，熔断体应在 0.1 s 内熔断。

注：试验⑥和⑦可分别结合分断能力试验 No. 4 和 No. 5 一起进行验证（参见表 5-32）。

表 5-23 为 "aM" 型熔断体 "门限验证" 试验用铜导体截面积，试验项目在表 5-23 中规定的截面积的导体上进行。

表 5-23 "aM" 型熔断体 "门限验证" 试验用铜导体截面积

额定电流/A	截面积/mm²	额定电流/A	截面积/mm²	额定电流/A	截面积/mm²
2	1.5	40	25	315	2×(30×5)
4	1.5	50	25	400	2×185
6	1.5	63	35		2×(40×5)
8	2.5	80	50	500	2×240
10	2.5	100	70		2×(50×5)
12	2.5	125	95	630	2×(60×5)
16	4	160	120	800	2×(80×5)
20	6	200	185	1000	2×(100×5)
25	10	250	240	1250	2×(100×5)
32	16	315	2×150	—	—

进行 "过载" 动作验证时，试验布局与温升试验的布局相同。试验样品为 3 只，熔断体需要承受 50 次脉冲。

"g" 型熔断体的试验电流为制造厂规定的最小弧前时间-电流特性上对应于弧前时间 5 s 时电流值的 0.8 倍，每个脉冲的持续时间为 5 s，脉冲时间间隔为表 5-17 所规定的约定时间的 20%。

"a" 熔断体的试验电流为 $k_1 I_n (1\pm2\%)$，脉冲持续时间为制造厂规定的过载曲线上与 $k_1 I_n$ 相对应的时间，脉冲时间间隔为 30 倍脉冲持续时间。

"约定电缆过载保护试验（仅对 'gG' 型熔断体）" 测试是为了验证熔断体保护电缆过载的能力。试验时熔断体安装在合适的熔断器支撑件或试验底座上且试验连接导线截面积满足标准的要求。试验前熔断体及其连接导体在额定电流工况下预热，预热时间等于约定时间。预热后试验电流增加至 $1.45 I_z$（双芯负载导线载流能力），熔断体要求在小于约定时间内熔断（如果 $1.45 I_z$ 大于约定熔断电流，可不进行此试验）。双芯负载导线载流能力 I_z 与连接导线截面积要求见表 5-24。

表 5-24 "约定电缆过载保护试验（仅对 'gG' 型熔断体）" 测试的参数要求

额定电流/A	导线截面积/mm²	双芯负载导线载流能力 I_z/A	额定电流/A	导线截面积/mm²	双芯负载导线载流能力 I_z/A
12	1	15	80	16	85
16	1.5	19.5	100	25	112
20	2.5	27	125	35	138
25	2.5	27	160	50	168

额定电流 /A	导线截面积 /mm^2	双芯负载导线载流能力 I_z/A	额定电流 /A	导线截面积 /mm^2	双芯负载导线载流能力 I_z/A
32	4	36	200	70	213
40	6	46	250	120	299
50	10	63	315	185	392
63	10	63	400	240	461

"指示装置和撞击器（如有）的动作"测试与分断能力验证试验结合进行。撞击器动作的验证以下列电流条件进行：

1）对于"g"型熔断体，电流为 2 倍约定熔断电流。

2）对于"a"型熔断体，电流为 $2k_1I_n$。

恢复电压要求如下：

1）对于额定电压小于或等于 500 V 的为 20 V（可以超出 10%）。

2）对于额定电压大于 500 V 的为 4%U_n（可以超出 10%）。

所有试验中撞击器在至少 20 V 的恢复电压时均要求动作。

5.4 低压电器的短路性能测试

低压电器是在供配电电气领域中普遍使用的一种电气设备。一般情况下，低压电器处于正常工作状态，在电气线路中起接通、分断及保护等功能。

在低压电器所在电气线路的后级偶尔也会出现如图 5-7 所示的相间、相与大地之间的短路故障。通常情况下，电气线路中的内阻较小，因而短路电流一般都比较大。

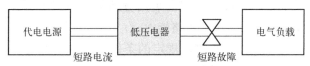

图 5-7　低压电器短路模型

通常情况下，电气线路中产生的短路电流直接作用在低压电器上，在热效应、电动力效应和电场强度效应的共同作用下，低压电器会出现诸如爆炸、触头烧毁或保护功能失效等损伤。

低压电器短路性能测试的目的就是通过搭建一定的电气线路来模拟这类短路电流所引起的损伤。

5.4.1 低压开关设备和控制设备的短路性能测试

总的来说，低压开关设备和控制设备的短路性能主要包括 4 类，分别为额定短路接通能力、额定短路分断能力、额定短时耐受电流能力和与短路保护电器（SCPD）配合能力。这 4 类短路性能的模拟工况、参数表述方法和测试概况见表 5-25。

表 5-25　低压开关设备和控制设备的短路性能

序号	测试项目	模拟工况	参数表述方法	测试概况
1	额定短路接通能力	接通短路电流	以最大预期峰值电流表示	线路中存在"短路"故障时，闭合低压电器

205

序号	测试项目	模拟工况	参数表述方法	测试概况
2	额定短路分断能力	分断短路电流	以最大预期电流（有效值）表示	低压电器正常工作后，线路中出现"瞬态短路"故障
3	额定短时耐受电流能力	在闭合位置持续承载短路电流	以最大预期电流（有效值）表示	低压电器正常工作后，线路中出现"延时短路"故障
4	与短路保护电器（SCPD）配合能力	在闭合位置，线路中其他元器件分断短路电流	以最大预期电流（有效值）表示	低压电器正常工作后，线路中出现"短路"故障，低压电器与后备保护元器件的配合"保护"能力

额定短路接通能力（I_{cm}）是指制造商规定的在额定工作电压、额定频率及一定的功率因数（交流）或时间常数（直流）条件下电器的短路接通能力值，用最大预期峰值电流表示。对于交流电器，额定短路接通能力要求不小于其额定极限短路能力（I_{cu}）与表 5-26 所列系数 n 的乘积；对于直流电器，额定短路接通能力要求不小于其额定极限短路分断能力。

表 5-26　短路接通和分断能力的比值

试验电流/kA	n 要求的最小值（n＝短路接通能力/短路分断能力）
4.5<I≤6	1.5
6<I≤10	1.7
10<I≤20	2.0
20<I≤50	2.1
50<I	2.2

额定短路分断能力是指制造商规定的在额定工作电压、额定频率及一定的功率因数（交流）或时间常数（直流）条件下电器的短路分断能力值，用最大预期电流（有效值）表示。额定短路分断能力分为额定极限短路能力（I_{cu}）和额定运行短路分断能力（I_{cs}）。额定极限短路能力（I_{cu}）是指在试验程序所规定的条件下，不要求电器产品连续承载其额定电流能力的分断能力；额定运行短路能力（I_{cs}）是指在试验程序所规定的条件下，要求电器产品连续承载其额定电流能力的分断能力。额定短路分断能力要求电器在对应于规定的试验电压的工频恢复电压下能分断小于和等于相对于额定能力的任何电流值，还需要不低于或超过表 5-27 所规定的功率因数或时间常数的规定。

表 5-27　额定短路分断能力试验电流相应的功率因数和时间常数

试验电流/kA	功率因数/cosφ	时间常数/ms
I≤3	0.9	5
3<I≤4.5	0.8	5
4.5<I≤6	0.7	5
6<I≤10	0.5	5
10<I≤20	0.3	10
20<I≤50	0.25	15
50<I	0.2	15

额定短时耐受电流能力（I_{cW}）是指制造商规定的在额定工作电压、额定频率、规定的延时

时间及一定的功率因数（交流）或时间常数（直流）条件下电器的短时耐受电流能力值。对于交流电器，短路耐受电流为预期短路电流交流分量的有效值。延时时间优选值通常为 0.05 s、0.1 s、0.25 s、0.5 s 和 1 s。对于额定电流不大于 2500 A 的电器，额定短时耐受电流最小值为 $12I_n$ 或 5 kA（取较大者）；对于额定电流大于 2500 A 的电器，额定短时耐受电流最小值为 30 kA。

单极电器验证短路接通和分断能力的试验电路如图 5-8 和图 5-9 所示。其中图 5-8 为整定电路图，图 5-9 为实际测试电路图。低压开关设备和控制设备的短路性能测试主要分为两大步，第一步是通过图 5-8 获取电气测试系统的预期的电压、电流及功率因数或时间常数；第二步是在供电电源、可变电抗、可变电阻、监控回路不变的情况下，将被测电器串接在电气测试系统中，对被测电器时间整定的"预期"电压、短路电流等参数，最终验证被测电器产品在整定参数条件下的短路性能。双极电器、三极电器和四极电器的试验电路图与单极电器验证短路接通和分断能力的试验电路类似，限于篇幅，本书不再赘述。

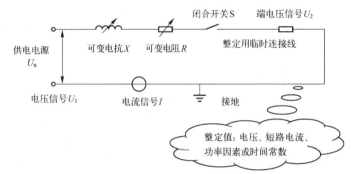

图 5-8　单极电器验证短路接通和分断能力的试验电路图（整定电路）

注：可变电抗 X 和可变电阻 R 可以放置在电源电路的高压侧或低压侧。

整定电路图由供电电源、可变电抗 X、可变电阻 R 和闭合开关 S 构成，通过调节供电电源、可变电抗 X 和可变电阻 R 的大小来调节整个线路的电压、短路电流、功率因数或时间常数、工频恢复电压、瞬态恢复电压的振荡频率 f 和过振动系数 γ（如有需要时）。整定电路图还配置了电压信号 U_1、端电压信号 U_2 和电流信号 I 的测量电路，通过这些电压和电流线路来监控整定电路中"预期"的电压、电流及功率因数或时间常数。可变电抗 X 要求为空芯电抗器，电抗值由各个电抗器串联耦合而成。只有当并联的电抗器具有实际上相同的时间常数时才允许电抗器并联。

为了模拟包含单独电动机负载（感性负载）的电路条件，负载电路的振荡频率 f 要求调整到下式所规定的参数，过振动系数 γ 要求调整为 1.1±0.5。

$$f = 2000 I_c^{0.2} U_e^{-0.8} (1 \pm 10\%) \tag{5-3}$$

式中，f 为振荡频率（kHz）；I_c 为分断电流（A）；U_e 为额定工作电压（V）。

短路试验时，电气线路整定的电压和电流允差为（0~+5%）、频率允差为（-5%~+5%）、功率因数允差为（-0.05~0）和时间常数允差为（0~+25%）。

实际测试电路图是建立在整定电路图基础上的一种演化测试图。两个电路图存在两个方面的差别，其一为"将被测电器的主导电回路"代替"整定用临时连接线"；其二为增加"由熔断元件 F 和限值故障电流电阻器 R_L"构成的"检测故障电流"测量电路。

为了检测故障电流，在电器的接地部件（包括金属网或外壳）与接地指定点之间要求

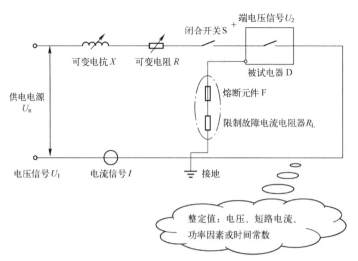

图 5-9 单极电器验证短路接通和分断能力的试验电路图（实际测试电路）

注：可变电抗 X 和可变电阻 R 可以放置在电源电路的高压侧或低压侧。

接入熔断元件 F，熔断元件采用 $\phi 0.8$ mm、长度至少为 50 mm 的铜丝或等效的熔断体。熔断元件电路中的预期故障电流要求为 $1500(1\pm10\%)$ A。

对于额定电流不大于 630 A 的断路器，试验用电缆长度为 75 cm（电源侧 50 cm、负载侧 25 cm），其截面积与温升试验的要求相同。

单极电器在单相交流短路接通和分断试验波形记录的实例和直流电路短路能力和分断能力试验波形记录的实例如图 5-10 和图 5-11 所示。从波形上可以确定外施电压、工频恢复电压、预期分断电流以及预期接通峰值电流等参数。

低压开关设备和控制设备短路性能测试的操作程序主要为 "O—t—CO—CO" "O—t—CO" "一次固定时间的短路电流承载"和"短路保护电器的 O 和 CO"。"O"是指一次分断操作，此时电器处于闭合位置，"O"验证的是电器的短路分断能力。"CO"是指一次接通操作，此时电器处于断开位置，人为接通电器后在短路电流的作用下电器断开，"CO"验证的是电器的短路接通能力。低压开关设备和控制设备短路性能测试的操作程序见表 5-28。

表 5-28　低压开关设备和控制设备短路性能测试的操作程序（GB/T 14048 系列）

序号	测 试 项 目	操 作 程 序	试 验 目 的
1	额定运行短路分断能力	O—t—CO—t—CO	验证电器短路分断后，故障未排除，再接通两次短路电流的能力
2	额定极限短路分断能力	O—t—CO	验证电器短路分断后，故障未排除，再接通一次短路电流的能力
3	额定短时耐受短路能力	—	验证在一定的时间内电器承受短路电流的能力
4	额定限值短路电流能力	短路保护电器的 O 和 CO	验证被测电器与配套使用的短路保护电器的承受短路电流的能力

注：1. "O"表示一次分断操作。

2. "C"表示一次接通操作。

3. "CO"表示接通操作后经过一个适当的间隔时间紧接着一次分断操作。

4. "t"表示两个相继的短路操作之间的时间间隔，要求时间尽量短，但不小于 3 min；允许其为电器的复位时间，最大复位时间为 15 min 或制造商规定的较长时间，但不超过 1 h。

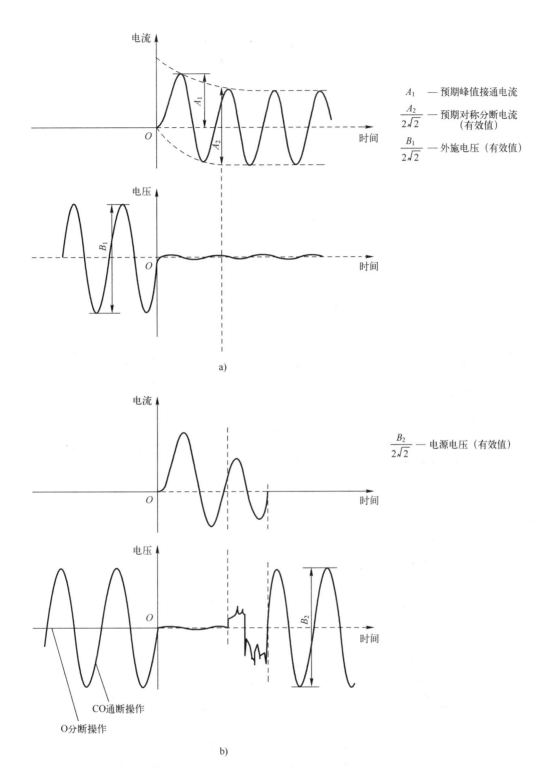

A_1 —— 预期峰值接通电流

$\dfrac{A_2}{2\sqrt{2}}$ —— 预期对称分断电流 （有效值）

$\dfrac{B_1}{2\sqrt{2}}$ —— 外施电压（有效值）

a)

$\dfrac{B_2}{2\sqrt{2}}$ —— 电源电压（有效值）

CO通断操作

O分断操作

b)

图 5-10 单极电器在单相交流短路接通和分断试验波形记录的实例

a）电路的整定 b）分断或通断操作

注：接通能力（峰值）$= A_1$；分断能力（有效值）$= \dfrac{A_1}{2\sqrt{2}}$。

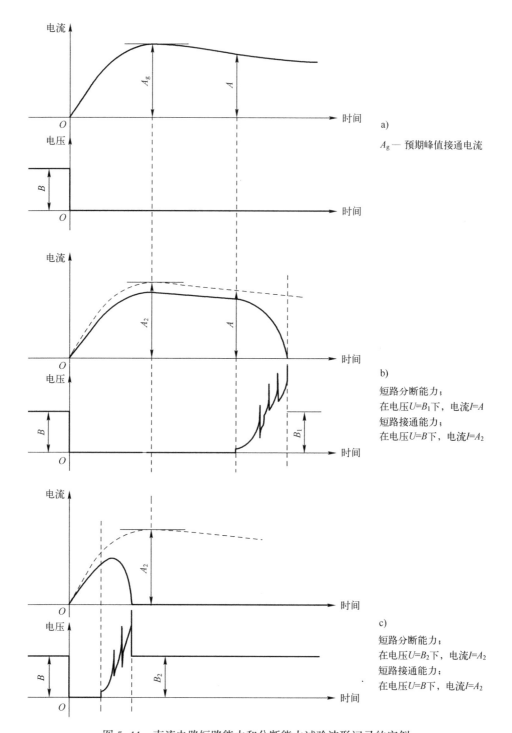

图 5-11　直流电路短路能力和分断能力试验波形记录的实例

a) 电路的整定　b) 当电流已过其最大值后分断的示波图　c) 当电流达到其最大值前分断的示波图

对于断路器产品，为了验证短路分断过程中断路器所产生的电弧对周围设备影响程度的大小，需要在距离断路器水平正面 10~12 cm 放置一块清洁的、低密度的聚乙烯薄膜，其厚度为 0.05±0.01 mm、尺寸为 100 mm×100 mm、在 23℃ 的密度为 0.92±0.05 g/cm³、熔点为

110~120℃。除了断路器在独立外壳中试验外，此试验时要求在金属网板和聚乙烯薄膜之间设置一个由绝缘材料或金属制成的挡板。聚乙烯薄膜放置示意图如图5-12所示。

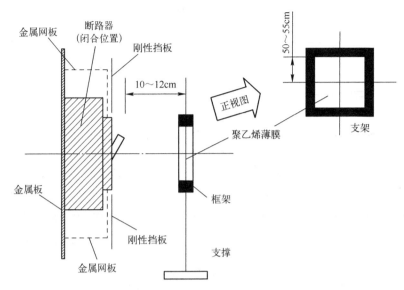

图5-12 断路器短路能力验证时聚乙烯薄膜放置示意图

对适用于GB/T 17701—2008的设备用断路器，验证额定短路能力下的性能按照如下操作程序执行。

1）对于自由脱扣、循环自由脱扣的设备用断路器和J型设备用断路器：O—t—CO—t—CO。

2）对于无自由脱扣的设备用断路器：O—t—O—t—O。

5.4.2 家用及类似场所用过电流保护断路器的短路性能测试

家用及类似场所用过电流保护断路器的短路性能测试与低压开关设备和控制设备的短路性能测试类似，都是验证电器在短路电流作用下的性能。但由于家用及类似场所用过电流保护断路器的短路保护能力一般都比较低（1500 A、3000 A、4500 A、6000 A、10000 A、20000 A或25000 A），且交流起始相位对短路性能的影响较为敏感，因此家用及类似场所用过电流保护断路器的短路性能测试在低压开关设备和控制设备的短路性能测试的基础上增加了"相位角"的要求。

典型的家用及类似场所用过电流保护断路器的短路性能测试电路如图5-13所示。该电路图通过调节阻抗Z和Z_1来调整断路器短路测试所预期达到短路能力参数，通过设置与电压波形同步的辅助开关来调整电路接通瞬间的交流相位角。试验时，断路器的进线导体长度为0.5 m，出线导体的长度为0.25 m。

家用及类似场所用过电流保护断路器的短路性能测试包括低短路电流下的试验、适用于不接地直流电源系统中使用的额定电压为220/440 V的两极断路器的短路试验、在1500 A电流下的试验、运行短路能力（I_{cs}）试验和额定短路能力（I_{cn}）试验等。家用及类似场所用过电流保护断路器的短路性能测试的操作顺序及起始相角要求见表5-29。

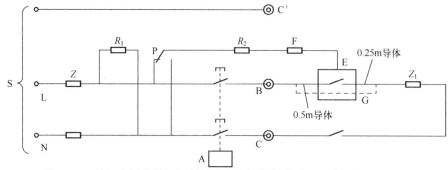

图 5-13　单极家用及类似场所用过电流保护断路器的短路性能测试电路

S—电源　N—中性线　Z—调节电流至额定短路能力的阻抗　Z_1—调节电流至低于额定短路能力的阻抗

R_1—电阻器　E—外壳或支架　A—与电压波形同步的辅助开关

G—调节电路的阻抗可忽略的连接线　R_2—0.5Ω电阻器　F—铜丝　P—选择开关　B\C\ C′—栅格连接点

表 5-29　家用及类似场所用过电流保护断路器的短路测试的操作顺序及起始相角要求

试验类型		操作顺序	交流起始相角要求
低短路电流下的试验	对所有断路器的试验	交流：O—t—O—t—O—t—O—t—O—t—O—t—CO—t—CO—t—CO 直流：O—t—CO—t—CO	交流：6次"O"的起始相角均匀分布在0~180°上；允许误差为±5°
	对额定电压为 230 V 或 240 V 或 230/400 V 的断路器，验证是否适合于在 IT 系统中使用的短路试验	O—t—CO	对一个保护极的"O"操作，其起始相角为0°；对接下来其他被试保护极的"O"操作，每次接通电路的点相对于前次试验波形上的点移相30°；允许误差为±5°
适用于不接地直流电源系统中使用的额定电压为 220/440 V 的两极断路器的短路试验		O—t—CO	—
≤150 A 的小直流电流试验		直流：O—t—CO—t—CO	
在 1500 A 电流下的试验		O—t—O—t—O—t—O—t—O—t—O—t—CO—t—CO—t—CO	对单极和两极断路器，6次"O"的起始相角均匀分布在0~180°上，允许误差为±5° 对三极和四极断路器，无起始相角的要求
大于1500 A电流的试验	运行短路能力（I_{cs}）试验	交流：对单极和两极断路器，O—t—O—t—CO 对三极和四极断路器，O—t—CO—t—CO 直流：对单极和两极断路器，O—t—CO—t—CO	三个被试样品； 对单极和两极断路器：第一台起始相角为0、15°和30°，第二台起始相角为45°、60°和75°，第三台进行三次CO试验 对三极和四极断路器：第一台起始相角为X、$X+60°$和$X+120°$，第二台起始相角为45°、60°和75°，第二、三台进行三次CO试验
	额定短路能力（I_{cn}）试验	交流：O—t—CO 直流：对单极和两极断路器，O—t—CO	三个被试样品； 起始相角分别为15°、45°和75°，分别进行一次CO试验
两极断路器的单极额定短路分断能力（I_{cn1}）试验		O—t—CO	—

5.4.3　家用和类似用途的剩余电流动作断路器的短路性能测试

家用和类似用途的剩余电流动作断路器的短路性能测试是在短路情况下，验证 RCCB 和 RCBO 的工作状况所进行的试验。

212

家用和类似用途的剩余电流动作断路器的短路性能测试依据剩余电流动作类型的不同而有所差别，主要表现为 RCCB 针对"剩余电流"的短路能力验证；RCBO 除了需要验证针对"剩余电流"的短路能力外，还需要验证针对"过电流"的短路能力。RCCB 和 RCBO 的短路性能测试项目见表 5-30。

表 5-30　在短路情况下，验证 RCCB 和 RCBO 的工作状况所进行的试验

RCCB		RCBO	
序号	验证项目	序号	验证项目
1	额定接通和分断能力 I_m	1	在低短路电流下试验
2	额定剩余接通和分断能力 $I_{\Delta m}$	2	在 1500 A 电流下试验
3	额定限值短路电流 I_{nc} 时的配合	3	大于 1500 A 电流下试验
4	额定接通和分断能力 I_m 时的配合	4	运行短路能力（I_{cs}）试验
5	额定限值剩余短路电流 $I_{\Delta c}$ 时的配合	5	额定短路能力（I_{cn}）试验
—	—	6	额定剩余接通和分断能力 $I_{\Delta m}$

验证"剩余电流"短路能力的试验电路如图 5-14 所示。与验证"过电流短路能力"的试验电路相比，验证"剩余电流"短路能力的试验电路增加了"调节剩余电流的阻抗 Z_2 +试验动作开关 S_1"。

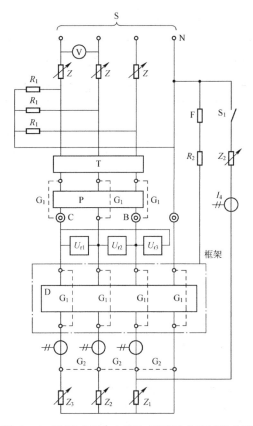

图 5-14　验证"剩余电流"短路能力的试验电路

S—电源　N—中性线　Z—调节电流的阻抗　Z_1—调节短路电流的阻抗　Z_2—调节剩余电流的阻抗　D—被试电器

T—短路接通开关　R_1—电阻器　G_1、G_2—调节电路的阻抗可忽略的连接线　R_2—限流电阻

F—检测故障电流装置　S_1—动作辅助开关　I_1、I_2、I_3、I_4—电流监控装置　U_{r1}、U_{r2}、U_{r3}—电压监控装置

验证"剩余电流"和"过电流"短路能力的试验过程与家用及类似场所用过电流保护断路器的短路性能测试的试验过程类似，请读者查阅相关试验标准。

5.4.4 低压熔断器的短路性能测试

低压熔断器的分断能力是指在电压不超过规定的恢复电压和额定频率条件下，熔断器要求能分断其预期电流范围内的任何电流。

低压熔断器的分断能力考核预期分断电流、熔断时的电弧电压。其中预期分断电流与产品的性能有关，熔断时的最大电弧电压应符合表 5-31 的要求。

表 5-31 熔断时的最大电弧电压限值要求

熔断体的额定电压/V		最大电弧电压（峰值）/V
适用于交流和直流	≤60	1000
	61～300	2000
	301～690	2500
	691～800	3000
	801～1000	3500
仅适用于直流	1001～1200	3500
	1201～1500	5000

交流低压熔断器的分断能力试验参数要求按照表 5-32 的规定执行。

表 5-32 交流低压熔断器的分断能力试验参数

参 数 要 求		No. 1	No. 2	No. 3	No. 4	No. 5
工频恢复电压		$1.05U_n$～$1.10U_n$，用于 690 V 额定电压熔断器 $1.10U_n$～$1.15U_n$，用于其他额定电压熔断器				
预期试验电流	"g"型熔断体	I_1	I_2	$I_3 = 3.2I_f$	$I_4 = 2.0I_f$	$I_5 = 1.25I_f$
	"a"型熔断体			$I_3 = 2.5k_2I_n$	$I_4 = 1.6k_2I_n$	$I_5 = k_2I_n$
电流允差		1.0～1.1	不适用	0.8～1.2	1.0～1.2	
功率因数		预期电流不大于 20 kA：0.2～0.3 预期电流大于 20 kA：0.1～0.2		0.3～0.5		
电压过零后的接通角		不适用	0°～20°	不做规定		
电压过零后的电弧始燃角		一次试验：40°～65° 另二次试验：65°～90°	不适用	不适用		

注：I_1 表示额定分断能力的电流；I_2 表示试验时电弧能量近似为最大的电流；I_3 表示验证熔断器在小过电流范围内是否能可靠动作的试验电流；I_4 表示验证熔断器在小过电流范围内是否能可靠动作的试验电流；I_5 表示验证熔断器在小过电流范围内是否能可靠动作的试验电流；I_f 对应于约定时间的约定熔断器电流；k_2 为电流系数。

直流低压熔断器的分断能力试验参数要求按照表 5-33 的规定执行。

表 5-33　直流低压熔断器的分断能力试验参数

参数要求	No. 1	No. 2	No. 3	No. 4	No. 5
恢复电压的平均值	$1.06U_n \sim 1.20U_n$				
预期试验电流	I_1	I_2	$I_3 = 3.2I_f$	$I_4 = 2.0I_f$	$I_5 = 1.25I_f$
电流允差	1.0~1.1	不适用	0.8~1.2	1.0~1.2	
时间常数	预期电流不大于 20kA：$0.5(I)^{0.3}$ms，允差：0~20% 预期电流大于 20kA：15~20 ms		0.3~0.5		

注：I_1 表示额定分断能力的电流；I_2 表示试验时电弧能量近似为最大的电流；I_3 表示验证熔断器在小过电流范围内是否能可靠动作的试验电流；I_4 表示验证熔断器在小过电流范围内是否能可靠动作的试验电流；I_5 表示验证熔断器在小过电流范围内是否能可靠动作的试验电流；I_f 表示对应于约定时间的约定熔断器电流。

低压熔断器短路能力的验证电路图如图 5-15 所示。通过可调电阻器和可调电抗器来调节线路中的短路参数，然后闭合电器 C，使被试熔断器 F 承受预期的短路电流，从而验证被试熔断器的短路性能。

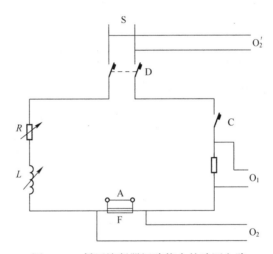

图 5-15　低压熔断器短路能力的验证电路

A—整定试验用的可拆连接　O_1—记录电流的测量电路　C—闭合电路用的电器　O_2—试验时记录电压的测量电路

D—保护电源用断路器或其他电器　O_2'—整定时记录电压的测量电路　F—被试熔断器

R—可调电阻器　L—可调电抗器　S—电源

关于 No. 1~No. 5 试验，试验要求和方法如下。

1）No. 1 和 No. 2 试验：对于每一项试验，所需试品相继进行试验。对于交流熔断器，若 No. 1 试验时，No. 2 试验的要求在一次或多次试验中得到了满足，则这些试验可作为 No. 2 试验的一部分，无须重复；对于直流熔断器，若 No. 1 试验时，在电流不小于 $0.5I_1$ 时出现电弧，则无须进行 No. 2 试验。

对于交流熔断器，若符合 No. 2 试验要求的预期电流大于额定分断能力，则 No. 1 和 No. 2 试验要求以电流 I_1 在 6 个试品上在 6 个不同的接通角下进行试验，每次试验时接通角相差约 30°。

为验证熔断器支持件的峰值耐受电流，No. 1 试验要求在熔断器底座和熔断体配齐的情况下（若有熔断体，则应装上）进行，这些试验的电弧始燃角要求在电压过零后65°~90°。

2）No.3、No.4和No.5试验：当进行交流试验时，可在相对于电压过零的任一瞬间接通电路。若试验设备不允许电流在全电压下维持所要求的时间，可用大致等于试验电流值在低压下预热熔断器。

5.4.5　操作性能测试

操作性能测试是用来验证电器在对应于规定使用类别的条件下能够接通、承载和分断其主电路电流而不发生故障的试验。操作性能测试涉及以下两个方面：

1）空载操作性能是在控制电路通电而主电路不通电的条件下进行的试验，其目的是验证电器的闭合和断开操作符合控制电路规定的上限和下限的外施电压和/或气压的操作。

2）有载操作性能是在控制电路通电且主电路通电的条件下进行的试验，其目的是验证电器的闭合和断开操作符合控制电路规定的上限和下限的外施电压和/或气压的操作。

对于断路器产品，其操作能力按照表5-34规定的要求执行。每次操作循环包括闭合操作后接着断开操作（不通电流的操作性能试验）或接通操作后接着分断操作（通电流的操作性能试验）。

表 5-34　操作循环次数（断路器）

额定电流①/A	每小时操作循环次数②	操作循环次数		
		不通电流	通电流③	总　　数
$I_n \leqslant 100$	120	8500	1500	10000
$100 < I_n \leqslant 315$	120	7000	1000	8000
$315 < I_n \leqslant 630$	60	4000	1000	5000
$630 < I_n \leqslant 2500$	20	2500	500	3000
$2500 < I_n$	10	1500	500	2000

① 指给定壳架等级的最大额定电流。
② 指最小的操作频率，如制造商同意，可提高该操作频率。
③ 每次操作循环期间，保持足够的时间以保证通以全电流，但不超过2s。

进行通电流的操作性能试验时，要求试验电路调整至断路器的最高额定工作电压、额定电流、功率因数（0.8±0.05）或时间常数（2~2.3）ms。

对于接触器或起动器产品，其操作性能参数和操作循环次数按照表5-35规定的要求执行。

表 5-35　操作性能参数和操作循环次数（接触器或起动器）

使用类别	接通和分断条件					
	电流倍数	电压倍数	功率因数	通电时间	间隔时间	操作循环次数
AC-1	1.0	1.05	0.80	0.05 s	与电流有关	6000①
AC-2	2.0	1.05	0.65	0.05 s		6000
AC-3	2.0	1.05	0.45 或 0.35	0.05 s		6000
其他要求省略						

使用 类别	接通和分断条件					
	电流倍数	电压倍数	时间常数	通电时间	间隔时间	操作循环次数
DC-1	1.0	1.05	1	0.05 s	与电流有关	6000①
DC-3	2.5	1.05	2	0.05 s		6000
DC-5	2.5	1.05	7.5	0.05 s		6000
其他要求省略						

① 一个极性进行 3000 次；另一个相反极性进行 3000 次。

其他产品的操作性能测试与断路器、接触器或起动器产品的要求类似，限于篇幅，本书不再阐述。

5.5　低压电器的寿命试验

寿命试验是考核低压电器在修理或更换部件之前所能完成的操作循环次数而设置的试验项目。寿命试验是在批量生产条件下统计寿命的基础。

寿命试验分为机械寿命试验和电气寿命试验。机械寿命试验和电气寿命试验考核的是被试电器的抗机械磨损能力和抗电磨损能力。

进行机械寿命试验时，被试电器的主电路无电压或电流，控制电路施加其额定电压和额定频率（或额定气压等），人力操作按正常情况进行操作，操作循环次数要求不小于产品标准规定的次数；进行电气寿命试验时，被试电器的主电路通以电流，控制电路施加其额定电压和额定频率（或额定气压等），人力操作按正常情况进行操作，操作循环次数要求不小于产品标准规定的次数。

对于接触器或起动器产品的机械寿命次数（万次）推荐为 0.1、0.3、1、3、10、30、100、300 和 1000。接触器或起动器进行了机械寿命试验后，要求满足室温下的操作性能要求，同时还需要满足连接导线用的零部件不松动的要求。机械寿命试验由制造厂根据具体情况在下列两种方法中任选一种：

1）单八制试验。8 台接触器或起动器必须一直试到指定的机械寿命，如果不合格的台数不超过 3 台，则认为试验合格。

2）双三制试验。3 台接触器或起动器必须一直试到指定的机械寿命，如果都合格，则认为试验合格；如有一台以上不合格，则认为试验不合格；如有一台不合格，则再试 3 台，若不再不合格，则认为试验合格，在任何情况下只要总共有 2 台或更多台不合格，则认为试验不合格。

接触器或起动器电气寿命的试验条件见表 5-36。操作速度由制造厂确定，试验电压的偏差为 ±5%，试验电流的偏差为 ±5%。

表 5-36　验证电气寿命的接通和分断条件（接触器或起动器）

使用 类别	额定工作电流/A	接　　通			分　　断		
		电流 倍数	电压 倍数	功率因数 或时间常数	电流 倍数	电压 倍数	功率因数 或时间常数
AC-1	全部值	1	1	0.95	1	1	0.95

使用类别	额定工作电流/A	接 通			分 断		
		电流倍数	电压倍数	功率因数或时间常数	电流倍数	电压倍数	功率因数或时间常数
AC-2	全部值	2.5	1	0.65	2.5	1	0.65
AC-3	$I_n \leq 17\ A$	6	1	0.65	1	0.17	0.65
	$I_n > 17\ A$	6	1	0.35	1	0.17	0.35
AC-4	$I_n \leq 17\ A$	6	1	0.65	6	1	0.65
	$I_n > 17\ A$	6	1	0.35	6	1	0.35
DC-1	全部值	1	1	1	1	1	1
DC-3	全部值	2.5	1	2	2.5	1	2
DC-5	全部值	2.5	1	7.5	2.5	1	7.5

电气寿命试验后，接触器或起动器在室温下要求满足相关的动作特性验证，并能承受规定的介电性能试验。

操作性能测试和电气寿命试验的测试原理图如图5-16所示，测量电路由供电电源、被试电器、可调电阻和可调电感构成，由于接通和分断电路中的电流参数通常会存在差异，因此该测试电路中设置了两路可调阻抗回路且配置了切换开关。试验时，接通过程使用其中一路可调阻抗回路，分断过程使用另外一路可调阻抗回路。

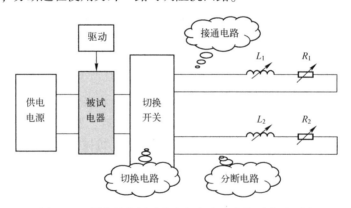

图5-16 操作性能测试和电气寿命试验的测试原理图

5.6 低压电器的安规测试

由于低压电器由金属件、塑料件等原材料构成，且产品本身具有承载、分断和保护等诸多电气功能，因此低压电器的安全功能要求就变得异常重要。一般情况下，低压电器的安规测试主要分为介电性能测试，电气间隙和爬电距离测试，绝缘材料的耐热、耐燃和耐漏电起痕性测试，耐机械冲击和机械撞击测试，端子和金属导管性能验证测试，防护等级测试等。

5.6.1 介电性能测试

低压电器的介电性能测试主要包括绝缘电阻测试、工频耐压测试、额定冲击耐压测试、泄漏电流测试和接地电阻测试等。各种类型的介电性能测试的参数要求和测试时机存在一定的差异，具体测试要求以产品标准为准。

1. 绝缘电阻测试

将直流电压施加于电介质上，经过一定时间极化过程结束后，流过电介质的泄漏电流对应的电阻称为绝缘电阻。绝缘电阻是电气设备和电气线路最基本的绝缘指标。绝缘电阻测试的试验原理是测量电气设备和电气线路的冷态或热态绝缘电阻，将测量的绝缘电阻值与标准要求值进行比较从而判断被测品是否满足电气绝缘的要求。

绝缘电阻表是考核低压电器绝缘性能的基础性仪表，在进行低压电器试验前或部分试验的过程中，均需要使用绝缘电阻表。绝缘电阻表通常分为手摇式绝缘电阻表和高绝缘电阻测试仪（高阻计）两种，两种测试仪的外观如图 5-17 所示。

图 5-17　绝缘电阻表

手摇式绝缘电阻表实际上是一台"手摇式直流发电机"，在一定的转速（120 r/min）下，绝缘电阻表输出端输出一定的直流电压，通常输出电压为 250 V、500 V 和 1000 V。其表盘标注为 0~∞，输出端"短接"时，摇动绝缘电阻表时表盘显示为"0"，输出端"开路"时，摇动绝缘电阻表时表盘显示为"∞"，这也是常用的绝缘电阻表进行"运行检查"的方法。

高阻计分为指针式和数字式两种显示类型，其内部电路保证了高阻计的输出电压满足试验的要求。

试验时，选择适当量程的绝缘电阻表，测试前进行设备自身的"运行检查"试验，确定仪器完好后，将绝缘电阻表的引出线连接在被测产品的指定位置，按照绝缘电阻表说明书规定的转速摇动绝缘电阻表（数字式可省略此步骤），读取绝缘电阻表上的读数，即可得到被测产品相应位置的绝缘电阻。

试验要点为以下 3 个方面：①选择合适量程的绝缘电阻表；②手摇式绝缘电阻表的转速控制在 120 r/min 左右，指针或数据稳定后再读数；③注意被测电器产品绝缘电阻测量位置的选择。

2. 工频耐压测试

工频耐压测试的原理是给被测产品提供一个规定的工频试验电压，该电压会在被试产品上产生泄漏电流，在规定的时间内如果泄漏电流小于标准规定值，则判断被试产品通过了耐压试验。

工频耐压测试的试验电压与产品的额定绝缘电压有关，一般情况下，介电强度的试验电压按照表 5-37 选取。

表 5-37　与额定绝缘电压对应的介电强度试验电压

额定绝缘电压 U_i/V	交流试验电压(r. m. s)/V	直流试验电压/V
$U_i \leqslant 60$	1000	1415
$60 < U_i \leqslant 300$	1500	2120
$300 < U_i \leqslant 690$	1890	2670

额定绝缘电压 U_i/V	交流试验电压(r.m.s)/V	直流试验电压/V
$690 < U_i \leq 800$	2000	2830
$800 < U_i \leq 1000$	2200	3100
$1000 < U_i \leq 1500$ [①]	—	3820

注：直流试验电压仅在交流试验电压不适用时使用。

① 仅适用于直流。

耐压试验设备为工频耐压仪，耐压仪应满足试验所需的电压、泄漏电路和测试时间的要求。

工频耐压仪是电动机出厂检验和型式试验所必须用到的基础测试仪器，工频耐压测试的目的是验证电动机绝缘系统对于给定工频电压的耐受程度，良好的电压输出能力对于验证电动机的绝缘能力具有非常重要的意义。工频耐压仪一般由可调节的升压调压器、保护电路、测量回路、计时回路及泄漏电流回路构成。一般设置电压、时间和泄漏电流的选择按钮。

在进行工频耐压测试时，通常是设置好电压、试验时间和泄漏电流后，通过观察仪器的"声光报警"现象来判断被试产品的耐压测试是否通过，如果仪器内部回路有故障，仪器的"声光报警"现象也不会出现。为了排除这种可能存在的故障，在使用工频耐压仪进行测试之前，一般会对仪器进行"运行检查"，运行检查的常用方法是，选择一个参考电阻，设置仪器的泄漏电流值，采用电压"夹逼"的方法进行检查，例如，参考电阻选择为 100 kΩ，泄漏电流设置为 20 mA，仪器连接参考电阻后，调节仪器电压到 1600 V 时，仪器无声光报警；调节仪器电压到 1900 V，仪器出现声光报警，则证明仪器良好；如果不满足上述条件，则仪器存在问题。

工频耐压测试的试验方法分为 3 步。第一步：将工频耐压仪的输出线连接到电动机的绕组和接地之间；第二步：设置工频耐压仪的泄漏电流和时间限值，调节工频耐压仪的输出电压至标准的规定值；第三步，工频耐压仪输出试验电压，观察工频耐压仪是否存在声光报警现象、绕组与接地间是否有击穿和闪烁的现象发生。

试验结果的判定方法为工频设置耐压仪的测试时间和泄漏电流参数，启动工频仪使输出试验电压达到规定的电压限值，通过观察被试品是否出现声光报警来判断试验的结果。

3. 额定冲击耐压测试

低压电器在运行过程中可能会受到雷电过电压或操作过电压的冲击，这种冲击会造成电器绝缘系统的损坏，严重时会造成电动机工作的不正常，甚至会造成重大的事故。为了避免这种绝缘系统的损伤，有必要在被试产品的相关部位施加标准的 1/2/50 μs 且内阻为 500 Ω 的雷击冲击电压波，通过观察冲击耐压仪的声光报警及绕组是否存在击穿闪烁的现象来判断电动机是否符合雷电或操作过电压引起的电压冲击，这就是冲击耐压测试的原理。

额定冲击耐压测试的试验设备为冲击耐压仪，该设备可以输出波峰为 1.2 μs、半宽为 50 μs、内阻为 500 Ω、峰值满足标准要求的标准雷击电压波。该波形如图 5-18 所示。

观察冲击耐压仪的声光报警、波形畸变及绕组是否存在击穿闪烁的现象来判断被试产品是否符合雷电或操作过电压引起的电压冲击，如果不存在上述现象，则可判定被试产品耐冲击电压性能符合要求。

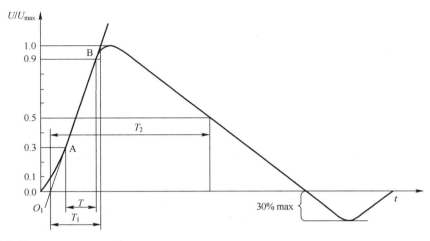

波前时间 $T_1=1.67×T=1.2×(1±30\%)\mu s$
半峰值时间 $T_2=50×(1±20\%)\mu s$

图 5-18 1.2/50 μs 500 Ω 雷击波形

额定冲击耐压的冲击电压峰值与电气间隙有关，常规低压开关设备和控制设备（GB/J 14048 系列产品）的额定冲击耐受电压优选值见表 5-38，隔离电器断开触头间的冲击耐受电压值见表 5-39。

表 5-38 冲击耐受电压值（低压开关设备和控制设备）

额定冲击耐受电压/kV	试验电压和相应的海拔($U_{1.2/50\mu s}$)/kV				
	海平面	200 m	500 m	1000 m	2000 m
0.33	0.35	0.35	0.35	0.34	0.33
0.5	0.55	0.54	0.53	0.52	0.5
0.8	0.91	0.9	0.9	0.85	0.8
1.5	1.75	1.7	1.7	1.6	1.5
2.5	2.95	2.8	2.8	2.7	2.5
4	4.8	4.8	4.7	4.4	4
6	7.3	7.2	7	6.7	6
8	9.8	9.5	9.3	9	8
12	14.8	14.5	14	13.3	12

表 5-39 隔离电器断开触头间的冲击耐受电压值（低压开关设备和控制设备）

额定冲击耐受电压/kV	试验电压和相应的海拔($U_{1.2/50\mu s}$)/kV				
	海平面	200 m	500 m	1000 m	2000 m
0.33	1.8	1.7	1.7	1.6	1.5
0.5	1.8	1.7	1.7	1.6	1.5
0.8	1.8	1.7	1.7	1.6	1.6
1.5	2.3	2.3	2.2	2.2	2
2.5	3.5	3.5	3.4	3.2	3

额定冲击耐受电压/kV	试验电压和相应的海拔($U_{1.2/50\,\mu s}$)/kV				
	海平面	200 m	500 m	1000 m	2000 m
4	6.2	6.0	5.8	5.6	5
6	9.8	9.6	9.3	9.0	8
8	12.3	12.1	11.7	11.1	10
12	18.5	18.1	17.5	16.7	15

额定冲击耐受电压值与额定工作电压对地最大值和过电压类型有关，其关系见表 5-40。

表 5-40　额定冲击耐受电压值与额定工作电压对地最大值和过电压类型的关系

额定工作电压对地最大值/V	过电压类别			
	Ⅳ	Ⅲ	Ⅱ	Ⅰ
	电源进线点（进线端）水平	配电电路水平	负载（装置电器）水平	特殊保护水平
50	1.5	0.8	0.5	0.33
100	2.5	1.5	0.8	0.5
150	4	2.5	1.5	0.8
300	6	4	2.5	1.5
600	8	6	4	2.5
1000	12	8	6	4

其他类型的低压电器产品的冲击耐受电压值与低压开关设备和控制设备略有差异，使用时，请读者查询相关标准。

4. 泄漏电流测试

泄漏电流是指在没有故障施加电压的情况下，电气中带相互绝缘的金属零件之间，或带电零件与接地零件之间，通过其周围介质或绝缘表面所形成的电流称为泄漏电流。

依据 IEC 60990：2016《接触电流和保护导体电流的测量方法》，接触电流可分为感知电流、反应电流、摆脱电流和灼伤电流，为了定性地分析这 4 种电流，标准规定了模拟人体阻抗的 3 种测量网络。电动机的接触电流主要考核感知和反应电流，使用的测量网络为加权接触电流（感知电流/反应电流）测量网络。

泄漏电流测试使用的仪器为接触电流测试仪，该仪器内置了一个或几个测量网络，按照 IEC 60990：2016 标准的要求制造和校准，满足测试的要求。

接触电流是指当人体或动物接触一个或多个装置或设备的可触及零部件时，流过他们身体的电流。接触电流测试仪应用于各种音视频产品、信息产品、家用电器、灯具以及电子仪器仪表等产品。接触电流测试仪的电气原理图如图 5-19 所示。

对于工作电压大于 50 V 适用于隔离的断路器，要求对每极在触头断开位置测量泄漏电流值。试验电压为 $1.1U_n$，限值要求不超过 0.5 mA。

5. 接地电阻测试

接地电阻是验证被试产品接地导通性的测试项目，通常情况下，标准要求在一定的电流条件下，测量门窗等接地点与被试产品接线端子之间的接地电阻。

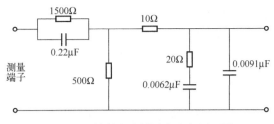

图 5-19　接触电流测试仪电气原理图

接地电阻测试仪与直流电阻测试仪类似，其主要的区别在于接地电阻增加了内部测量回路的稳流装置。

试验时，将接地电阻测试仪的输出端子连接至被试产品的要求部位之间，调节测试仪的输出电流达到标准的规定值（比如 10 A），测试仪上的电阻读数即为被试产品的接地电阻值。

5.6.2　电气间隙和爬电距离测试

电气间隙是两导电部件之间在空气中的最短距离，爬电距离是两导电部件间沿固体绝缘材料表面的最短距离。电气间隙和爬电距离测试是所有电器产品的基础性测试项目，它们直接影响到电器产品的绝缘性能和安全性能。在确定电气间隙和爬电距离时，需充分考虑额定电压、污染状况、绝缘材料性能类别、表面形状、位置方向以及承受电压时间的长短等多种使用条件和环境因素。

电气间隙能承受很高的过电压，但当过电压值超过某一临界值后，此电压将很快引起空气的电离，空气的电离会导致导电部件的电连接，因此在确认电气间隙大小时，必须以产品可能出现的最大内部和外部的过电压为依据。由于在不同场合使用同一电气产品或运用过电压保护器时所出现的过电压大小各不相同，因此根据不同的使用场合将过电压分为Ⅰ～Ⅳ这4 个等级。

在不同的使用情况下，由于导体周围的绝缘材料被电极化，绝缘材料呈现带电现象，此时在绝缘材料的表面会形成泄漏电流路径。若这些泄漏电流路径构成一条导电通路，则出现表面闪络或击穿现象，电气领域规定使用爬电距离来表征绝缘材料的抗电极化能力。

绝缘性能和安全性能以绝缘配合为基础，只有设备的设计基于在其期望的寿命中所承受的应力（比如电压）时才能实现绝缘配合。电压的绝缘配合分为长期电压的绝缘配合、瞬态过电压的绝缘配合、再现峰值电压的绝缘配合、暂时过电压的绝缘配合和以量化的污染等级考虑绝缘的微观环境条件下的绝缘配合。

确定电气间隙时需要考虑绝缘的类型（基本绝缘、附加绝缘和加强绝缘）、冲击耐受电压、稳态耐受电压、暂时过电压、再现峰值电压、电场条件、海拔、微观环境中的污染等级以及振动的机械力等因素的影响。电气间隙一般采用游标卡尺、千分尺等仪器对产品进行测量来确定，有些情况下对电气间隙也可以采取电气试验的方法进行验证，适合验证电气间隙的试验为冲击电压试验，其冲击电压按照相关规范选择，冲击电压试验可以采取工频电压或直流电压试验取代。

确定爬电距离时需要考虑电压（实际工作电压、额定绝缘电压、额定电压）、微观环境、爬电距离的方向和位置、绝缘材料、绝缘表面的形状以及电压作用的时间等因素。爬电距离测试采用游标卡尺等仪器对确定的路径进行测量。从爬电距离的定义上看，爬电距离的测量主要集中在如何选取"沿绝缘材料表面的最短距离"上，即如何选择"测量的路径、测量方法和工具"。在实际的测量过程中，各类电气产品的绝缘材料表面的形状各不相同，例如，绝缘表面有槽、筋和小洞等。如何根据爬电距离的定义来确定这些不规则的绝缘材料表面的路径就变得尤为重要。

爬电距离与污染等级有关，污染等级是根据导电的或吸湿的尘埃、游离气体或盐类和相对湿度的大小以及由于吸湿或凝露导致表面介电强度和（或）电阻率下降事件发生的频度而对环境条件做出的分级。污染等级与电气产品使用所处的环境条件有关。GB/T 16935.1—2008《低压系统内设备的绝缘配合 第1部分：原理、要求和试验》（IEC 60664-1：2007）将污染等级划分为4级，污染等级的定义及应用场合见表5-41。

表5-41 污染等级定义及应用场合

污染等级	定 义	应 用 场 合	X 值（槽宽度最小值）/mm
污染等级1	无污染或仅有干燥的非导电性污染	精密场合	0.25
污染等级2	一般情况下仅有非导电性污染，但必须考虑到偶然由于凝露造成短暂的导电性	家用场合	1.0
污染等级3	有导电性污染，或由于凝露使干燥的非导电性污染变成导电性的	工业用厂房	1.5
污染等级4	造成持久性的导电污染，例如，由于导电尘埃或雨雪所造成的污染	雨雪天的架空线	2.5

注：1. 对于承载触头的固定的和移动的绝缘材料间的爬电距离，具有相对运动的绝缘材料间无最小 X 值的要求。

2. 如果有关的电气间隙小于 3 mm，X 值可以减少至该电气间隙的1/3。

GB/T 16935.1—2008《低压系统内设备的绝缘配合 第1部分：原理、要求和试验》是一份关于在低压系统中使用的设备的绝缘配合的标准，适用于直流（电压不大于 1500 V）、交流（电压不大于 1000 V，频率不高于 30 kHz）及使用处海平面不高于 2000 m 的设备。标准给出了符合上述条件的设备的爬电距离和电气间隙的定义、限值和具体要求，同时也提供了测试方法以及路径的选用原则。GB/T 16935.1—2008 是一份关于爬电距离和电气间隙的总的指导性文件，是其他电器、设备制定爬电距离和电气间隙具体要求的源头，因此该标准在电器行业占有非常重要的地位。

爬电距离路径的选择遵循80°法则。两个导线的爬电距离跨越一个 V 型（角度为 φ）的绝缘槽时，当 $\varphi \geq 80°$ 时，爬电距离的路径沿着 V 型槽的内表面到达槽的顶点（见图 5-20a）；当 $\varphi < 80°$ 时，爬电距离的路径沿着 V 型槽的内表面并非直接到达槽的顶点，而是在图 5-20b 所示的位置发生了一段路径的跨接现象，其中 X 值的大小与污染等级有关（见表5-41）。这就是所谓的80°原则。

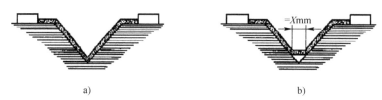

图 5-20 80°法则

在 IEC 的 CTL590 决议发布之前，关于爬电距离路径选择的 80° 原则并没有得到广泛的应用，各行业中对于 80° 原则的理解程度也不尽相同。因此 80° 原则的适用范围就成为一个摆在 IEC 各相关方的难点。经过投票表决 IECEE 综合各相关方的意见于 2007 年发布了 CTL590 决议。CTL590 决议明确规定 80° 原则适用于所有的电气设备。CTL590 的意义在于给出了 80° 原则的应用范围，为各相关方提供了确定 V 型槽爬电距离路径的方法，减少了爬电距离测量方法的争议。

测量导体间的爬电距离首先要确定爬电距离的路径。导体之间的绝缘材料形状各不相同，所处的污染环境也可能不同。不同的形状和污染环境对应着不同的路径。如何确定这些路径就成了一个新的难点。IEC 60664-1 针对这个难点，列出了图 5-21a～m 共计 13 种路径选择的具体实例。在具体的实例中，需要注意 X 值的选取方法。一般情况下 X 值与污染等级有关，X 值选取为 0.25 mm、1 mm、1.5 mm 和 2.5 mm，但是在一些情况下 X 值的大小并非如此。如果电气间隙小于 3 mm，X 值就为该电气间隙的 1/3（以下简称 1/3 原则）。因此在选取 X 值时要预先确定导体之间的电气间隙。如果电气间隙大于 3 mm，则 X 值的大小依据污染等级来确定；如果电气间隙小于 3 mm，X 值就为该电气间隙的 1/3。

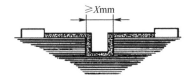

条件：该爬电距离路径包括宽度小于 Xmm
　　　而深度为任意的平行边或收敛形边槽
规则：爬电距离直接跨过槽测量

a)

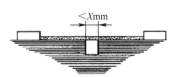

条件：爬电距离路径包括任意深度且宽度等于
　　　或大于 Xmm 的平行槽
规则：爬电距离路径沿槽的轮廓

a)

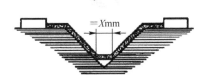

条件：爬电距离路径包括宽度大于 Xmm 的 V 形槽
规则：爬电距离路径沿着槽的轮廓但被 Xmm 联结
　　　把槽底"短路"

c)

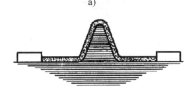

条件：爬电距离路径包括一条筋（假设筋的最
　　　小高度为 2mm 时，爬电距离可减少至规
　　　定值的 80%）
规则：爬电距离沿着筋的轮廓

d)

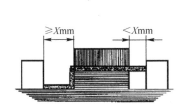

条件：爬电距离路径包括一条未浇合的接缝以及
　　　一边宽度小于 Xmm 而另一边宽度大于或等
　　　于 Xmm 的槽
规则：爬电距离如图所示

e)

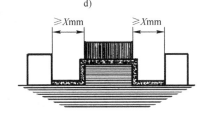

条件：爬电距离路径包括一条未浇合的接缝以
　　　及每边的宽度大于或等于 Xmm 的槽
规则：爬电距离路径沿着槽的轮廓

f)

图 5-21　爬电距离路径示例

225

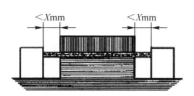

条件：爬电距离路径包括一条未浇合的接缝
以及每边的宽度小于Xmm
规则：爬电距离直接连接两导体

g)

条件：穿过一条未浇合的接缝的爬电距离小于
通过隔板的爬电距离
规则：爬电距离如图所示

h)

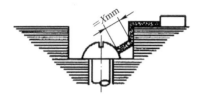

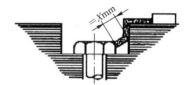

条件：螺钉头与凹壁之间的间隙过分窄小
而不被考虑
规则：当螺钉头到壁的距离为Xmm时测
量爬电距离

i)

条件：螺钉头与凹壁之间的间隙过分窄小
而不被考虑
规则：当螺钉头到壁的距离为Xmm时测
量爬电距离

j)

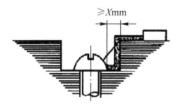

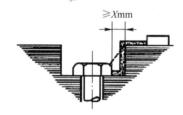

条件：螺钉头与凹壁之间的间隙足够宽
应加以考虑
规则：爬电距离路径如图所示

k)

条件：螺钉头与凹壁之间的间隙足够宽
应加以考虑
规则：爬电距离路径如图所示

l)

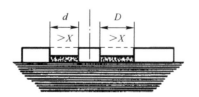

规则：爬电距离路径跨过中间的导体
爬电距离为d+D

m)

图 5-21　爬电距离路径示例（续）

　　电气间隙和爬电距离的试验设备主要为尺寸的测量仪器仪表，比如游标卡尺、千分尺等，必要时使用冲击耐压仪、工频耐压仪等电气测试设备。相关的设备和仪表应满足测试的需求。

　　依据产品规范的要求确定需要测量电气间隙和爬电距离的导电部件，选择和确定测量的路径，使用测量仪器对路径进行测量，对测量的数据进行汇总和计算，最终得到电气间隙和爬电距离的测量值。如果有必要，还需要对电气间隙进行耐冲击电压等试验，通过观察被测品的反应和仪器的声光报警现象来判定产品的电气间隙是否符合要求。

常规低压开关设备和控制设备（GB/T 14048 系列产品）的电气间隙和爬电距离限值见表 5-42 和表 5-43。

表 5-42　电气间隙限值（低压开关设备和控制设备）

额定冲击耐受电压/kV	最小电气间隙/mm							
	污染等级（非均匀电场条件）				污染等级（均匀电场条件）			
	1	2	3	4	1	2	3	4
0.33	0.01	0.2	0.8	1.6	0.01	0.2	0.8	1.6
0.5	0.04	0.2	0.8	1.6	0.04	0.2	0.8	1.6
0.8	0.1	0.2	0.8	1.6	0.1	0.2	0.8	1.6
1.5	0.5	0.5	2.3	1.6	0.3	0.3	0.8	1.6
2.5	1.5	1.5	1.5	1.6	0.6	0.6	0.8	1.6
4	3	3	3	3	1.2	1.2	1.2	1.6
6	5.5	5.5	5.5	5.5	2	2	2	2
8	8	8	8	8	3	3	3	3
12	14	14	14	14	4.5	4.5	4.5	4.5

表 5-43　爬电距离限值（低压开关设备和控制设备）

额定绝缘电压或工作电压/kV	最小电气间隙/mm									
	污染等级									
	1	2			3			4		
	材料组别									
	I	I	II	III	I	II	IIIa IIIb	I	II	IIIa
200	0.42	1	1.4	2	2.5	2.8	3.2	4	5	6.3
250	0.56	1.25	1.8	2.5	3.2	3.6	1.25	5	6.3	8
320	0.75	1.6	2.2	3.2	4	4.5	1.6	6.3	8	10
400	1	2	2.8	4	5	5.6	2	8	10	12.5

注：其他值省略，请查询标准要求。

其他低压电器产品的电气间隙和爬电距离的限值要求依据相关的产品执行。

5.6.3　绝缘材料的耐热、耐燃和耐漏电起痕性测试

非金属功能部件要求具有耐热、耐燃、耐漏电起痕和耐气候老化功能，可通过耐热变形性试验、燃烧试验、耐漏电起痕性试验和老化试验来验证非金属功能部件的性能。

1. 耐热变形性试验

非金属材料（陶瓷材料除外）及其制成的零部件须通过球压变形性试验。进行球压变

形性试验时，将被试非金属件放置在图 5-22 所示的球压试验载荷装置下，然后将该载荷装置放置在试验烘箱中，按表 5-44 的要求且依据零部件的用途选择烘箱的试验温度。被试非金属件要求厚度不小于 2.5 mm、边长不小于 10 mm（方形）或直径不小于 10 mm（圆形）。

试验持续时间为 60 min+2 min/0 min，然后移除载荷装置，在 10 s 内将被试非金属件浸入到(20±5)℃的水中保持(6±2)min 时间，去除水分后测量压痕的水平尺寸。如果尺寸不大于 2 mm，则评定被试非金属件符合耐热变形性的要求。

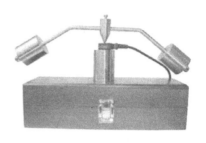

图 5-22　球压试验载荷装置

表 5-44　非金属材料球压试验条件

零　部　件	试　验　条　件
由非金属材料制成的外部零件，例如，外壳等	(75±2)℃
安装或支撑载流零部件的绝缘材料	(125±2)℃

2. 抗非正常热和火试验

低压电器中非金属材料（陶瓷材料除外）及其制成的零部件要求具有阻燃性。

在电器上进行的材料试验要求采用 GB/T 5169.10—2017 和 GB/T 5169.11—2017 规定的成品灼热丝试验方法进行试验。

用于固定整流部件所使用的绝缘材料部件的试验温度，根据绝缘材料部件预期的着火危险性要求选择 850℃或 960℃，其他用途的绝缘材料的试验温度为 650℃。

对于 GB/T 5169.11—2017 规定的小型绝缘材料部件，有关产品可规定使用其他的试验要求（例如，针焰试验）。对于其他情况，如果金属部件大于绝缘材料部件（例如，端子排）时，也可采用该方法。

对于绝缘材料部件，根据可燃性类别，采用火焰试验、电热丝引燃试验（HWI）和电弧引燃试验（AI）的方法在材料上进行试验。火焰试验依据 GB/T 11020—2005 执行，电热丝引燃试验和电弧引燃试验依据 GB/T 14048.1—2012 的附录 M 执行。电热丝引燃试验（HWI）试验装置和电弧引燃试验（AI）试验的示意图如图 5-23 和图 5-24 所示。

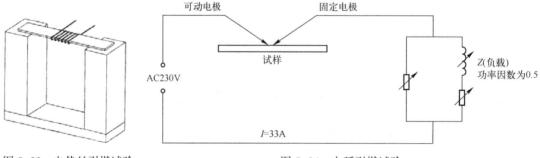

图 5-23　电热丝引燃试验
（HWI）试验示意图

图 5-24　电弧引燃试验
（AI）试验示意图

3. 耐漏电起痕性试验

耐漏电起痕性试验主要是模拟电气产品在实际使用中不同极性带电部件在绝缘材料表面

沉积的导电物质是否引起绝缘材料表面爬电、击穿短路和起火危险而进行的检验。

安装带电零部件的绝缘材料、带电零部件和相邻不带电的金属零部件之间的绝缘材料要求具有耐漏电起痕性。耐漏电起痕性试验的示意图如图 5-25 所示。

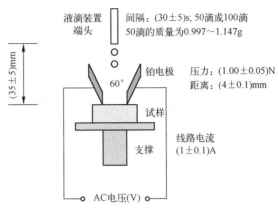

图 5-25　耐漏电起痕性试验示意图

5.6.4　耐机械冲击和机械撞击测试

家用及类似场所用断路器产品要求具有足够的机械性能，以使其能承受安装和使用过程中可能遭受的机械应力。机械应力包括机械冲击和机械撞击所产生的应力，分别对应耐机械冲击测试和耐机械撞击测试。

耐机械冲击测试的试验装置如图 5-26 所示。试验装置由铰链、附加配重、金属止动板和混凝土基座构成。木质基座 6 固定在混凝土基座 5 上，用铰链 1 将一个木平台 7 连接在基座 6 上，平台上再放置一块木板 8，木板能以两个垂直位置固定在距铰链不同的距离上。平台的端部连接一个金属止动板 4，金属止动板靠在一个弹性系数为 25 N/mm 的螺旋形弹簧上。

将被试电器固定在木板 8 上，使试品的水平轴线至平台 7 的距离为 180 mm，木板 8 按照 4 个方位依次固定在使安装平面至铰链的距离为 200 mm 的地方。在木板的试品安装平面的反面，固定一个附加配重 2，使得作用在金属止动板上的静力为 25 N，以保证整个系统的惯量基本上不变。

试验时，被试品处于闭合位置，将工作平台的自由端升高，然后从 40 mm 的高度落下 50 次，相邻两次落下的时间间隔要求能使试品静止为准。然后将被试品固定到其他 3 个方向上，平台 B 再按上述要求各落下 50 次。在每次改变位置前，用手动操作方式断开和闭合被试品。

在试验过程中，被试品要求不出现"异常断开"的现象。

耐机械撞击测试的试验装置如图 5-27 所示。该试验装置由框架和安装支架构成，撞击元件的头部有一个半径为 10 mm 的半球行面，由洛氏硬度 HR100 的聚酰胺制成。撞击元件的质量为 (150±1) g 并被刚性地固定在一根外径为 9 mm、壁厚为 0.5 mm 的钢管下端，钢管的上端用枢轴固定，使其只能在一个垂直平面内摆动。枢轴的轴线在撞击元件轴线上方 (1000±1) mm 处。

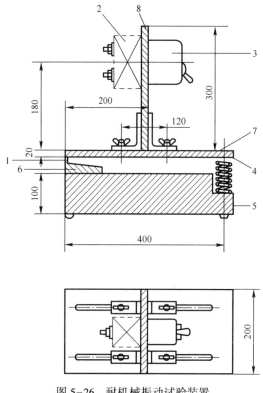

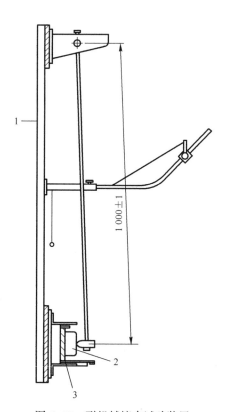

图 5-26 耐机械振动试验装置
1—铰链 2—附加配重 3—试品 4—金属止动板
5—混凝土基座 6—木质基座 7—木平台 8—木板

图 5-27 耐机械撞击试验装置
1—框架 2—试品 3—安装支架

试验时，撞击元件从 10cm 的高度落到按正常使用安装时的被试品的外露表面。每台被试品承受 10 次撞击，其中两次施加在操作手柄上，其余几次要求均匀地分布在试品易遭受撞击的部件上。对于被试品的操作件要求施加两次撞击，一次操作件处于闭合位置，另外一次操作件处于断开位置。

试验后，被试品要求无损坏，尤其是破裂后可触及带电部件或妨碍被试品继续使用的盖、操作件、绝缘材料衬垫或隔板、类似的部件均不应有这样的损坏。

5.6.5 端子和金属导管性能验证测试

低压电器端子所有的接触部件和载流部件均要求由导电的金属制成且具备足够的机械强度。常见端子的示意图如图 5-28 所示。

端子连接导线的能力是指低压电器端子适用的连接导线的类型（硬线或软线、单芯线或多股线）、最大和最小导线截面及同时能接至端子的导线根数（如适用）。

端子的机械和电气性能通过端子的机械强度试验、导线的偶然松动和损坏试验（弯曲试验）、导线的拉出试验和最大截面的未经处理的圆铜导线的接入能力试验来验证。

端子的机械强度通过规定的拧紧力矩接上和拆下规定的最大截面积导体来验证。在试验中，紧固部件和端子要求不出现松动的现象且不应有会影响其进一步使用的损坏，比如螺纹滑牙或螺钉头的槽、螺纹、垫圈及镫形件的损坏。

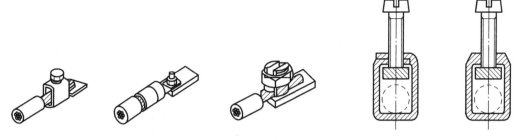

图 5-28 常见端子示意图

导线的偶然松动和损坏试验（弯曲试验）用于连接未经处理的圆铜导线的端子，连接导线的根数、截面积和类型由制造商规定。试验时要求验证 3 种连接状态：①用最小截面积导体及其允许的最多根数连接至端子进行试验；②用最大截面积导体及其允许的最多根数连接至端子进行试验；③用最小和最大截面积导体及其允许的最多根数连接至端子进行试验。导线的偶然松动和损坏试验（弯曲试验）的试验装置如图 5-29 所示。试验时，被试导体的末端要求穿过压板中合适尺寸的衬套孔，压板处于电器端子向下高度 H 处，衬套做圆周运动，圆周直径为 75 mm，圆周运动的速度为 8~12 r/min。试验装置悬挂在导线末端的配重质量依据标准规定的要求执行，试验要求连续旋转 135 转。试验过程中，要求导线不脱出端子且不在夹紧处折断。

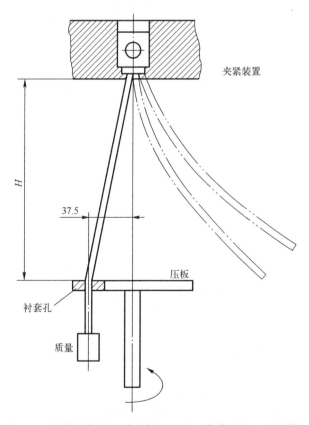

图 5-29 导线的偶然松动和损坏试验（弯曲试验）试验装置

导线的拉出试验是指将适当长度的导线固定在端子上，以标准规定的拉力平稳地作用导线上 1 min。试验过程中，要求导线不脱出端子且不在夹紧处折断。

最大截面的未经处理的圆铜导线的接入能力试验采用图 5-30 所示的模拟量规进行。试验要求量规的测量截面在重力的作用下能穿过端子的孔中，且能插入端子的底部。

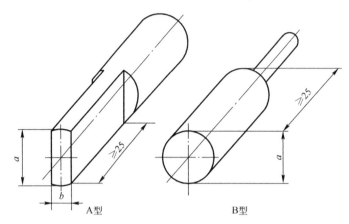

图 5-30　最大截面的未经处理的圆铜导线的接入能力试验模拟量规

金属导线管的拉出、扭转和弯曲试验在适当尺寸（长 300 mm±10 mm）的金属导线管上进行。进行拉力试验时，将导线管向通道口方向旋转，旋转力矩为表 5-45 规定值的 2/3，持续时间为 5 min。试验后导线管在通道口上的位移不应超过导线管一节螺纹的深度，同时导线管不应有明显影响外壳进一步使用的损坏。

表 5-45　金属导线管拉出试验的试验值

导线管型号见 GB/T 17193—1997	导线管直径		拉出力/N
	内径/mm	外径/mm	
12H	12.5	17.1	900
16H~41H	16.1~41.2	21.3~48.3	900
53H~155H	52.9~154.8	60.3~168.3	900

在进行金属导线管的弯曲试验时，要求缓慢施加弯曲力矩至导线管的自由端。当在每 300 mm 长的导线管产生 25 mm 的偏移或弯曲力矩已达到表 5-46 的规定值时，保持此力矩 1 min，之后在相反的方向重复该试验。试验后不应有明显影响电器外壳进一步使用的损坏。

表 5-46　金属导线管弯曲试验的试验值

导线管型号见 GB/T 17193—1997	导线管直径		弯曲力矩/N·m
	内径/mm	外径/mm	
12H	12.5	17.1	35[①]
16H~41H	16.1~41.2	21.3~48.3	70
53H~155H	52.9~154.8	60.3~168.3	70

① 对于仅用于引入导线而不用于引出导线的导线管，其试验值可减少至 17 N·m

在进行金属导线管的扭转试验时，扭转力矩按表 5-47 的规定选择。对不具备预组装导

232

线管通道的外壳，可不进行扭矩试验。对具有可连接 16H 及以下规格的单根导线管的外壳，扭转力矩可减小到 25 N·m。试验后导线管要求可旋出，并要求没有明显影响进一步使用的损坏。

表 5-47　金属导线管扭转试验的试验值

导线管型号见 GB/T 17193—1997	导线管直径		弯曲力矩/N·m
	内径/mm	外径/mm	
12H	12.5	17.1	90
16H~41H	16.1~41.2	21.3~48.3	120
53H~155H	52.9~154.8	60.3~168.3	180

5.6.6　防护等级测试

外壳防护等级按照 GB/T 4208—2017（等同 IEC 60529：2001）执行，外壳防护主要关注低压电器整体结构的防护。外壳防护试验是为了验证整体结构是否能防止人体触及或接近壳内带电部分，防止固体异物进入整体结构，防止由于低压电器进水而引起的有害影响。

防护等级的标志由表征字母"IP"（International Protection）及附加在其后的两个表征数字组成，标志示例为 IPXX。第一位表征数字表示外壳对人和壳内部件提供的防护等级，其包括两层含义：一是指对人提供防护，设备外壳通过防止人体的一部分或人手持物体接近危险部件而受到触电、击伤等人体伤害；二是指对设备提供防护，设备外壳通过防止固体异物进入而使设备受到损害。第二位表征数字表示由于外壳进水而引起有害影响的防护等级。当只需用一个表征数字表示某一防护等级时，被省略的数字以字母"X"代替，例如，IPX5 或 IP2X。

IP 代码各要素及含义简表见表 5-48。

表 5-48　IP 代码各要素及含义简表

组　成	数字或字母	对人员防护的含义	对设备防护的含义
		防止接近危险部件	防止固定异物进入
第一位特征数字	0	无防护	无防护
	1	手背	≥50 mm
	2	手指	≥12.5 mm
	3	工具	≥2.5 mm
	4	金属线	≥1 mm
	5	金属线	防尘
	6	金属线	尘密
第二位特征数字			防止进水造成有害影响
	0		无防护
	1		垂直滴水
	2		15°滴水
	3		淋水

组 成	数字或字母	对人员防护的含义	对设备防护的含义
第二位特征数字	4		溅水
	5		喷水
	6		猛烈喷水
	7		短时间浸水
	8		连续浸水
附加字母（可选择）		防止接近危险部件	
	A	手背	
	B	手指	
	C	工具	
	D	金属线	

外壳防护等级测试所使用的试验设备包括标准试指、标准试球、标准试针、粉尘箱、淋水设备、喷水设备及沉浸水池等。常见的试验设备如图 5-31 所示。

a)　　　　　　b)　　　　　　c)　　　　　　d)

图 5-31　外壳防护等级测试试验设备
a）标准试指　b）标准试球　c）喷头　d）摆管淋雨设备

IP1X～IP4X 所对应的试验方法主要为使用标准试指、试球或试针对被试电机的外壳施加一定的力来验证产品的防护等级；IP5X～IP6X 所对应的试验方法为将被试低压电器"抽空气"后放置在粉尘箱中，保持一段时间，通过检查滑石粉集聚的部位和多少来验证产品的防护等级。对第二位数规定的"外壳进水而引起有害影响"，IPX1～IPX4 所对应的试验方法主要为使用淋雨设备对被试低压电器的外壳施加一定时间和角度雨滴来验证产品的防护等级；IPX5～IPX6 所对应的试验方法主要为使用喷水设备对被试低压电器的外壳施加一定时间、角度和压强的雨水来验证产品的防护等级；IPX7～IPX8 所对应的试验方法主要为将被试低压电器浸入至一定深度的水池内并保持一定的时间后观察被试电器的进水量来验证产品的防护等级。

防固体异物和防水试验的试验条件见表 5-49 和表 5-50。对于防止人接近危险部件的试验，IP1XA 施加的力为 (50 ± 5) N，IP2XB 施加的力为 (10 ± 1) N，IP3XC 施加的力为 (3 ± 0.3) N，IP4XD 施加的力为 (1 ± 0.1) N。对于防止固体异物进入的试验，IP1X 施加的力为 (50 ± 5) N，IP2X 施加的力为 (30 ± 3) N，IP3X 施加的力为 (3 ± 0.3) N，IP4X 施加的力为 (1 ± 0.1) N。

表 5-49　防接近危险部件和固体异物进入的试验条件

特征数字	防止接近危险部件	固体异物
0	不要求试验	不要求试验
1	直径 50 mm 的球不得完全进入外壳，并与带电部分保持足够的间隙	
2	铰接试指可进入 80 mm 长，但必须与带电部分保持足够间隙	直径 12.5 mm 的球不得完全进入外壳
3	直径 2.5 mm 的试棒不得进入外壳，并与带电部分保持足够的间隙	
4	直径 1.0 mm 的试棒不得进入外壳，并与带电部分保持足够的间隙	
5	直径 1.0 mm 的试棒不得进入外壳，并与带电部分保持足够的间隙	防尘试验
6	直径 1.0 mm 的试棒不得进入外壳，并与带电部分保持足够的间隙	尘密试验

表 5-50　防水试验的试验条件

特征数字	试 验 方 法	水 流 量	试验持续时间
0	不需要试验		
1	滴水箱、外壳置于转台上	1~1.5 mm/min	10 min
2	滴水箱、外壳在 4 个固定位置上倾斜 15°	1~1.5 mm/min	10 min
3	摆管，与垂直方向±60°范围淋水，最大距离 200 mm 或淋水喷头，与垂直方向±60°范围淋水	每孔 0.07（1±5%）L/min 乘以孔数或 10（1±5%）L/min	10 min 1 min/m² 至少 5 min
4	同数字为 3 的试验，角度为与垂直方向±180°	同上	同上
5	喷嘴，喷嘴直径 6.3 mm，距离 2.5~3 m	12.5（1±5%）L/min	1 min/m² 至少 3 min
6	喷嘴，喷嘴直径 12.5 mm，距离 2.5~3 m	100（1±5%）L/min	1 min/m² 至少 3 min
7	潜水箱、水面在外壳顶部以上至少 0.15 mm，外壳底面在水面下至少 1 m	—	30 min
8	潜水箱、水面高度由用户和制造厂协商	—	由用户和制造厂协商

5.7　低压电器的环境适应性测试

环境适应性测试是为了保证产品在规定的寿命期间，在预期的使用、运输或储存的所有环境下，保持功能可靠性而进行的活动。环境适应性测试是将产品暴露在自然的或人工的环境条件下经受其作用，以评价产品在实际使用、运输和储存的环境条件下的性能，并分析研究环境因素的影响程度及其作用机理。国际电工委员会颁布的"环境参数分级标准"具体如下：

1）气候环境因素，如温度、湿度、压力、日光辐射、沙尘、雪等。

2）生物及化学因素，如盐雾、霉菌、二氧化硫、硫化氢等。

3）机械环境因素，如振动（含正弦、随机）、碰撞、跌落、摇摆、冲击等。

4）综合环境因素，如温度与湿度，温度与压力，温度、湿度与振动等。

气候环境测试的试验模型如图 5-32 所示。被试品放置于各种模拟的环境中，经过相应的程序后，通过试验后的观察或试验，评定被试品是否具备相应的环境适应性。此类试验主要是验证被试低压电器在各种环境中，被试品的绝缘能力、原材料的选用等是否满足设计的要求。

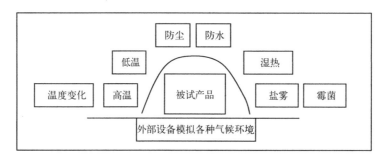

图 5-32　气候环境试验模型

气候环境测试主要包括湿热试验、高低温试验、温度变化试验、盐雾试验和霉菌试验等。

湿热试验是将一定数量的被试产品整机或零部件放入符合相关标准要求的湿热试验箱中，经过一定的试验周期后，通过绝缘电阻试验、泄漏电流试验和耐压试验等测试来判断被试电动机的耐湿热性能的能力。

湿热试验分为恒定湿热试验和交变湿热试验。依据被试品最终的使用环境，选择不同的湿热试验类型。湿热试验参照 GB/T 2423.3—2016《电工电子产品环境试验 第 2 部分：试验方法 试验 Cab：恒定湿热试验》和 GB/T 2423.4—2008《电工电子产品环境试验 第 2 部分：试验方法 试验 Db：交变湿热（12 h+12 h 循环)》执行。

湿热试验设备分为恒定湿热箱和交变湿热箱，试验箱按照 GB/T 2423.3—2016 和 GB/T 2423.4—2008 标准的要求制造而成，通常试验箱由加热器、加湿器、湿热室、温湿度控制器和仪器仪表构成。

恒定试验箱内的温度保持为(40±2)℃，相对湿度维持在(95±3)%。

交变试验箱内的温度维持在低温 25℃±3 K 与高温 40℃±2 K（或 55℃±2 K）之间循环变化，相对湿度在高温阶段维持在(95±3)%，在其他阶段相对湿度维持在 95%~100%。

依据 GB/T 2423.3—2016 和 GB/T 2423.4—2008 的相关规定，低压电器湿热试验的试验周期推荐值见表 5-51。恒定湿热要求选择 40℃和 2 d 试验周期，交变湿热选择 25~40（或 55)℃和 6 d 试验周期。

表 5-51　湿热试验试验周期推荐值

试验名称	温度/℃	试验周期
恒定湿热试验	40	12 h、16 h、24 h、2 d、4 d、10 d、21 d、56 d
交变湿热试验	25~40	2 d、6 d、12 d、21 d、56 d
	25~55	1 d、2 d、6 d

部分产品标准对低压电器主要零部件的表面外观提出了考核要求，考核的内容主要包括表面油漆、金属件的腐蚀、塑料件的变形和裂纹、润滑剂的变质等。

表面油漆用外观检查和油漆层附着力质量标准分级来考核。外观要求如下：任一平方米的正方形面积内直径 0.5~3 mm 的气泡不多于 9 个，其中直径大于 1 mm 的气泡不多于 3 个、

236

直径大于2mm的气泡不多于1个，不允许出现直径大于3mm的气泡和超过30%表面积的隐形气泡；底漆无脱落的现象发生；允许底金属出现个别锈点以及少量起皱，但是不能出现脱落、开裂、严重的橘皮或流挂现象的发生。

附着力质量分级标准见表5-52。附着力的检查方法为在平整的油漆层表面，用专用单刃或多刃刀具（可用11号或12号医用手术刀）横竖垂直划出各6条刀痕并形成25个小方格。油漆厚度小于0.06mm时刀痕的间隙为1mm，油漆厚度在0.06mm~0.12mm时刀痕的间隙为2mm，油漆厚度大于0.12mm时刀痕的间隙为3mm。试验时专用刀具的刃尖不超过0.1mm，还要求用新的油漆刷在栅格表面沿两条对角线方向轻轻地来回各刷5次，然后检查方格内油漆的脱落情况。一般情况下，油漆附着力一般要求不低于等级3的要求。

表5-52　表面油漆附着力质量分级标准

等级	分级标准
0	刀痕十分光滑，无涂层小片脱落
1	在栅格的交点处有细小涂层碎片剥落，剥落面积占栅格面积的5%以下
2	涂层沿刀痕和（或）栅格的交点处剥落，剥落面积占栅格面积的15%~15%
3	涂层沿刀痕部分或全部呈宽条状剥落和（或）从各栅格上部分或全部剥落，剥落面积占栅格面积的15%~35%
4	涂层沿刀痕呈宽条状剥落和（或）从各栅格上部分或全部剥落，剥落面积占栅格面积的35%~65%
5	剥落面积超过栅格面积的65%

绝缘件和塑料件表面允许出现部分白色粉状物质或轻微粗糙现象、轻微的填料膨胀或外漏、少量直径为0.3~0.5mm或个别0.5~1.0mm的气泡；无变形和裂纹现象的发生；对酚醛塑料的直径100mm且厚5mm的标准圆片，不允许出现个别直径0.5~1.0mm的气泡。

对于暴露于高温或低温环境的产品，由于高温或低温会改变其组成材料的物理特性，因此可能会对其工作性能造成暂时或永久性的损害。低温环境对产品造成的典型不利影响主要有以下几种：①材料的硬化和脆化；②在对温度瞬变的响应中，不同材料产生不同程序的收缩，以及不同零部件的膨胀率不同，引起零部件相互咬死；③由于黏度增加，润滑油的润滑作用和流动性降低；④电子器件（电阻器、电容器等）性能改变；⑤机电部件的性能改变；⑥减振架刚性增加；⑦破裂与龟裂、脆裂、冲击强度改变和强度降低；⑧受约束的玻璃产生静疲劳；⑨水的冷凝和结冰；⑩燃烧率变化。高温环境对产品造成的不利影响与低温环境类似，例如，高温会导致塑料处理的软化、润滑油的气化等。

为了评价产品在高温或低温环境下使用、运输或储存的能力，特制定了低温试验和高温试验的试验方法和试验等级要求，这就是高温试验和低温试验的目的。

低温试验或高温试验依据的标准为GB/T 2423.1—2008《电工电子产品环境试验 第2部分：试验方法 试验A：低温》和GB/T 2423.2—2008《电工电子产品环境试验 第2部分：试验方法 试验B：高温》。

低温、高温试验的试验类型、代码和要求见表5-53。被试样品分为非散热型和散热型，其区别为试验样品温度达到稳定时，在自由空气的条件下测量的表面最高点的温度是否超过试验样品周围空气温度5K以上，如果超过了，则该试验样品为散热型，否则为非散热型。温度渐变指的是从低温箱或高温箱的温度从室温调节至产品标准所要求的温度，温度变化速率不大于 1 K/min（不超过 5 min 时间的平均值）；试验箱中气流的速度分为高速和低速，其区别为工作空间中的气流速度是否使试验样品上任意点的温度由于空气循环的影响而降低 5 K 以上，如果符合，则该气流速度为高速气流速度，否则为低速气流速度。

表 5-53　低/高温试验试验要求

后缀字母	试验 A			试验 B		
	样品类型	温度变化	气流速度	样品类型	温度变化	气流速度
b	非散热型、通常在非工作状态试验	渐变	高速	非散热型、通常在非工作状态试验	渐变	高速
d	散热型、调节期不通电	渐变	低速	散热型、调节期不通电	渐变	低速
e	散热型、整个试验过程通电	渐变	低速	散热型、整个试验过程通电	渐变	低速

相关规范规定了低温和高温试验的严酷等级，其中低温推荐值为 $-65℃$、$-55℃$、$-50℃$、$-40℃$、$-33℃$、$-25℃$、$-20℃$、$-10℃$、$-5℃$ 和 $+5℃$；持续的时间为 2 h、16 h、72 h 和 96 h。高温推荐值为 $+1000℃$、$+800℃$、$+630℃$、$+500℃$、$+400℃$、$+315℃$、$+250℃$、$+200℃$、$+175℃$、$+155℃$、$+125℃$、$+100℃$、$+85℃$、$+70℃$、$+65℃$、$+60℃$、$+55℃$、$+50℃$、$+45℃$、$+40℃$、$+35℃$ 及 $+30℃$；持续的时间为 2 h、16 h、72 h、96 h、128 h、240 h、336 h 及 1000 h。

低温试验和高温试验的试验设备为温度试验箱，试验箱的制造和确认满足 GB/T 749—2008 的规定。试验箱工作空间的试验温度、气流速度、温度调节速度和空间满足试验的要求。试验在稳定状态时，流向样品的空气温度应处于试验要求温度的 ±2 K 范围内。高温试验时，箱体内的绝对湿度不超过 20 g/m³、相对湿度不超过 50%。

温度试验分为预处理、初始检测、条件试验、恢复和最终检验。预处理和初始检测按照产品标准执行；条件试验时将被试样品放置在温度箱内，调节温度至相应的温度；恢复是指试验结束后在标准环境条件下进行恢复，恢复时间至少为 1 h；最终检验为对被试样品进行目视检测或性能检测。

电子设备和元器件中发生温度变化的情况很普遍，比如将设备和元器件从温暖的室内移至寒冷的室外环境、突然遭遇淋雨或浸入至冷水中冷却、大功率电阻的热辐射引起周边元器件表面温度升高而其他部分依然是冷却的。温度变化是区别于设备在低温或高温状态下运行或储存的一种状态，严重的温度变化会导致电子设备和元器件的损伤，严重时会导致设备和元器件工作不正常。

温度变化试验是用来确定一次或连续多次的温度变化对试验样品的影响，其对试验样品的影响取决于条件试验的高温值和低温值、高温和低温的持续时间、温度切换的变化速率、试验的循环次数及热量传递的数量。

温度变化试验依据的标准为 GB/T 2423.22—2012《环境试验 第 2 部分：试验方法 试验 N：温度变化》。

根据温度变化过程中高低温的稳定时间和温度间的温度切换方式不同，温度变化试验分为 3 种方式。其主要差别见表 5-54。

表 5-54　温度变化试验——循环方式

对比内容	Na 试验循环	Nb 试验循环	Nc 试验循环
名称	规定转换时间的快速温度变化	规定变化速率的温度变化	两液槽法快速温度变化
低温 T_A 暴露持续时间	3 h、2 h、1 h、30 min、10 min 或其他规范规定的时间，优先选择 3 h	3 h、2 h、1 h、30 min、10 min 或其他规范规定的时间，优先选择 3 h	依据产品规范确定
高温 T_B 暴露持续时间	3 h、2 h、1 h、30 min、10 min 或其他规范规定的时间，优先选择 3 h	3 h、2 h、1 h、30 min、10 min 或其他规范规定的时间，优先选择 3h	依据产品规范确定
循环次数	优先为 5 次	优先为 2 次	优先为 10 次
低温或高温稳定时间 T_1	在暴露持续时间的 10% 内达到稳定	从低温到高温或相反，温度与时间呈线性关系，温度变化速率优先为 (1 ± 0.2) K/min、(3 ± 0.6) K/min、(5 ± 1) K/min、(10 ± 2) K/min、(15 ± 3) K/min；10% (T_B-T_A) ~90% (T_B-T_A) 间的速率容差为 20%	依据产品规范确定
转换时间 T_2	不宜超过 3 min		依据产品规范确定
试验箱	两独立的试验箱或一个具有快速温度变化速率的试验箱	一个具有规定温度变化率的试验箱	两个液槽

注：1. 两液槽法时，低温液槽没有规定温度时，温度为 0℃；高温液槽没有规定温度时，温度为 100℃。

2. 任何时刻，低温液槽的温度变化不高于 2 K；高温液槽的温度变化不高于 5 K。

3. 样品试验前的环境温度为 (25 ± 5)℃。

温度变化的试验设备有 3 类，即具有快速温度变化速率的试验箱、具有规定温度变化率的试验箱以及带有温度控制功能的液槽。

试验过程分为初始目视和电气及机械性能检查。按照标准要求设置设备参数并按照要求实施条件试验，试验结束后在试验标准大气压条件下保留足够长时间以达到稳定温度，之后按照技术规范的要求对被试样品进行外观和性能测试，外观不应有明显的龟裂、变形和结构的损坏，发生变化的主要性能未影响到产品特性且满足试验规范的要求，从而判定试验样品是否具备抗耐温度变化的能力。

盐雾试验是一种利用盐雾试验设备所创造的人工模拟盐雾环境条件来模拟海洋或含盐潮湿地区气候的环境，从而考核产品或金属材料耐腐蚀性能的环境试验。

盐雾对金属材料表面的腐蚀是由于含有的氯离子穿透金属表面的氧化层和防护层与内部金属发生电化学反应引起的。另外，氯离子含有一定的水合能，易被吸附在金属表面的孔隙、裂缝，排挤并取代氧化层中的氧，最终将非溶性的氧化物变成可溶性的氯化物，使钝化态表面变成活泼表面，从而造成对产品的不良反应。

需要进行盐雾试验的产品主要是一些金属产品，通过检测来考核产品的抗腐蚀性，如接线端子、螺钉螺母和机壳等。

盐雾试验分为中性盐雾试验、醋酸盐雾试验、铜盐加速醋酸盐雾试验以及交变盐雾试验 4 种，其区别在于符合的标准与试验方法不同。

1）中性盐雾试验（NSS 试验）是出现最早、目前应用领域最广的一种加速腐蚀试验方法。它采用 5% 的氯化钠盐水溶液，溶液 pH 调在中性范围（6~7）作为喷雾用的溶液。试验温度均取 35℃，要求盐雾的沉降率在 1~2 mL/80cm² · h 之间。

2）醋酸盐雾试验（ASS 试验）是在中性盐雾试验的基础上发展起来的。它是在 5% 氯化钠溶液中加入一些冰醋酸，使溶液的 pH 降为 3 左右，溶液变成酸性，最后形成的盐雾也由中性盐雾变成酸性。它的腐蚀速度要比 NSS 试验快 3 倍左右。

3）铜盐加速醋酸盐雾试验（CASS 试验）是国外新近发展起来的一种快速盐雾腐蚀试验，试验温度为 50℃，盐溶液中加入少量铜盐-氯化铜，强烈诱发腐蚀。它的腐蚀速度大约是 NSS 试验的 8 倍。

4）交变盐雾试验是一种综合盐雾试验，它实际上是中性盐雾试验加恒定湿热试验。它主要用于空腔型的整机产品，通过潮湿环境的渗透，使盐雾腐蚀不但在产品表面产生，也在产品内部产生。它是将产品在盐雾和湿热两种环境条件下交替转换，最后考核整机产品的电性能和机械性能有无变化。

同种产品采用何种盐雾试验标准要根据盐雾试验的特性和金属的腐蚀速度及对盐雾的敏感程度选择。

盐雾试验采用的标准为 GB/T 2423.17—2008《电工电子产品环境试验第 2 部分：试验方法 试验 Ka：盐雾》和 GB/T 2423.18—2012《环境试验 第 2 部分：试验方法 试验 Kb：盐雾，交变（氯化钠溶液)》。盐雾试验标准对盐雾试验条件做出了明确的规定，还对盐雾试验箱性能提出技术要求。盐雾试验的技术指标包括盐溶液浓度、相对湿度、温度、盐雾时间、储存时间、试验周期、集雾量及 pH 等。

中性盐雾试验箱为一台满足标准要求的试验箱，试验箱由耐盐雾腐蚀的材料构成，试验箱的结构必须确保内顶部和内壁产生的冷凝液不得滴落在被试品上，同时还要求在工作空间内任意位置，设置至少 2 个面积为 80 cm² 的漏斗用于收集试验过程中凝结的溶液以测量溶液的 pH 和浓度。试验所采用的盐为高品质的氯化钠，干燥时碘化钠的含量不超过 0.1%，杂质的总含量不超过 0.3%；盐溶液的浓度为（5±1)%（质量比），可采用 5 份盐溶解在 95 份蒸馏水或去离子水中配置而成；试验时箱内温度保持在 35±2℃；溶液的 pH 为 6.5~7.2。为了保证盐雾箱的完好，对连续使用的盐雾箱，在每次试验结束后测量试验过程中收集的溶液；对不连续使用的盐雾箱，在试验前进行 16~24 h 的试运行，试运行结束后立即测量收集的溶液。为了保证稳定的试验条件，每次试验后对收集的溶液也进行测量。

盐雾试验的试验过程分为初始检测、样品的预处理、条件试验、恢复和最终检测。用目视的方法对样品进行初始检测；按照相关标准的要求对样品进行清洁处理，清洁的方法不能影响盐雾对样品的作用；条件试验时按照正常使用的状态放置样品，多个样品不得相互接触，也不得与其他金属部件相接触，放置的时间满足标准的要求，盐雾试验放置的持续时间推荐为 16 h、24 h、48 h、96 h、168 h、336 h 和 672 h；试验结束后小试样在自来水下冲洗 5 min，然后用蒸馏水或去离子水冲洗，晃动或气流干燥去掉水滴，清洗用水的温度不高于 35℃，试样在标准恢复条件下放置 1~2 h。

盐雾试验结果的判定方法有评级判定法、称重判定法、腐蚀物出现判定法和腐蚀数据统计分析法。腐蚀物出现判定法是一种定性的判定法，它以盐雾腐蚀试验后，产品是否产生腐蚀现象来对样品进行判定，一般产品标准中大多采用此方法。在进行盐雾试验时，其电镀零部件和化学处理件进行试验的持续时间和试验合格标准见表 5-55。

表 5-55 零部件盐雾试验持续时间和合格标准

底金属材料	零件类别	镀层类别	合格要求	试验时间
碳钢	一般结构零件 紧固零件 弹性零件	锌	未出现白色或灰黑色、棕色腐蚀物	48 h
铜和铜合金	一般结构零件	镍、铬	未出现灰白色和绿色腐蚀物	96 h
	一般结构零件 紧固零件 弹性零件	镍	未出现灰白色和绿色腐蚀物	48 h
	电联零件	镍	未出现灰白色和绿色腐蚀物	
		锡		

霉菌是在自然界分布很广的一种微生物，它广泛存在于土壤、空气中。在湿度大和温度高的湿热地带，霉菌极易生长繁殖，使产品内外表面大量长霉，严重时会影响产品的工作性能。

霉菌试验是检测产品抗霉菌的能力、验证在有利于霉菌生长的条件下（即高湿温暖的环境中和有无机盐存在的条件下）产品是否受到霉菌的有害影响。

霉菌试验时，将培养好的孢子悬浮液接种在被试样品上，放置在特定的环境中培养，达到标准规定的时间后，最终评估长霉对被试样品的影响，这就是霉菌试验的试验过程。

霉菌试验依据的标准为 GB/T 2423.16—2008《电工电子产品环境试验 第 2 部分：试验方法 试验 J 及导则：长霉》。

霉菌试验需要使用到孢子悬浮液、对照条、雾化器和接种箱等。其中孢子悬浮液由无菌蒸馏水和试验菌种构成，菌种包括黑曲霉、土曲霉、球毛壳霉、树脂子囊霉、宛氏拟青霉、绳状青霉、短帚霉和绿色木霉。试验菌种分类及侵染性能见表 5-56。

表 5-56 试验菌种分类及侵染性能

序号	菌种名称	菌种编号	侵染性能
1	黑曲霉	ATCC6275	多数材料
2	土曲霉	ATCC10690	塑料
3	球毛壳霉	ATCC6205	纤维素
4	树脂子囊霉	ATCC1203	碳氢化合物为主的润滑剂
5	宛氏拟青霉	ATCC18502	塑料和皮革
6	绳状青霉	ATCC36839	多数材料，特别为织物
7	短帚霉	ATCC36840	橡胶
8	绿色木霉	ATCC9645	纤维素、织物、塑料

对照条由白色滤纸或未经处理的棉织品构成，制备对照条的营养液成分见表 5-57。20℃时营养液的 pH 为 6.0~6.5，对照条用营养液浸泡，使用前从营养液取出并滴干。

表 5-57 对照条营养液的成分

试　剂	单位/(g/L)	试　剂	单位/(g/L)
磷酸二氢钾（KH_2PO_4）	0.7	氯化钾（KCl）	0.5
磷酸氢二钾（K_2HPO_4）	0.3	硫酸亚铁（$FeSO_4 \cdot 7H_2O$）	0.01
硫酸镁（$MgSO_4 \cdot 7H_2O$）	0.5	蔗糖	30.0
硝酸钠（$NaNO_3$）	2.0		

雾化器为医疗护理吸气用超声雾化器，雾化器与接种箱安全柜相连。

接种箱工作空间内的相对湿度保持大于 90%，温度维持在 28~30℃，同时还要求控制器运行所引起的温度周期循环变化不应超过 1℃/h，如果工作空间内有强迫空气循环、样品表面的空气流速不超过 1 m/s。

霉菌试验有两种试验方法。方法 1 是在无培养基的情况下霉菌孢子直接在样品上接种，经过 28 d 培养后，通过外观检查确定霉菌的生长程度和长霉引起的物理损伤，相关规范有要求时评估长霉条件下对功能和/或电性能的影响（培养期延长至 56 d）；方法 2 是在有促其生产的培养悬浮液预先处理的情况下接种，经过 28 d 培养后，通过外观检查确定霉菌的生长程度和长霉引起的物理损伤，相关规范有要求时评估长霉条件下对功能和/或电性能的影响。

试验方法 1 分为严酷程度 1 和严酷程度 2，其对应的培养周期为 28 d 和 56 d；试验方法 2 只有 1 个严酷等级，对应的培养周期为 28 d。

试验过程分为初始检测、样品预处理、接种、培养和最终检测。初始检测主要为外观检查、电气和机械性能检测；样品预处理分为两个方面，其一为维持样品接收时的状态，其二是将样品放置在温度(29±1)℃、相对湿度 90%~100% 的条件下至少储存 4 h；接种为采用喷洒、浸渍或喷涂的方法将孢子悬浮液接种至样品和对照条上；在温度(29±1)℃、相对湿度 90%~100% 的条件下对样品和至少 3 个对照条进行霉菌培养，7 d 后检查对照条确定孢子的活性及培养条件，每 7 d 为容器提供一次供氧直至培养期结束；最终检测包括外观检查、长霉程度和影响的评估，试验结束后立即进行外观检查和长霉程度评估，用 70% 的酒精去除样品表面的菌丝，通过显微镜检查评定样品的侵染性质和程度。

样品进行霉菌试验后，长霉程度用肉眼检查，必要时用立体放大镜放大 50 倍后进行检查，按表 5-58 列出的标准评定和描述长霉的程度。

表 5-58 长霉程度评定标准

等级	评价等级
0	在放大 50 倍下，没有发现明显长霉
1	显微镜下看到长霉痕迹
2a	肉眼看到稀疏长霉或者在显微镜下看到分散、局部长霉、长霉面积不超过测试面积的 5%
2b	肉眼明显看到很多地方或多或少均匀长霉，长霉面积不超过测试面积的 25%
3	肉眼明显看到长霉，长霉面积不超过测试面积的 25%

注：当试件由不同等级的零部件组成时，应当分别对它们进行评定；对于方法 2，只要求检查抑制真菌生长效力时，才规定 0 等级。

机械环境试验模型如图 5-33 所示，通常情况下，在机械环境的影响下电压电器的绕组、接线端子、内部连接线和紧固件会在外部应力的作用下发生变化。机械环境试验的主要目的是验证在各种机械条件下，被试低压电器的上述零部件或紧固件是否能完好无损或有微量变化但不影响使用。低压电器的机械环境适应性在军工和核电等特殊领域的要求表现得更加明显。民用低压电器的机械振动要求较少，针对特殊行业的机械适用性要求将在5.10～5.12节阐述。

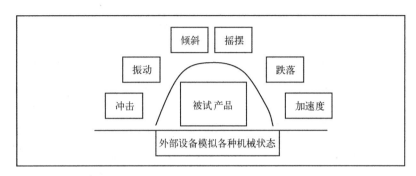

图 5-33　机械环境试验模型

为了确定低压开关设备和控制设备在某些特定的气候状况下工作的要求，低压电器行业制定了湿热、盐雾、振动和冲击的特殊试验方法和要求。如果制造商声明符合该特殊试验方法，则需要按照特殊试验的试验条件、试验顺序及要求获取的试验结果来验证。

特殊试验将温度、湿度、振动、冲击、盐雾及霉菌6个要素组合分成6类环境类别，分别描述如下。

类别 A：受温度和湿度影响的受控环境（试验温度范围：−5～+55℃）=无振动+[−5～+55℃（范围1：干热试验温度+55℃）/湿热试验+40℃/冷态试验−5℃]+无盐雾。

注1：该环境状况可描述为"潮湿"。

类别 B：受温度和湿度影响的受控环境（试验温度范围：−25～+70℃）=无振动+[−25～+70℃（范围1：干热试验温度+70℃）/湿热试验+55℃/冷态试验−25℃]+无盐雾。

注2：该环境状况可描述为"湿冷"。

类别 C：受温度、湿度和盐雾影响的受控环境=无振动+[−25～+70℃（范围1：干热试验温度+70℃）/湿热试验+55℃/冷态试验−25℃]+盐雾。

注3：该环境状况可描述为"咸湿"或"码头"等类似场所。

类别 D：受温度、湿度和振动影响的受控环境=振动+[−25～+70℃（范围1：干热试验温度+70℃）/湿热试验+55℃/冷态试验−25℃]+无盐雾。

注4：该环境状况可描述为"存在振动的船上的湿冷条件"。

类别 E：受温度、湿度、振动和冲击影响的受控环境=振动加速度+[−25～+70℃（范围1：干热试验温度+70℃）/湿热试验+55℃/冷态试验−25℃]+无盐雾。

注5：该环境状况可描述为"开放甲板上无盐雾湿冷条件"或"非海上严酷环境"。

类别 F：受温度、湿度、振动和冲击影响的受控环境=振动加速度+[−25～+70℃（范围1：干热试验温度+70℃）/湿热试验+55℃/冷态试验−25℃]+盐雾。

注6：该环境状况可描述为"开放甲板上湿冷咸条件"或"海上严酷环境"。

特殊试验的试验条件、试验顺序及要求按表 5-59 的规定执行。

表 5-59　特殊试验的试验条件、试验顺序及要求

环境条件	受温度和湿度影响的受控环境	受温度和湿度影响的受控环境	受温度、湿度和盐雾影响的受控环境	受温度、湿度和振动影响的受控环境	受温度、湿度、振动和冲击影响的受控环境	受温度、湿度、振动和冲击影响的受控环境
分类	A	B	C	D	E	F
温度范围	−5℃/+55℃	−25℃/+70℃				
试验前测绝缘电阻及目测检验	在各电路间及各电路与地间测得，最小绝缘电阻限值 10 MΩ 或 100 MΩ					
振动试验	不适用			GB/T 2423.10—2008 试验 Fc		
冲击试验	不适用				GB/T 2423.5-1995 试验 Ea	
验证操作性能	不适用			依据产品标准执行		
高温试验	GB/T 2423.2—2008 试验 Bd, 16 h, 55℃	GB/T 2423.2—2008 试验 Bd, 16 h, 70℃				
湿热试验	GB/T 2423.4—2008 试验 Dd, 2 周期, 55℃, 方法 2, 无载	GB/T 2423.4—2008 试验 Dd, 2 周期, 55℃, 方法 2	GB/T 2423.4—2008 试验 Dd, 2 周期, 55℃, 方法 2, 无载	GB/T 2423.4—2008 试验 Dd, 2 周期, 55℃, 方法 2		
恢复	在正常大气条件下 24 h 内恢复至常态					
绝缘电阻	在各电路间及各电路与地间测得，最小绝缘电阻限值 1 MΩ 或 10 MΩ					
低温试验	GB/T 2423.1—2008 试验 Ab 或 Ad, 此取决于产品的热损失是否大于 5 K。试验室温度从初始温度降低至 −5℃；此温度维持在±3℃范围内持续 16 h	GB/T 2423.1—2008 试验 Ab 或 Ad, 此取决于产品的热损失是否大于 5 K。试验室温度从初始温度降低至 −25℃；此温度维持在±3℃范围内持续 16 h				
介电试验	型式试验工频耐压要求					
验证操作性能	依据产品标准					
盐雾	不适用	不适用	GB/T 2423.18—2012 试验 Kb, 严酷度 2	不适用	不适用	GB/T 2423.18—2012 试验 Kb, 严酷度 1
绝缘电阻	不适用	不适用	在各电路间及各电路与地间测得，最小绝缘电阻限值 1 MΩ 或 10 MΩ			
验证操作性能	不适用	不适用	根据产品标准	不适用	不适用	根据产品标准

环境条件	受温度和湿度影响的受控环境	受温度和湿度影响的受控环境	受温度、湿度和盐雾影响的受控环境	受温度、湿度和振动影响的受控环境	受温度、湿度、振动和冲击影响的受控环境	受温度、湿度、振动和冲击影响的受控环境
目测检查	不适用	不适用	检查具有功能性或安全作用的机械部件的氧化情况	不适用	不适用	检查具有功能性或安全作用的机械部件的氧化情况

5.8　低压电器的电磁兼容测试

电磁兼容（Electromagnetic Compatibility，EMC）定义为设备或系统在其电磁环境中能正常工作且不对该环境中任何事物构成不能承受的电磁骚扰的能力。电磁现象在我们身边无处不在，产品的电磁兼容性对人们生活影响深远，人们经常会遇到在同一电磁环境中存在几台电气和电子设备同时工作的情况。以步进电动机为例，步进电动机工作时，其控制器由于时钟信号和时钟信号高次谐波的影响，步进电动机会向空间辐射出高频电磁波；由于控制器通过电子元器件的逻辑"通断"实现对定子绕组的循环控制，从而会产生谐波骚扰经电源线向外扩散，进而影响同一环境中的其他设备的正常工作；同一环境中其他设备在工作时也会产生不同程度的辐射和传导骚扰，进而影响到步进电动机的正常工作。如果所有的电气和电子设备设计合理、布局得当，充分考虑了系统的干扰和抗干扰能力，则这个电磁环境中的所有设备便可以安全工作。该种状态称为环境内的设备达成了电磁兼容。

存在于给定场所的所有电磁现象的总和称为电磁环境。任何可能引起装置、设备或系统性能降低或者对有生命或无生命物质产生损害作用的电磁现象称为电磁骚扰。电磁骚扰引起的设备、传输通道或系统性能的下降称为电磁干扰（Electromagnetic Interference，EMI）。在存在电磁骚扰的情况下，装置、设备或系统不能避免性能降低的能力称为电磁敏感性（Electromagnetic Susceptilibility，EMS）。

无电子线路或全部由无源电子元件组成的电子线路型低压电器，其电磁敏感性较低，因此不要求考核电磁敏感性；无电子线路不要求考核电磁骚扰。对于带有电子线路的低压电器，其辐射骚扰和传导骚扰依据的标准为CISPR11，电磁兼容抗扰度测试依据的标准为IEC 61000-4系列标准，抗扰度测试的适用标准和试验要求见表5-60。

表5-60　电磁兼容抗扰度测试的适用标准与试验要求

试 验 种 类	适 用 标 准	试 验 要 求
静电放电抗扰度试验	GB/T 17626.2	8 kV/空气放电、4 kV/接触放电
射频电磁场辐射抗扰度试验（80 MHz~1 GHz）	GB/T 17626.3	10 V/m
射频电磁场辐射抗扰度试验（1.4~2 GHz）	GB/T 17626.3	1 V/m
射频电磁场辐射抗扰度试验（1.4~2 GHz）	GB/T 17626.3	1 V/m
电快速瞬变脉冲群抗扰度试验	GB/T 17626.4	2 kV/5 kHz 对电源端 1 kV/5 kHz 对信号端

试验种类	适用标准	试验要求	
雷击（浪涌）抗扰度试验	GB/T 17626.5	2 kV 线对地 1 kV 线对线	
射频传导抗扰度试验 （150 kHz～80 MHz）	GB/T 17626.6	10 V	
工频磁场抗扰度试验	GB/T 17626.8	30 A/m	
电压暂降抗扰度试验	GB/T 17626.11	2 类 0%持续：0.5 周期和 1 周期 70%持续：25/30 周期	3 类 0%持续：0.5 周期和 1 周期 40%持续：10/12 周期 70%持续：25/30 周期 80% 持 续：250/300 周期
短时中断抗扰度试验	GB/T 17626.11	2 类 0%持续：250/300 周期	3 类 0%持续：250/300 周期

试验后低压电器抗扰度测试的性能验证标准见表 5-61。

表 5-61 抗扰度测试的性能验证标准

项目	验证标准		
	A	B	C
全部性能	工作特性无明显变化 按预期计划执行	性能暂时降低或丧失，但能自行恢复	性能暂时降低或丧失，需要操作者干预或系统复位
电源和控制电路运行	无不准确运行	性能暂时降低或丧失，但能自行恢复	性能暂时降低或丧失，需要操作者干预或系统复位
显示器和控制面板运转	显示信息无变化 仅 LED 有轻微的光亮度变化或轻微字符移动	暂时的可视变化或信息丢失 非预想 LED 照明显示	停机或显示死机 有明显的或显示错误信息和/或非法操作模式 不能自恢复
信息处理和传感功能	与外部设备进行不干扰通信和数据交换	临时干扰通信，有内外部设备的错误报表	信息的错误处理 数据和/或信息丢失 通信有错误 不能自恢复

注：特殊要求在产品标准中规定。

5.9 船用低压电器的测试

船用低压电器是在船舶环境中使用的低压电器，船用低压电器按产品的工作特点及其在船舶电力系统中的作用分类，有船用低压断路器、船用隔离开关、船用熔断器及船用控制电器等类型。设计和使用船用低压电器时，除了关注低压电器的性能外，还需要考虑低压电器的环境适应性、材料的选型要求以及低压电器的可靠性等。船用低压电器主要依据 GB/T 3783—2008《船用低压电器基本要求》执行。

船用低压电器的环境适应要求体现在如下 6 个方面，要求在这些条件下低压电器能可靠运行。

1）露天甲板或类似场所用低压电器环境温度为−25～+45℃；其他场所用低压电器环境温度为0～+45℃。

2）空气相对湿度不大于95%，有凝露。

3）有盐雾、霉菌、油雾及海水的影响。

4）移动和固定式近海装置的船用低压电器、有二氧化硫和硫化氢等化学活性物的影响，油船、液货船、移动和固定式近海装置等危险区中的船用低压电器有爆炸性气体的影响。

5）倾斜和摇摆：倾斜摇摆不大于22.5°，对装运液化气体和化学品船舶中使用的低压电器，要求具有30°倾斜时可靠工作的能力。

6）有船舶正常营运中产生的冲击和振动影响。

船用低压电器的绝大多数检验项目与常规低压电器产品相同，常规试验项目见本书的其他相关内容，针对船用低压电器的专有试验项目主要为耐倾斜和摇摆性能试验、耐振动性能试验以及抗化学活性物质影响性能试验。

倾斜摇摆试验的示意图如图5-34和图5-35所示。试验前将被试低压电器牢固地安装在倾斜摇摆试验机上，一般情况下试验时，被试低压电器在额定转速和空载运行状态运行。

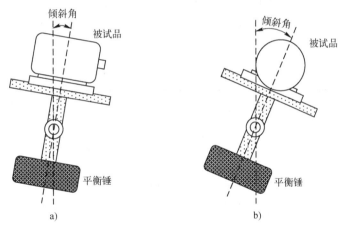

图5-34　倾斜试验示意图

a）纵倾　b）横倾

倾斜试验时，调节倾斜摇摆试验机使被试低压电器倾斜在标准要求的角度，每个位置的试验时间至少为15min；摇摆试验时，调节倾斜摇摆试验机使被试低压电器在标准要求的角度内来回摆动，摆动的周期为20s，试验持续时间为15min。试验过程中观察被试低压电器能否正常工作。

船用低压电器的振动试验依据GB/T 2423.10—2008执行，其相关参数依据表5-62选取。试验时将被试低压电器安装在标准振动台上，低压电器在额定电压和频率下工作，振动台参数设置为被试低压电器拟安装位置所对应的参数，以不超过1oct/min的扫频速率对被试低压电器进行扫描，检查被试低压电器有无共振现象，如无明显共振点，则在30Hz下做90min耐振试验。

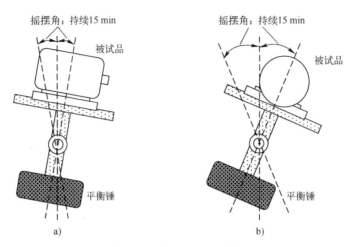

图 5-35 摆动试验示意图

a) 纵摆 b) 横摆

在每一记录到的放大率 $Q \geqslant 2$ 的共振频率上做 90 min 耐振试验，如果测得的几个共振频率较为接近，则耐振试验可采用扫频试验，持续时间为 120 min。试验中允许采取避除危险频率或减少 Q 值的措施，但应重新进行共振检查和耐振试验。

试验在 3 个相互垂直的轴线上进行。在试验过程中观察被试低压电器是否有异常和受损现象，试验后被试低压电器是否能正常工作。

表 5-62 振动试验的试验参数

安 装 位 置	频率范围/Hz	峰值/mm
一般场合	2.0~13.2 13.2~100.0	位移±1.0 加速度±7 m/s²
往复机上的舵机舱内	2.0~25.0 25.0~100.0	位移±1.6 加速度±40 m/s²

对于用于近海装置及专用船舶的低压电器，要求验证电器是否具有抗化学活性物质影响的性能。产品应能承受二氧化硫气体浓度等级为 3 的试验考核，其试验周期的严酷等级按表 5-63 的规定选取。

表 5-63 抗化学活性物质影响性能的严酷等级

使 用 场 所	严 酷 等 级
安装在有通风的原油、天然气生产装置所在部位安装在甲板上泥浆系统敞露装置部位	2 周期
安装在有通风不良的原油、天然气生产装置所在部位安装在舱室内泥浆系统敞露装置部位	10 周期

5.10 军用低压电器的测试

军用低压电器的性能、测试及生产主要依据 GJB 5A《舰用低压电器通用规范》、GJB

202A《舰船用配电装置和控制装置通用规范》、GJB 370A《舰用框架式低压断路器通用规范》、GJB 354A《舰用直流（大电流）空气断路器通用规范》、GJB 5329《舰船用塑料外壳式断路器通用规范》、GJB 2820《舰用控制继电器通用规范》、GJB 649A《舰船用按钮通用规范》、GJB 650A《舰船用指示灯通用规范》、GJB 1489《舰船电力设备用熔断器通用规范》以及 GJB 1915《舰船用交流接触器通用规范》执行。

安装于快艇上的舰用低压电器应能承受海浪冲击所引起的船体颠震；舰用低压电器应能承受舰船自身武器发射、兵器命中船体和非接触爆炸所引起垂向、横向和纵向冲击；还应能承受由主机和螺旋桨引起的船体振动；试验后未发生机械结构破坏或损伤、安装螺栓无塑性变形或断裂、紧固件和连接件牢固无松动等现象。

舰用低压电器绝大多数检验项目与常规低压电器产品相同，常规试验项目见本书的其他相关内容，针对舰用低压电器的专有试验项目主要为颠震试验和冲击试验。

颠震试验是模拟舰用低压电器承受海浪冲击所引起的船体颠震，其目的是验证被试品在这种重复性低强度冲击环境条件下的工作适应性和结构完好性。颠震试验的试验波形为比较光滑的近似半正弦冲击脉冲波形，参数的选择见表 5-64。其中试验等级 1 适用于安装在快艇（包括鱼雷快艇、导弹快艇、水翼艇、高速炮艇及最大航速大于 35 节的特种工作快艇）上的设备；试验等级 2 适用于其他水平舰船及安装在潜艇上的设备；试验等级 3 适用于某些特定的产品。

表 5-64　颠震试验试验参数

等级	试 验 参 数			冲击脉冲持续时间/ms
	加速度幅值（g）	重复频率/（次/min）	总冲击次数	
1	10	60~80	3000	>16
2	7	30	1000	
3	5	30	1000	

试验时，被试低压电器牢固地安装在参数已设置的颠震测试设备上，经历标准规定的时间后，检查经颠震试验后的被试低压电器是否符合下列要求：①无机械结构破坏或损伤，安装螺栓无塑性变形或断裂；②电气指标不应超过规定值；③施加规定的介电强度试验电压时，绝缘不应有击穿和闪络现象；④产品规范规定的其他要求。

一般情况下被试低压电器只进行垂直方向的颠震试验。

舰用低压电器应能承受由主机和螺旋桨引起的船体振动，舰用低压电器及其装置应能承受 GJB 150.16A—2009 中表 1 类别 21 规定的振动参数试验。舰船上存在周期振动和随机振动，周期振动是由螺旋桨叶片的扰动和螺旋桨轴系的不平衡力等引起的，随机振动是由舰船航速、航向、各种操纵和海况等的变化引起的。

试验前用船上装备鉴定试验要求的方法确定试验条件：其随机部分量级如图 5-36 所示、三个正交轴的每个轴向试验持续时间为 2 h；正弦部分的功能试验量级按表 5-65 选取，试验持续时间在选定的试验频率范围内，以每分钟一个频程的速率进行 10 次扫频循环；耐振试验应在危险频率下进行，如没有危险频率则在上限频率上，每个轴向试验持续时间至少为 2 h。

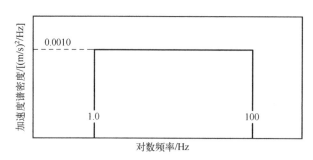

图 5-36　舰船随机振动环境

表 5-65　安装在舰船上设备的振动试验量值

分　类	分　区	试 验 参 数		
		频率/Hz	位移/mm	加速度/（m/s²）
水面舰船及潜艇	主体区	1～16 16～60	1.0	10
高速柴油机快艇		10～35 35～160	0.5	25
各类舰艇	桅杆区	2～10 10～16 16～50	2.5 1.0	10
	往复机上及往复机直接 连接的设备	2～25 25～100	1.6	40

注：1. 桅杆区是指桅杆等部位，主体区是桅杆区、往复机上以外的其他各部位。

　　2. 如果已知设备仅按照在特定的舰船上，则试验上限频率一般为该舰船最高浆叶频率（螺旋浆每分钟最高转速×螺旋浆叶片数/60）。

试验时将被试低压电器安装在标准振动台上，低压电器在额定电压和频率下工作，振动台被设置为被试低压电器的振动试验参数，被试低压电器经历规定时间的振动。

试验后检查被试低压电器是否符合下列要求：①无机械破坏和损伤；②紧固件、连接件牢固无松动现象；③产品规范规定的其他要求。

舰用低压电器要求能承受舰船自身武器发射、兵器命中船体和非接触爆炸所引起垂向、横向和纵向冲击。当断路器进行冲击试验时，应无影响产品正常使用的机械损坏和误动作。

如果断路器采用防冲装置，则该装置的结构应保证在同时有冲击和过电流发生时，不影响断路器的脱扣性能。

冲击时断路器应满足下列要求：

1）断路器在闭合位置时，主触点允许有不超过 0.02 s 的瞬时断开，辅助触点允许有不超过 0.01 s 的瞬时断开。

2）断路器在断开位置时，断开触点不允许瞬时闭合。

冲击试验分为轻量级试验、中量级试验和重量级试验，轻量级试验通常适用于质量不超过 120 kg 的试验样品（若有规定，也可适用于 120～200 kg 的试验样品），中量级试验通常适用于质量为 0.12～2.7 t 的试验样品，重量级试验通常适用于质量为 2.7～9.4 t 的试验样品。

当使用轻型冲击机进行冲击试验时（见图5-37），使用标准安装支架使被试低压电器沿着 X、Y、Z 这 3 个相互垂直的主轴方向各施加 3 次冲击，落锤高度依次为 0.3 m、0.9 m 和 1.5 m。

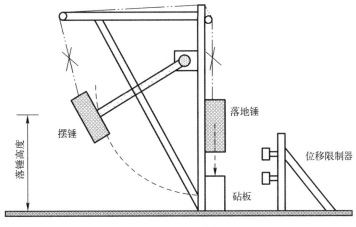

图 5-37　轻型冲击机

当使用中型冲击机进行冲击试验时（见图5-38），被试低压电器至少施加 6 次冲击。6 次冲击分为 3 组，每组 2 次，每次冲击的摆锤高度和砧板行程按表 5-66 规定。被试低压电器在每组冲击中一次为水平安装、一次为 30°倾斜安装，冲击顺序一般按 Ⅰ、Ⅱ、Ⅲ 组次序进行，安装方式一般为先水平再倾斜安装。

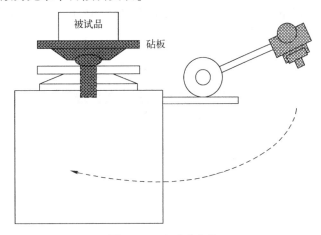

图 5-38　中型冲击机

表 5-66　摆锤高度和砧板行程

组　号	Ⅰ	Ⅱ	Ⅲ
冲击次数	2	2	2
砧板行程/mm	76	76	38
砧板上总质量/t	落锤高度/cm		
$0.12 \leqslant M < 0.45$	23	53	53
$0.45 \leqslant M < 0.90$	30	60	60

组　　号	Ⅰ	Ⅱ	Ⅲ
0.90≤M<1.40	40	70	70
1.40≤M<1.60	45	75	75
1.60≤M<1.80	55	85	85
1.80≤M<1.90	60	90	90
1.90≤M<2.00	60	100	100
2.00≤M<2.10	60	105	105
2.10≤M<2.20	70	115	115
2.20≤M<2.30	70	125	125
2.30≤M<2.40	75	140	140
2.40≤M<2.50	75	160	160
2.50≤M<2.60	80	165	165
2.60≤M<2.80	85	165	165
2.80≤M<0.45	90	165	165
3.10≤M<3.40	100	165	165

注：M 为砧板上的总质量，其等于试验样品质量与安装支架质量之和。

当使用重型冲击机进行冲击试验时（如图5-39），被试低压电器安装在浮动冲击平台上，被试品承受5次水下爆炸试验，药包的装药量为27kg的TNT炸药（铸装），药包中心位于浮动冲击平台的正下方，离水平面的距离依次为18.0m、8.0m、9.0m、7.5m和6.0m。

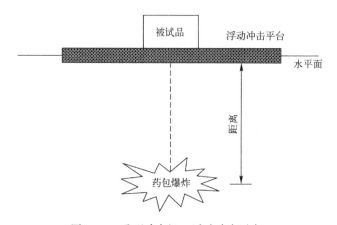

图5-39　重型冲击机（浮动冲击平台）

试验后观察被试低压电器是否出现结构损坏，验证性能参数指标是否满足相关标准规定的允许极限。

5.11　核电用低压电器的测试

核电站电气设备根据安全分析结果，按照其用途和功能划分为安全级（1E）和非安全级（NC）两大类。

安全级电气设备依据承担安全等级的不同，划分为 3 类质量鉴定等级，其定义见表 5-67。

表 5-67　安全级电气设备质量鉴定等级

级　　别	定　　义
K1	安装在安全壳内的电动机在地震载荷下和在正常、事故和/或事故后能执行其规定的功能
K2	安装在安全壳内的电动机在地震载荷下和正常环境条件下能执行其规定的功能
K3	安装在安全壳外的电动机在地震载荷下和正常环境条件下以及一些设备规定的事故条件下能执行其规定的功能

设备的质量鉴定是通过分析、试验或运行经验反馈方式进行的，以证明在规定的运行和环境条件下能按照其规定的准确度和性能要求正常工作。在质量鉴定的试验中优先考虑功能要求和环境要求两类主要的影响量。环境要求主要为储存/安装环境条件、正常运行条件、地震荷载条件和事故条件；功能要求包括电气的输入特性和输出特性等。

安全级电气设备质量鉴定的鉴定项目见表 5-68。质量鉴定程序通常包括基准试验、正常运行环境条件下极限试验、机械强度试验和/或耐久性试验以及与设备类型相关的特定试验等一系列试验，这些试验的条件和顺序应适应该设备的性质。

表 5-68　安全级电气设备质量鉴定等级的鉴定项目

设备鉴定类别		K1	K2	K3
基准试验		■	■	■
正常运行环境条件下极限值试验		■	■	■
机械强度试验和/或耐久性试验	热老化试验	■	■	■
	交变湿热试验	■	■	■
	长期运行老化试验	■	■	■
	辐照老化试验（放射性环境适用）	■	■	■
	振动老化试验	■	■	■
地震试验		■	■	■
模拟事故工况核辐射环境试验		■		
模拟事故工况热力环境试验		■		
模拟事故工况化学喷淋环境试验		■		
模拟事故后环境试验		■		

在基准条件下测定设备的初始功能，将该功能作为后续试验的初始基准值并确定每种试验期间和每次试验之后测得的功能特性参数的允许偏差。基准试验包括：①基准电气特性试验，如介电强度、绝缘电阻等；②性能测定和功能试验，根据设备的类型和所要完成的功能确定。

正常运行环境条件极限试验用于检验设备在影响量的额定范围内和限值上的功能特性。

试验时考虑相对于每个设备特定的影响量、与其安装条件有关的影响量（如振动）或与其操作所需的电源特性有关的影响量（如电源电压或频率的影响、电磁干扰等），试验时还要考虑这些影响量的综合作用。

此项试验时为了检验设备的机械强度和/或评价其耐久性，这些试验可以与正常运行环境条件试验结合进行。通常设备应连续经受以下5项试验：①热老化试验；②交变湿热试验；③长期运行老化试验；④辐射老化试验；⑤振动老化试验。

（1）热老化试验

热老化试验一般采取加速老化的方法进行，加速老化模拟的原则是既要尽可能地缩短老化时间，又要能确保设备元器件不致因为温度过高而损坏。因此老化温度应低于元器件材料的耐受允许值且留有一定的裕量。

试验在无包装、不通电的条件下进行。老化试验一般分为3种方法。

1）基于阿伦纽斯定律对有机材料施加热应力进行人工加速老化的试验方法。该方法将使用条件与加速老化条件通过材料的活化能特性联系起来，可用于确定设备的鉴定寿命。加速因子 t_1/t_2 按下式计算：

$$t_1/t_2 = \exp\left[\frac{\varphi}{k}\left(\frac{1}{T_1}-\frac{1}{T_2}\right)\right] \tag{5-4}$$

式中，t_1 为鉴定寿命（h）；t_2 为加速老化时间（h）；φ 为材料的活化能（eV）；k 为玻耳兹曼常数，$k=0.8617\times10^{-4}$ eV/K；T_1 为正常使用环境温度（K）；T_2 为加速老化温度（K）。

假如试件正常试验环境温度 T_1 为50℃，加速老化温度 T_2 为100℃，鉴定寿命 t_1 为10年，φ 为0.8，则加速老化时间 t_2 通过阿伦纽斯定律公式计算为1853 h，即78 d。

关于 φ 值的大小，一般由材料制造商提供，取值范围为0.5~1。由于我国核电产品起步较晚，往往材料制造商提供不出该系数，故只能较保守地选取 $\varphi=0.8$ 来进行老化试验。

2）对试件进行一系列试验，这些试验超出了模拟纯粹热老化效应的目标，且不能用以确定设备的鉴定寿命。一般采取的试验方法如下：①干燥高温试验。将试件在70℃保持96 h，然后降温到室温并保持足够的时间（2 h），使之达到热平衡至少1 h，之后进行功能测试；温度上升、下降的变化速率保持小于10°/min。②低温试验。将试件在-25℃保持96 h，然后升温到室温并保持足够的时间（2 h），使之达到热平衡至少1 h，之后进行功能测试；温度下降、上升的变化速率保持小于10°/min；③交变湿热试验。将试件交替放置在-25℃低温试验箱和70℃高温试验箱中，共循环5次，低温和高温保持时间为30 min，转换时间为2~3 min，然后在降温到室温并保持足够的时间（2 h），使之达到热平衡至少1 h，之后进行功能测试。

3）在无适用于应进行试验的设备类型的方法时所采用的方法。用温度缓慢变化（低于1°/min）的方法，放置试件的试验箱内绝对湿度保持1 m³ 空气低于20 g 水蒸气，试验过程中设备不通电，在老化时间 $\tau/4$、$\tau/2$ 及 τ 之后，在基准条件下测量功能特性。专项质量鉴定大纲规定了时间 τ 和试验温度 θ，通常应用以下的规则：基准值为950 h 和135℃；对于任何不同于135℃的试验温度 θ，试验时间 τ 按下式计算：

$$\tau = 950\times2^{\left(\frac{135-\theta}{10}\right)} \tag{5-5}$$

（2）交变湿热试验

交变湿热试验采用二循环法，设备不通电。试验过程是在55℃条件下、湿度大于80%、工作时间48 h，做2次热循环。在湿热试验后，试验样品从试验箱内取出放置在大气环境条件下恢复，恢复时间至少为1 h，然后对试件进行外观检查和电气、机械性能检测，检测在恢复后立即进行，整个测量在30 min 内完成，检测的性能参数应在允许的偏差范围之内。

（3）长期运行老化试验

考虑电气设备在核定的寿命期的工况、操作循环次数，来对设备进行运行老化试验，其目的是验证设备在实际承载条件下进行足够的连续运行试验以模拟机械磨损老化。一般情况下，继电器的 10 年寿命相当于在正常电压和额定刚性负载电流的条件下完成 1500 次合分，操作频率不高于 6 次/分；框架断路器的 10 年寿命相当于在额定电压和电流下合分开关 120 次；塑壳断路器的 10 年寿命相当于在额定电压和电流下手动合分开关 250 次；交流接触器的 10 年寿命相当于在额定电压和电流下合分 1500 次；仪表的 20 年寿命相当于 70%~80% 量程运行 10 万~20 万次，5%~95%~5% 量程运行 1.25 万~2.5 万次。

（4）辐射老化试验

设备不通电，保持在（70±3）℃的试验箱中，试验箱保持每小时 3 倍容积的空气循环，当试验箱内环境和设备均稳定在 70℃ 时开始照射，试验时间不少于 250 h，辐照剂量当量以 ±15% 的精度施加。采用钴 60γ 源、剂量率为 1 kGy/h±0.5 kGy/h（0.1 Mrad/h±0.05 Mrad/h），通常施加的剂量为 250 kGy（25 Mrad），辐照期为 10 d。

对特定设备施加的剂量也可以只考虑该设备所处实际安装条件下的剂量水平，如对于电气贯穿件，该剂量为 50 kGy（5 Mrad），剂量率为 0.2 kGy/h±0.1 kGy/h（0.02 Mrad/h± 0.01 Mrad/h）。

某些设备由于放置在配电间和其他无强辐射性的场合，放射性剂量比较少，一般不考虑辐射老化。

（5）振动老化试验

该试验是模拟地震以外的振动（如水力激振等），试验时设备不通电。在三个正交轴上分别做单轴振动激励试验。首先输入 $0.15g$，在 10~500 Hz 范围内做共振频率探查试验；输入 $0.75g$，以 2 倍频程/min 的扫描速度，在 10~500 Hz 范围内做频率扫描疲劳试验，持续时间为 2 h 或 1.5 h；输入 $0.75g$，在共振频率下，做激振试验，持续时间为 10 min。

地震是一种自然现象，具有很大的破坏性。区分地震对设备的影响一般以地震烈度来表示，我国地震烈度分为 12 级。各地震烈度的定义见表 5-69。

表 5-69　地震烈度的定义

级　别	定　义
1	人无感觉，地震仪可以记录到的地震
2	室内个别静止中的人有感觉
3	室内少数静止中的人有感觉、门窗轻微作响、悬挂物微动
4	室内多数人有感觉、室外少数人有感觉；少数人梦中惊醒，门窗作响，悬挂物明显摆动、器皿作响
5	室内普遍有感觉，室外多数人有感觉，多数人梦中惊醒，门窗、屋顶、屋梁颤动作响、灰尘掉落、抹灰出现细微裂缝。不稳定器物翻倒、水平加速度为 $0.03g$ 左右
6	少数人惊慌失措仓皇逃出，个别砖瓦掉落，墙体细微裂缝，但不妨碍使用，水平加速度为 $0.067g$ 左右
7	大多数人惊慌失措仓皇逃出，房屋轻度破坏，局部损坏开裂，但不妨碍使用，水平加速度为 $0.12g$ 左右
8	摇晃颠簸、行走困难，房屋中等破坏，结构受损需要修理，水平加速度为 $0.25g$
9	坐立不稳，行动的人可能摔跤，房屋严重破坏，墙体龟裂，局部倒塌，修复困难，水平加速度为 $0.51g$ 左右

级　别	定　义
10	骑自行车的人会摔倒；处不稳状态的人会摔出几尺远、有抛物感；房屋大部分倒塌、不可修复，水平加速度为 $1g$ 左右
11	毁灭地震断裂延续很长，山崩常见，基岩上拱桥损坏
12	地面剧烈变化、山河改观

核电站中所有抗震 I 类设备均需要进行抗震鉴定。这些设备应能承受运行基准地震（S1 或 OBE）和安全停堆地震（S2 或 SSE）载荷，并保证在地震发生时或（和）地震后均能履行其规定的安全功能。抗震 I 类设备包括所有 1E 级电气设备。

试验期间是否通电取决于技术规格书中对待鉴定设备安全功能的规定。如在地震时仅需保持完整性的设备，试验时试件可不通电；而在地震时需执行其规定功能时，试件在试验中应通电运行。

抗震鉴定的方法有分析法和抗震试验法两种。分析法一般应用于无法在振动台上进行抗震试验的设备、已有同类型设备的抗震鉴定资料且有应用案例。抗震试验法一般需要事先编制试验大纲，试验大纲包括地震负载和试验顺序、振动台输入波形、安装条件、工作载荷和运行条件、设备输出响应和功能特性的监视、可运行性的验证等。

抗震鉴定的试验方法包括单轴拍波试验、单轴时程试验和双轴时程试验。在没有规定的方法时，推荐采用双轴时程试验。

1）单轴拍波试验。在每个试验频率上沿着每根轴线相继施加由五个正弦拍波组成的一个试验波系列，拍波之间留有足够的间隙以避免设备响应运行的明显叠加，组成每个正弦拍波的周期数量至少为 5 个。一般在设备的自振频率（$0 \sim 33\,\mathrm{Hz}$ 范围内的各阶自振频率）和 $1 \sim 33\,\mathrm{Hz}$ 范围内的频率间隔为 1/2 倍频程处的各频率点进行。拍波输入的幅值至少等于要求反应谱中零周期加速度（ZPA）值。正弦波拍波试验一般用 5 个拍波以上的拍波系列，每拍的周波数由设备的临界阻尼比和反应谱的放大倍数决定，一般取 $n = 5 \sim 10$。

2）单轴时程试验和双轴时程试验。单轴时程试验为沿着每根轴线相继施加一个具有要求反应谱的加速度时程。每一个加速度时程的特性如下：强信号区（信号最大值的 25% 及以上）的最小持续时间为 $10\,\mathrm{s}$；信号总持续时间最少为 $20\,\mathrm{s}$；信号应包括至少 6 个（正或负）超过其最大值 70% 的峰值点。

在进行 S2（SSE）水平的试验之前，先进行 5 次 S1（OBE）水平的试验。在核电厂中 S1 为运行基准地震（OBE），S1 试验的频谱幅值为 S2 试验频谱幅值的一半。在没有规定时，使用可以安装电气设备的所有标高楼层的包络反应谱；在实际试验中也可以采用那些安装鉴定设备的特定楼层（地板或支撑点）反应谱。

3）双轴时程试验。双轴时程试验为沿着每对轴（首先 OX、OZ，然后 OY、OZ）相继施加两个同时产生的加速度时程，两个信号是分别合成的。每一个加速度时程的特性如下：强信号区（信号最大值的 25% 及以上）的最小持续时间为 $10\mathrm{s}$；信号总持续时间最少为 $20\mathrm{s}$；信号应包括至少 8 个（正或负）超过其最大值 70% 的峰值点。

在进行 S2（SSE）水平的试验之前先进行 5 次 S1（OBE）水平的试验。在核电厂中 S1 为运行基准地震（OBE），S1 试验的频谱幅值为 S2 试验频谱幅值的一半。在没有规定时，使用可以安装电气设备的所有标高楼层的包络反应谱；在实际试验中也可以采用那些安装鉴定设备的特定楼层（地板或支撑点）反应谱。

如果设备支承在楼板上，且已知安装部位的设计楼层反应谱，则采用与楼层反应谱反演的人工时程进行抗震试验。如果设备的安装地点不定或安装在多处，或试验难以实现现场安装条件，此时抗震试验不是像上述控制台面运动，而是控制设备重心处的振动响应幅值，宜采取单轴正弦拍波方法或采用与多处的楼板反应谱的包络谱相容的人工时程输入的方法。

设备是否通电取决于是否需要在事故中执行功能。设备保持在（70±3）℃的试验箱中，试验箱保持每小时三倍容积的空气循环，当试验箱内环境和设备均稳定在 70℃时开始照射，采用钴 60γ 源，剂量率为 1 kGy/h±0.5 kGy/h（0.1 Mrad/h±0.05 Mrad/h），试验时间为 600 h，施加的剂量为 600 kGy（60 Mrad）。

鉴定试验在饱和蒸汽温度下进行时，事故工况的试验模拟曲线是根据事故分析中的设计基准事故在安全壳内相应的压力 P、温度 T 曲线的包络线制定的。试验曲线应包络事故分析曲线，并留有一定的裕量，P 为安全壳内总压力（水蒸气压力加空气压力），T 为露点温度。

模拟事故工况热力环境下的试验采用以下两种方法：①实施一次热力冲击，留有一定的裕量；②连续实施两次冲击，不考虑与理论计算值比较的裕量。

事故环境模拟试验各阶段曲线如图 5-40 所示。

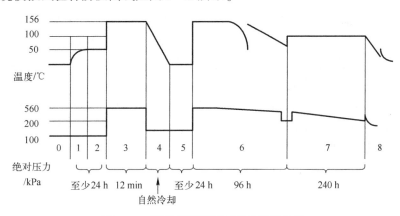

图 5-40　事故环境模拟试验各阶段曲线

在温度为 50℃±10℃的条件下进行 24 h 的预处理（阶段 1 和阶段 2）后，被试设备按图 5-40 所示代表事故工况的温度-压力曲线进行试验，设备在试验期间应通电运行。试验由两部分组成。

① 按图 5-40 中前 12 min 段的温度-压力曲线进行第一次热力冲击试验（阶段 3）。其中从 $t=0$ 开始的瞬态时间小于 30 s；在这段曲线之后有一个恢复期（阶段 4 和阶段 5），恢复期使样机回到（50±10）℃的稳定温度。

② 进行第二次热力冲击试验，温度-压力曲线同①，且具有和①相同的瞬态过程，在 200 s 以后，设备暴露在化学喷淋中持续 96 h。

用带化学溶液的喷淋装置模拟化学条件，这种化学溶液的初始特性如下。

成分（按重量）：硼酸为 1.5%；

氢氧化钠为 0.6%。

20℃时的 pH：9.26。

喷淋速率：$1.02 \times 10^{-4} m^3/s/ m^2$（容器水平面）。

如果已经拟订出一种适合设备类型的试验方法，则使用该方法。如没有合适的方法，则采用 GB/T 2423.3—2016 规定的试验方法，模拟事故工况化学喷淋环境，试验结束后立即进行该项试验（图5-40的阶段7），试验条件如下。

相对湿度：>80%。

绝对压力：$200 kPa \pm 50 kPa$（$2 bar \pm 0.5 bar$）。

试验时间 τ 和温度 θ 的基准值：10 d 和（100±5）℃。

对于不同于100℃的任何试验温度，其试验时间 τ 不小于100 h，且按下式计算：

$$\tau = 240 \times 2^{\left(\frac{100-\theta}{10}\right)} \qquad (5-6)$$

5.12 低压电器的可靠性测试

产品的可靠性是指产品在规定的条件下和规定的时间（或操作次数）内完成规定功能的能力。"规定的条件"是指产品使用时的负载条件、环境条件及储存条件；"完成规定功能"是指完成全部规定的技术性能。

可靠度是描述产品可靠性高低的概念。低压电器的可靠度是指产品在规定的条件和规定的时间内完成规定功能的概率，一般用 R 表示。"某种规格的接触器操作至106次时的可靠度为90%"是指若干多次抽取 n 个该规格的接触器在规定的条件下操作至106次时，平均有90%的接触器能按规定的条件完成规定的功能。

产品的失效率 $\lambda(t)$ 是指已工作到时刻 t 的产品在 t 时刻后的单位时间内发生失效的概率。典型的失效率 $\lambda(t)$ 与时间 t 的关系（常被称为"浴盆曲线"）如图5-41所示。从曲线上看，产品失效率随时间的变化主要分为3个阶段。

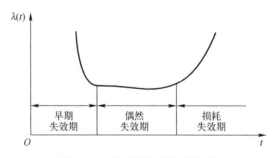

图5-41　典型产品的失效曲线

1）早期失效期：出现在产品工作早期，产品失效率高，但失效率随着工作时间的增加而降低。

2）偶然失效期：此阶段失效是随机性的，产品失效率低且稳定，通常接近于常数。

3）损耗失效期：此时期出现在产品工作的后期，产品失效率随着工作时间的增加而显著增高。

低压电器产品可分为不可修复产品和可修复产品。不可修复产品是指不能修复或虽能修复但不值得修复的产品，例如，小容量交流接触器、小型中间继电器等小型电器产品；可修复产品是指可以修复的产品，例如，低压断路器、低压成套设备等。不可修复产品的可靠性特征量为可靠度、累积失效概率、失效率、平均寿命、寿命标准离差、可靠寿命、中位寿命和成功率；可修复产品的可靠性特征量为平均故障率、平均无故障工作时间、有效度、平均修复时间、修复率、可靠度和故障密度。

可靠性试验分为环境试验和筛选试验两大类。环境条件对产品内部潜在的故障因素起着刺激的作用，它是导致产品形成故障的一个重要因子。为了分析评价环境条件对产品性能的影响而进行的试验被称为环境试验。电工产品在储存、运输和使用过程中可能遇到的各种环境条件见表5-70。

表5-70 常见的环境条件

气候条件	温度、湿度、气压、风、雨、冰、雪、霜、露、沙尘、盐雾、游离气体、腐蚀性气体等
机械条件	振动、冲击、碰撞、离心加速度、跌落、摇摆、静力负载、失重、爆炸冲击波等
生物条件	霉菌、昆虫、齿类动物等
辐射条件	太阳辐射、核辐射、紫外线辐射、宇宙射线等
电磁条件	电场、磁场、闪电、雷击、电晕放电等

可靠性筛选试验是指为剔除早期失效产品而进行的试验。所谓的筛选是指将不符合产品要求的产品通过各种方法予以淘汰和剔除，而将合格的产品选出留下。

按照施加应力水平的高低，可靠性试验可划分为正常可靠性试验和加速可靠性试验。正常可靠性试验是指对产品施加正常应力（产品标准中规定的额定应力）水平的可靠性试验；加速可靠性试验是指对产品施加的应力超过了正常应力水平的可靠性试验。

可靠性技术设计主要为降额使用、冗余设计、耐环境设计、耐热设计、耐振动设计、参数设计和容差设计。

低压电器的可靠性设计主要包括触头的可靠性设计、机械构件的可靠性设计和电磁系统的可靠性设计，其中触头的可靠性设计包括触头的材料选择、触头的结构形式选择、触头的接触电阻设计、触头的回跳设计和触头的冗余设计；机械构件的可靠性设计包括杆件的可靠性设计和弹簧的可靠性设计；电磁系统的可靠性设计包括设计变量的设计、电磁系统动态设计优化设计和电磁系统模糊设计优化设计。

低压电器可靠性试验依据的标准见表5-71。

表5-71 低压电器可靠性标准汇总

序 号	标准编号	标准名称
1	GB/T 15510—2008	控制用电磁继电器可靠性试验通则
2	GB/Z 22200—2016	小容量交流接触器可靠性试验方法
3	GB/Z 22201—2016	接触器式继电器可靠性试验方法
4	GB/Z 22202—2016	家用和类似用途的剩余电流动作断路器可靠性试验方法
5	GB/Z 22203—2016	家用及类似场所用过电流保护断路器的可靠性试验方法
6	GB/Z 22204—2016	过载继电器可靠性试验方法
7	GB/Z 10962—2008	机床电器可靠性通则
8	JB/T 50191—1999	机床电器运行可靠性要求和试验方法

控制继电器的可靠性指标与考核方法按照 GB/T 15510—2008《控制用电磁继电器可靠性试验通则》执行。该标准规定了控制用电磁继电器可靠性试验的术语、定义、量值的符号、可靠性试验方法、验证试验分类及试验程序、试验记录及试验报告等要求。该标准适用于产品寿命能合理地认为服从指数分布的产品可靠性验证试验。

控制用电磁控制器采用失效率作为其可靠性特征量，其失效等级、符号和最大失效率见表 5-72。

表 5-72　控制用电磁继电器失效等级名称、符号和最大失效率

失效等级名称	失效等级符号	最大失效率 λ_{max}（1/10 次）
亚五级	YW	3×10^{-5}
五级	W	1×10^{-5}
六级	L	1×10^{-6}
七级	Q	1×10^{-7}

控制用电磁控制器可靠性试验的试验条件和安装条件与常规试验类似。试验电源的条件要求如下：若采用工频电源，则波形畸变率要求不大于 5%、频率偏差要求不大于 ±5%；若采用直流电源，则要求直流电源峰值与谷值之差和直流分量的比值不大于 ±6%。试验过程中，当触点接通负载时，试验电源的波动相对于空载电压而言要求不大于 5%。

控制用电磁控制器可靠性试验的负载条件主要为负载方式、负载电压和负载电流。负载电源可以为直流电源或交流电源，推荐优先采用直流电源。负载可以为阻抗负载、感性负载、容性负载或非线性负载，优先采用阻抗负载（功率因数为 0.9~1、时间常数不大于 1 ms）。试验时触点开路电压优先采用 24V 或产品标准规定的触点电压。除非产品标准另有规定，试验时触点电路负载电流的数值宜采用额定电流或下列值：①2 类触点（触点额定电压为 5~250 V，触点额定电流为 0.1~1 A）：100mA；②3 类触点（触点额定电压为 5~600 V，触点额定电流为 0.1~100 A）：1 A。

控制用电磁控制器可靠性试验的激励条件主要为激励量的循环次数和激励的负载比。试验时，试品要求以输入激励量的额定值进行激励。每小时的循环次数要求不小于标准中的规定值。为缩短试验时间，在不影响试品正常释放与动作的条件下，试品每小时的循环次数可多于产品标准中的规定值，其数值可在 6、30、120、600、1200、1800、3600、12000、18000 和 36000 中选取。试验时，负载因数在 15%、25%、33%、40%、50% 和 60% 中选取。

控制用电磁控制器可靠性试验要求在试验过程中对试品的所有触点在每次循环的"接通"期的 40%时间内与"断开"期的 40%时间内实施接触电压降及断开触点间电压的监控，试验过程中不允许对产品进行清理和调整。

控制用电磁控制器可靠性试验试验后要求进行外观检查、动作电压、释放电压、接触电阻、绝缘电阻、介质耐压、动作时间、释放时间、回跳时间以及线圈电阻测试。

控制用电磁控制器可靠性试验的失效判据按照如下原则执行，出现下列任何一种情况，则认为该试品失效。

1) 负载电流为额定电流时，接触电压降的极限电压值超过触点电路开路电压的 5%或 10%；负载电流为 100 mA 时，接触电压降的极限电压值超过 0.5 V；负载电流为 1 A 时，接触电压降的极限电压值超过 1.0 V。

2）断开触点间的极限电压值低于触点电路开路电压的 90%。

3）触点发生熔断或其他方式的粘接。

4）触点燃弧时间不小于 0.1 s。

5）继电器线圈通电时不动作。

6）继电器断电后不返回。

7）试品零部件有破坏性损坏、连接线及零部件松动。

8）试品在试验后所进行的任一项目的检测结果不符合产品标准的规定。

控制用电磁控制器可靠性试验分为定级试验、维持试验和升级试验。定级试验是指为首次确定产品的失效等级而进行的试验，或在某一失效等级的维持试验或升级试验失败后，对产品重新确定其失效等级而进行的试验；维持试验是指为证明产品的失效等级或升级试验所确定的失效等级而进行的试验；升级试验是指为证明产品的失效等级比原定的失效等级而进行的试验。

定级试验和升级试验的置信度规定值确定为 0.9，其试验方案见表 5-73。维持试验的置信度规定值确定为 0.6，其试验方案见表 5-74。

表 5-73 定级试验和升级试验方案

| 失效等级 | 截尾时间 $T_c/10^6$ 次 | | | | | | | | | |
	$A_c=0$	$A_c=1$	$A_c=2$	$A_c=3$	$A_c=4$	$A_c=5$	$A_c=6$	$A_c=7$	$A_c=8$	$A_c=9$
YW	0.768	1.30	1.77	2.23	2.66	3.09	3.51	2.92	4.33	4.74
W	2.30	3.89	5.32	6.68	7.99	9.27	10.53	11.77	13.0	14.21
L	23.0	38.9	53.2	66.8	79.9	92.7	105.3	117.7	130	142.1
Q	230	389	532	668	799	927	1053	1177	1300	1421

表 5-74 维持试验方案

| 失效等级 | 截尾时间 $T_c/10^6$ 次 | | | | | | | | | |
	$A_c=0$	$A_c=1$	$A_c=2$	$A_c=3$	$A_c=4$	$A_c=5$	$A_c=6$	$A_c=7$	$A_c=8$	$A_c=9$
YW	0.306	0.673	1.03	1.39	1.75	2.10	2.45	2.80	3.25	3.50
W	0.916	2.02	3.10	4.18	5.25	6.30	7.35	8.40	9.44	10.5
L	9.16	20.2	31.0	41.8	52.5	63.0	73.5	84.0	94.4	105
Q	91.6	202	310	418	525	630	735	840	944	1050

定级试验的试验程序按照如下 10 个步骤执行：

1）选定失效等级，首次定级试验一般选取的失效等级为 YW 或 W 级。

2）选定允许失效数 A_c 和截尾失效数 r_c（$r_c=A_c+1$），推荐在 2~5 的范围内选择 A_c。

3）根据选定的失效等级和失效数 A_c，从表 5-73 中查出截尾时间 T_c。

4）选定试品的试验截止时间 t_z，试验截止时间 t_z 要求不超过产品标准中规定的电寿命次数，且至少为 104 次，推荐 105 次。

5）依据选择的截尾时间 T_c、失效数 A_c 和截止时间 t_z，由式（5-7）确定试品数量 n，试品数量 n 一般不得小于 10。

$$n = T_c/t_z + A_c \qquad (5-7)$$

6）从批量生产的合格产品中随机抽取 n 个试品，抽样基数要求不小于 $10n$。

7）按照规定的试验条件进行测试和检验。

8）统计相关失效数 r 及各失效品的相关试验时间，对试验后检测出的相关失效试品的相关试验时间按照试验结束时的时间计算。

9）统计累积相关试验时间 T。

10）当相关失效数 r 未达到截尾失效数 r_c，而累积相关试验时间 T 达到或超过截尾时间 T_c，则判断定级试验合格。当累积相关试验时间 T 未达到截尾时间 T_c，而相关失效数 r 达到或超过了截尾失效数 r_c，则判断定级试验不合格。

维持试验和升级试验与定级试验类似，本书不再重复阐述。

第6章 电气控制线路的分析与设计基础

6.1 电气控制线路的绘制原则

电气控制线路是将接触器、继电器、熔断器、按钮及开关等低压电器用导线按一定规则连接起来组成的电气线路。为了表达电气控制系统的结构、原理等设计意图，也为了后续电气系统的安装、调试、使用和维修，需要将电气控制系统中的电气元件连接以一定的图形形式表示出来，这种图称为电气控制线路图。绘制电气控制线路图时，电气元件的图形和文字符号必须符合国家标准的规定，绘制电气控制线路应以简明、清晰、易懂为原则。

电气控制线路图一般有3种：电气原理图、电气元件布置图和电气安装接线图。一般用不同的图形符号表示各种电气元器件，用不同的文字符号表示设备及线路功能、状况和特征，不同的线路图有不同的用途和规定的画法。

电气原理图的目的是便于阅读和分析控制线路的工作原理，应以简单、层次分明且清晰为原则，采用电气元件展开形式绘制。它包括所有电气元件的导电部件和接线端子，需注意的是，电气原理图不按照电气元件的实际布置位置绘制，也不反映电气元件的实际大小和形状，而是根据电气控制线路工作原理绘制。

电气原理图布局要求突出信息流和各功能单元间的功能关系，对图的布置应有利于识别各种程序过程和信息流向，因果关系清楚。

电气原理图一般分为主电路和辅助电路两部分。主电路是电气控制线路中大电流通过的部分，包括从电源到电动机之间相连的电气元件；一般由组合开关、主熔断器、接触器主触点、热继电器的热元件和电动机等组成。辅助电路是控制线路中除主电路以外的电路，其流过的电流比较小；辅助电路包括控制电路、照明电路、信号电路和保护电路，其中控制电路由按钮、接触器和继电器的线圈及辅助触点、热继电器触点、保护电器触点等组成。

电气原理图是用来表征各电气元件或设备的基本组成及其连接关系的一种电气图，是电气安装、调试和维修的理论依据。电气原理图的绘制一般需遵循以下原则：

电气元件按未通电和未受外力作用时的状态绘制，即在没有通电或没有发生机械动作时的位置。例如，接触器按线圈未通电，触点未动作时的状态绘制；按钮按未按下按钮时触点的状态绘制；热继电器按未发生过载动作时的状态绘制。

1）主电路、控制电路和辅助电路应分开绘制。主电路是设备的驱动电路，是包含电源、电动机及接触器主触点等元件的大电流的电气线路；控制电路是由接触器和继电器线圈、各种电器的触点组成的逻辑电气线路，实现控制功能；辅助电路是包括信号、照明及保护等功能的电路。

2）触点的绘制位置：使触点动作的外力方向必须是，当原理图垂直绘制时为从左到右，即垂线左侧的触点为动合触点，垂线右侧的触点为动断触点；当图形水平放置时为从下到上，即水平线下方的触点为动合触点，水平线上方的触点为动断触点。

3）主电路用粗实线绘制在图纸的左侧或上方，控制电路用细实线绘制在图纸的右侧或下方。

4）图中自左而右或自上而下表示操作顺序，并尽可能减少线条和避免线条交叉。

5）图中有直接电联系的交叉导线的连接点（即导线交叉处）要用黑圆点表示。无直接电联系的交叉导线，交叉处不能画黑圆点。

6）同一电气元件的不同部分（如接触器的主触点、线圈和辅助触点），按功能和所接电路的不同而分别绘制在不同电路中，但必须标注相同的文字符号。

如图 6-1 所示为一台三相异步电动机的起-保-停控制线路，主电路绘制在左侧，辅助电路绘制在右侧，图 6-1a 电气元件图形符号符合 GB/T 4728—2008《电气简图用图形符号》要求，文字符号符合 GB/T 20939—2007 国标要求；图 6-1b 采用旧国标 GB/T 7159—1987 绘制。

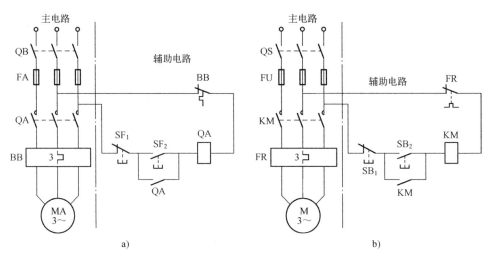

图 6-1　三相异步电动机的起-保-停控制线路

a）新国标　b）旧国标

6.2　电气控制线路图分析基础

电气控制线路图能充分表达电气设备的用途、作用和工作原理，阅读电气控制线路图是顺利完成电气安装、调试和维修的理论依据。在生产实践中，电工安装和维修人员要接触到各种各样的电路图。

在看图之前应首先了解设备的机械结构、电气传动方式、对电气控制的要求、电动机和电气元件的大体布置情况及设备的使用操作方法以及各种按钮、开关、指示器等的作用。此外还应了解使用要求、安全注意事项等，对设备有一个全面完整的认识。识图时，首先要看清楚图纸说明书中的各项内容，图纸说明包括图纸目录、技术说明、元器件明细表和施工说明书等。明确设计内容和施工要求，了解图纸的大体情况。图纸中标题栏也是重要的组成部分，它给出了电气图的名称及图号等有关内容，由此可对电气图的类型、性质和作用等有明确认识，同时可大致了解电气图的内容。

电路原理图是电气图的核心，看懂电气原理图才能正确接线，正确阅读电气原理图是电工的基本技能。电气原理图的读图方法主要有两种：查线读图法（直接读图法或跟踪追击法）和逻辑代数法（间接读图法）。

6.2.1 查线读图法

首先介绍查线读图法。这种方法首先需要仔细阅读设备说明书，了解电气控制系统的总体结构、电动机和电气元件的分布状况、控制要求等内容，然后按以下步骤阅读分析电气原理图。

（1）分析主电路

从主电路入手，根据每台电动机、电磁阀等执行电器的控制要求分析它们的控制内容，如起动、方向控制、调速和制动等。在分析电气线路时，一般应先从主电路入手，从主电路看有哪些控制元件的主触点、电阻等，然后根据其组合规律大致可以判断电动机是否有正反转控制、是否制动控制、是否要求调速等。

（2）分析辅助电路

根据主电路中各电动机、电磁阀等执行电器的控制要求，逐一找出控制电路中对应的控制环节，按功能不同划分成若干局部控制线路进行具体分析，并对信号、照明和保护、故障报警等功能进行分析。

（3）分析自锁、互锁、联锁等保护环节

为保证控制的安全性和可靠性，一般控制线路设置了一系列电气保护和必要的电气联锁，下面分别介绍控制线路的常见保护环节。

1）自锁：交流接触器通过自身的动合辅助触点实现其线圈在启动按钮按下松开后始终保持得电状态称为自锁。接触器的动合辅助触点与启动按钮并联，按钮按下后，接触器线圈得电，动合辅助触点闭合，此时松开启动按钮，由于动合辅助触点的闭合而不会使接触器失电断开，自行锁住，防止误动作。如图 6-1 中与启动按钮 SB_2 并联的接触器 KM 的动合辅助触点。

2）互锁：就是互相"锁住"对方，一方处于工作时，另一方就被"锁住"不能处于工作状态，除非处于工作状态的一方停止工作。几个电气回路之间，可利用动合触点，控制对方的线圈回路，进行状态保持或功能限制。互锁目是避免线路同时工作而造成短路。互锁可采用电气互锁、机械互锁和电气机械联动互锁。电气互锁是将继电器的动断触点或接触器的动断辅助触点接入另一个继电器或接触器的线圈控制回路中，保证一个继电器或接触器得电动作后，另一个继电器或接触器线圈不能得电，通过机械连杆实现这一功能的称为机械互锁。图 6-2 为电气控制线路中的电气机械联动互锁。

3）联锁：几个电器或元件之间，为保证电器或其元件按规定的次序动作而设计的连接。

例如，车床主轴电动机转动之前，要求油泵先给齿轮箱供油润滑，即应保证在润滑泵电动机起动后主轴电动机才能起动，控制需要按顺序工作的联锁要求。要求润滑泵电动机起动后才允许车床主轴电动机起动进行加工，主轴电动机停车后才允许润滑泵电动机停车。联锁功能是通过将控制油泵线路的接触器 KM_1 的动合辅助触点串入车床主轴电动机接触器 KM_2 线圈回路中来实现。如图 6-3 所示为车床主轴和油泵的电气联锁控制线路。由熔断器 FU 担任短路保护，主轴电动机 M_1 电路主要由接触器 KM_1 的主触点和热继电器 FR_1 组成。M_1 采用全压直接起动方式。热继电器 FR_1 作电动机 M_1 的过载保护。油泵电动机 M_2 电路主要由接触器 KM_2 的主触点和热继电器 FR_2 组成，该电动机也是采用直接起动方式，并由热继电器 FR_2 作其过载保护。

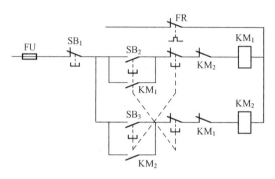

图 6-2　电气控制线路中的电气机械联动互锁

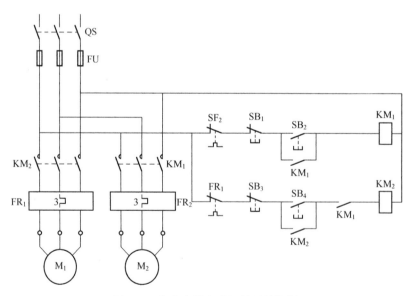

图 6-3　车床主轴电动机的联锁控制

（4）总体检查

经过"化整为零"，逐步分析每一个局部电路的工作原理及各部分之间的控制关系之后，还需进一步对整个控制线路进行检查，理解各控制环节之间的联系，理解电路中每个元件所起的作用，不遗漏任何一个功能。

查线读图法的优点是直观性强，容易掌握，因而得到广泛采用。其缺点是分析复杂线路时易出错，叙述也较冗长。

6.2.2 逻辑代数法

逻辑代数法是通过对电路的逻辑表达式运算来分析控制电路，这种读图方法的优点是各电气元件之间的联系和制约关系可通过逻辑表达式看出，通过逻辑函数的运算，一般不会遗漏或看错电路的功能。其缺点是复杂电气线路的逻辑表达式很烦琐。

电气控制电路中的继电器、接触器及行程开关等电器的触点都只有"通、断"两种状态，电器线圈只有"得电、失电"两个状态，即所谓的二值逻辑（把具有二值逻辑的控制元件称为开关元件），可应用逻辑代数这一数学工具来分析和设计电气控制线路。

逻辑代数中的基本逻辑关系为逻辑和、逻辑乘以及逻辑非，若以"1"表示各开关元件的受激状态（电器线圈得电，按钮和行程开关处于受压状态），以"0"表示这些元件的原始状态（电器线圈不得电，按钮等未受压），上述三种逻辑关系与电路状态之间的对应关系如图6-4所示。

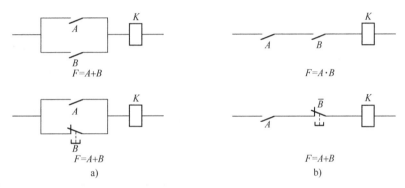

图6-4　控制线路对应的逻辑表达式

逻辑非：表示变量的否定关系；即，如果 $A=0$，则 $\overline{A}=1$。如果以变量 A、B、…表示开关元件的动合触点；则 $\overline{A}$、$\overline{B}$、…表示这些元件的动断触点。因此，开关元件本身的"1""0"状态和它的动合触点的"1""0"状态一致，而与其动断触点的"1""0"状态相反。

逻辑和（"或"）：状态关系式为 $F=A+B$，表示 A、B 中有一个为1则 $F=1$。这种情况对应于动合触点并联，如图6-4a所示，只要触点 A、B 中有一个接通（状态"1"），线圈就得电（状态"1"）。

逻辑乘（"与"）：其状态关系式为 $F=A \cdot B$，表示变量 A、B 同时取1则 $F=1$。这种情况对应于动合触点串联，如图6-4b所示，只有当触点 A、B 同时接通时（状态"1"），线圈才得电（状态"1"）。

根据上述"与""或"及"非"三种基本逻辑关系可得出逻辑关系的一些基本运算定律，见表6-1。

表 6-1 逻辑关系的基本运算定律

名　称		恒　等　式
基本定律	0，1 法则	$0+A=A$
		$0 \cdot A=A$
		$1+A=1$
		$1 \cdot A=A$
	互补定律	$A+\bar{A}=1$
		$A \cdot \bar{A}=0$
	同一定律	$A+A=A$
		$AA=A$
	反转定律	$\bar{\bar{A}}=A$
交换律		$A+B=B+A$
		$AB=BA$
结合律		$(A+B)+C=A+(B+C)$
		$(AB)C=A(BC)$
分配律		$A(B+C)=AB+AC$
		$(A+B)(A+C)=A+BC$
吸收律		$A+AB=A$
		$A(A+B)=A$
		$A+\bar{A}B=A+B$
		$A(\bar{A}+B)=AB$
摩根定律		$\overline{A+B+C+\cdots}=\bar{A} \cdot \bar{B} \cdot \bar{C}$
		$\overline{A \cdot B \cdot C \cdot \cdots}=\bar{A}+\bar{B}+\bar{C}+\cdots$

利用这些基本定律可以分析、设计、简化电气控制线路的设计。以某一低压电器线圈的控制线路为例介绍具体步骤：首先写出控制线路中各元件触点间相互关系的逻辑表达式（均以未受激时的状态来表示）；通过线圈的逻辑表达式可分析判断当发出主令控制信号时，哪些逻辑表达式输出为"1"，哪些表达式由"1"变为"0"，从而可进一步分析哪些电动机或电磁阀等运行状态发生改变。在控制电路的设计中，应用逻辑表达式来简化电路也是很方便的。如图 6-5a 所示为一复杂的电气控制线路对应的逻辑表达式，运用逻辑关系基本运算定律进行简化如下：

$$F=A\left[(B+K)A+K(C+\bar{A}K)\right]+\bar{A}\left[(K+D)A+(E+\bar{E}\bar{A})K\right]$$
$$=(B+K)A+AKC+\bar{A}EK+\bar{E}\bar{A}K=AB+AK+AKC+\bar{A}K$$
$$=AB+AK(1+C)+\bar{A}K=AB+AK+\bar{A}K$$
$$=AB+K$$

根据简化后的逻辑表达式画出的控制线路如图 6-5b 所示。

逻辑代数法能够确定实现一个开关量控制线路的逻辑功能所必需的最少中间记忆元件数目，然后有选择地设置中间记忆元件，以达到使逻辑线路最简单的目的。举例如下：

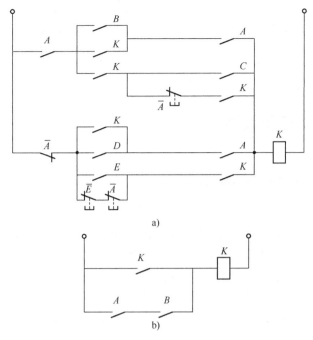

a)

b)

图 6-5 控制线路的逻辑关系简化

某一电动机仅在继电器中 J_A、J_B、J_C 任何一个或两个动作时才能运转，其他任何情况下不运转，试设计其控制电路。当继电器 J_A、J_B、J_C 中的任何一个动作时，接触器 K 动作的条件可写成

$$K_1 = J_A \overline{J_B}\,\overline{J_C} + \overline{J_A} J_B \overline{J_C} + \overline{J_A}\,\overline{J_B} J_C$$

当继电器 J_A、J_B、J_C 中任何两个动作时，接触器 K 动作的条件可写成

$$K_2 = J_A J_B \overline{J_C} + J_A \overline{J_B} J_C + \overline{J_A} J_B J_C$$

两个条件应是"或"的关系，电动机动作的条件为

$$K = K_1 + K_2 = J_A \overline{J_B}\,\overline{J_C} + \overline{J_A} J_B \overline{J_C} + \overline{J_A}\,\overline{J_B} J_C + J_A J_B \overline{J_C} + J_A \overline{J_B} J_C + \overline{J_A} J_B J_C$$

接下来就可用逻辑代数的基本公式，将上面的表达式进行化简，即

$$
\begin{aligned}
K &= J_A(\overline{J_B}\,\overline{J_C} + J_B \overline{J_C} + \overline{J_B} J_C) + \overline{J_A}(J_B \overline{J_C} + \overline{J_B} J_C + J_B J_C) \\
&= J_A[\overline{J_C}(\overline{J_B} + J_B) + \overline{J_B} J_C] + \overline{J_A}[J_B \overline{J_C} + (\overline{J_B} + J_B)J_C] \\
&= J_A(\overline{J_C} + \overline{J_B} J_C) + \overline{J_A}(J_B \overline{J_C} + J_C)
\end{aligned}
$$

因为 $\overline{J_C} + \overline{J_B} J_C = \overline{J_C} + \overline{J_B}$，所以 $K = J_A(\overline{J_B} + \overline{J_C}) + \overline{J_A}(J_B + J_C)$。

根据上述逻辑表达式画出的控制线路如图 6-6 所示。

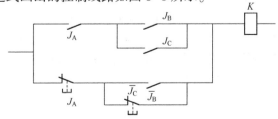

图 6-6 逻辑代数法设计控制线路

对于简单的系统设计而言，逻辑代数法设计的控制线路比较简化、合理，但控制线路复杂时，逻辑代数法工作量大、烦琐，容易出错。对于复杂的控制系统设计，可以首先分为若干互相联系的控制单元，用逻辑代数法设计单元控制线路，然后采用经验设计法组合各个控制单元，各取所长，获得更理想经济的设计方案。

6.3 电动机典型控制线路

6.3.1 三相异步电动机的点动控制线路

"一按就动，一松就停"的电路称为点动控制电路。在工业生产车间，经常会用到通过一个按钮的点动来控制电动机的起停，比如压机、车床的进刀或吊车等设备，控制线路如图 6-7 所示，电动控制线路为短时工作，不需要热继电器。当需要电动机 M 工作时，合上开关 QF，按下起动按钮 SB，交流接触器 KM 线圈得电，接触器主触点 KM 闭合，主回路 UVW 三相交流电通过接触器主触点 KM 与电动机 M 接通，电动机 M 起动运行。松开按钮 SB，交流接触器 KM 线圈失电，接触器主触点 KM 断开，电动机 M 停转。

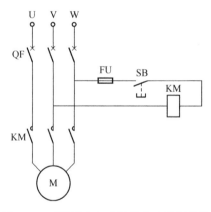

图 6-7　三相异步电动机的点动控制线路

6.3.2 三相异步电动机的长动控制线路

在工业生产车间，经常会用到通过一个起动按钮控制电动机的运行，再通过另一个停止按钮控制电动机的停止运行，比如磨床、车床或砂轮机等设备，控制线路如图 6-8 所示。闭合开关 QF，按下起动按钮 SB_2，交流接触器 KM 线圈得电，接触器 KM 主触点闭合，同时动合辅助触点闭合，电动机 M 起动运行。松开按钮 SB_2 时，由于接触器 KM 的动合辅助触点的闭合实现了自锁，控制线路保持得电状态。按下停止按钮 SB_1，控制线路断电，KM 线圈断电，KM 主触点断开，电动机 M 停止工作。

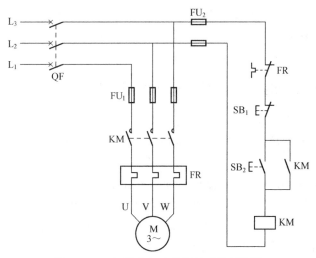

图 6-8　三相异步电动机的长动控制线路

6.3.3　三相异步电动机的点动/长动控制线路

图 6-9 所示的三个控制线路均可实现点动和长动控制。图 6-9b 通过中间继电器 KA 实现控制线路的点动；图 6-9c 通过开关 Q 的切换实现点动；图 6-9d 通过复合按钮 SB₃ 实现点动，复合按钮一般由联动的动合触头和动断触头组成，当按下按钮时，动断触头断开、动合触头闭合，需注意触点竞争问题。

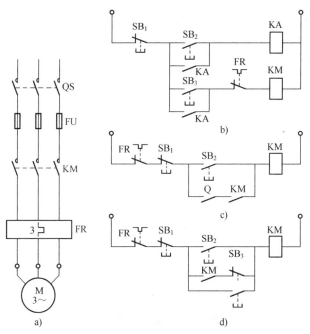

图 6-9　三相异步电动机的点动/长动控制线路

同一电器的动合、动断触点同时出现在电路的相关部分，电器的线圈得电或失电后，电器触点状态的变化不是瞬间完成的，需要一定的时间，有先后之别，在吸合与断开过程中存在一个同时的特殊过程。虽然触点同时动作，但不是同时达到状态，图 6-9d 控制线路松开复合按钮时，如果动断触点先恢复，将导致线路的点动控制失败。

不同电磁式电器的吸力与反力特性曲线配合不同，触点系统的动作的快慢程度也不同，不同电磁式电器之间也可能产生触点竞争问题。

6.3.4 三相异步电动机的丫-△减压起动控制线路

大中型异步电动机直接起动时，由于反电动势低，绕组电流大，会对电网产生较大的冲击影响，电网容量裕度不足时，容易发生跳闸。中大型异步电动机多数采用三角形的绕组接法，可以采用绕组的丫-△变换方法减压起动，以减小起动电流。

其控制线路如图 6-10 所示，闭合开关 QS，按下起动按钮 SB₂，接触器 KM、KM丫和时间继电器 KT 的线圈得电，KM 和 KM丫的主触点闭合，异步电动机丫接起动，KM 动合辅助触点闭合，实现自锁，KM丫动断辅助触点断开，实现 KM丫与 KM△的互锁。时间继电器 KT 的计时时间到，KT 的延时动合触点闭合，同时延时动断触点断开，接触器 KM丫线圈失电，KM丫主触点断开，同时动断辅助触点恢复闭合，接触器 KM△线圈得电，其主触点闭合，电动机绕组以△接形式继续运行，动合辅助触点闭合实现自锁，动断辅助触点断开实现与接触器 KM丫线圈线路的互锁。按下停止按钮 SB₁，电动机停转。

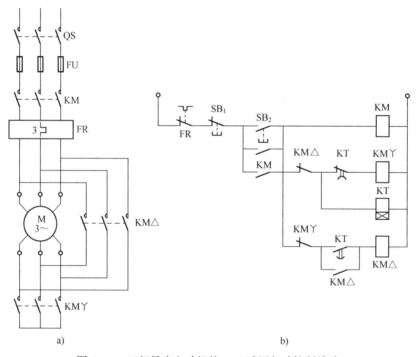

图 6-10　三相异步电动机的丫-△减压起动控制线路

6.3.5 三相异步电动机的串电阻减压起动控制线路

定子绕组串接电阻减压启动是指电动机起动时，把电阻串联在电动机定子绕组与电源之间，通过电阻的分压作用降低定子绕组上的起动电压，起动完成后，再将电阻短接，电动机在额定电压下正常运行。串电阻减压起动控制线路简单、成本低、动作可靠。如图 6-11 所示为采用接触器和时间继电器控制的串电阻减压起动控制线路。

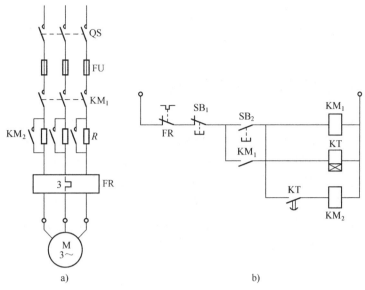

图 6-11　三相异步电动机的串电阻减压起动控制线路

控制线路工作原理：闭合开关 QS，按下起动按钮 SB₂，接触器 KM₁ 和时间继电器 KT 线圈得电，KM₁ 主触点闭合，电动机串电阻减压启动，KM₁ 动合辅助触点闭合实现自锁。时间继电器 KT 计时时间到，KT 的延时动合触点闭合，接触器 KM₂ 线圈得电，其主触点闭合将电阻短接，电动机在额定电压下运行。按下停止按钮 SB₁，电动机停转。

6.3.6　三相异步电动机的正反转控制线路

在日常生活和工业生产过程中，经常需要用到电动机的正反转。可通过调换三相异步电动机的任意两相相序实现电动机的正反转，控制线路如图 6-12 所示。

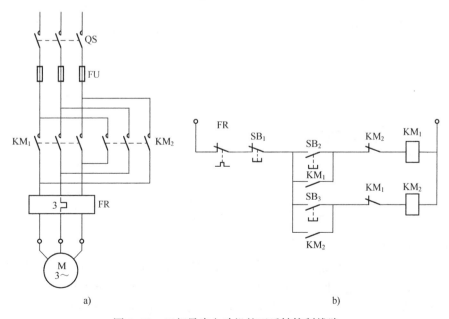

图 6-12　三相异步电动机的正反转控制线路

闭合开关 QS，按下起动按钮 SB_2，KM_1 线圈得电，主触点闭合，电动机正向起动运行，KM_1 的动合辅助触点闭合实现自锁、动断辅助触点断开，保证 KM_2 线圈线路不得电，实现互锁；按下停止按钮 SB_1，电动机停转，电动机反转工作原理相同，不再赘述。

6.3.7 三相异步电动机的反接制动控制线路

在工业生产过程中，经常需要采取一些措施使电动机尽快停转，实现制动有机械制动和电磁制动两种方法。电磁制动是使电动机在制动时产生与其旋转方向相反的电磁转矩，其特点是制动转矩大，操作控制方便。常见电磁制动类型有能耗制动、反接制动和回馈制动。

反接制动是将电动机定子绕组任意两相对调，产生与转子转速相反的旋转磁场，达到快速停机的目的。反接制动一般与速度继电器配合，在电动机速度为零时，及时切断电源，否则将会出现反向起动。如图 6-13 所示为定子串电阻正反转反接制动控制线路工作原理图，限流电阻在电动机正向和反向起、制动过程中起限流作用。

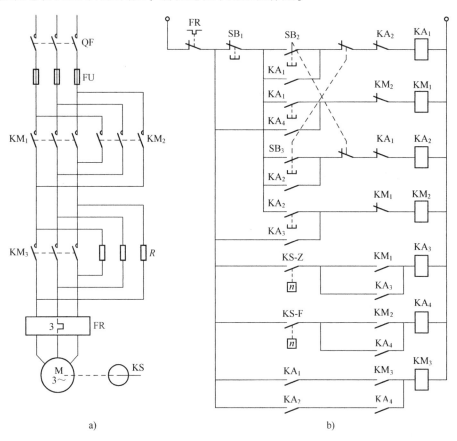

图 6-13　三相异步电动机的反接制动控制线路

电气线路工作原理简述如下：

闭合开关 QF，按下正向起动按钮 SB_2，中间继电器 KA_1 线圈得电，其动合触点闭合，正向接触器 KM_1 线圈得电，KM_1 主触点闭合，电动机正向串电阻减压起动，当电动机转速达到正向速度继电器动作值时，其动合触点 KS-Z 闭合，接触器 KM_3 线圈得电，其主触点闭合短接限流电阻 R，电动机转速升至额定转速正常运行。

按下停止按钮 SB$_1$，KA$_1$ 线圈失电，其动合触点恢复断开，KM$_1$、KM$_3$ 线圈失电，限流电阻串入定子电路，定子绕组正向三相电源断开。KM$_1$ 动断辅助触点恢复闭合，KM$_2$ 线圈得电，其主触点闭合，定子绕组接入反向三相电源，电动机进行串电阻反接制动，当转速接近零时，正向速度继电器 KS-Z 复位断开，KA$_3$ 和 KM$_2$ 线圈相继失电，电动机制动过程结束，电动机停转。

电动机处于正传或反转过程中，只要按下另外一个起动按钮，控制线路便可自动完成反接制动和反向起动的全过程。

6.3.8　三相异步电动机的电磁抱闸制动控制线路

在对制动的可靠性和安全性要求较高的应用场合，常采用断电电磁抱闸制动方法，这种制动方法不会因中途断电或电气故障的影响而造成事故，安全可靠，广泛应用于电梯、起重及卷扬机等升降机械上。其控制线路如图 6-14 所示。

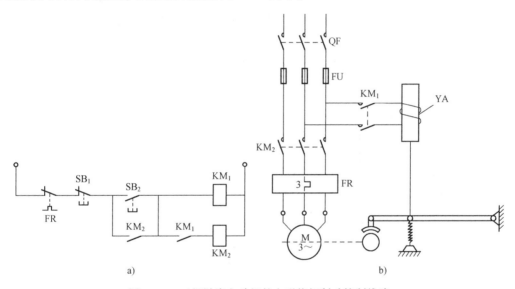

图 6-14　三相异步电动机的电磁抱闸制动控制线路

闭合开关 QF，按下起动按钮 SB$_2$，KM$_1$ 线圈得电，其主触点和辅助触点闭合，电磁抱闸线圈 YA 得电，电磁铁吸合，产生的电磁力使制动器的闸瓦克服弹簧的拉力与闸轮分开，同时 KM$_2$ 线圈得电，KM$_2$ 的主触点和辅助触点闭合，电动机 M 起动运行。当需要快速停止时，按下停止按钮 SB$_1$，交流接触器 KM$_1$ 和 KM$_2$ 线圈失电，主触点复位，主电路断电，电磁抱闸线圈 YA 失电，制动器的闸瓦在弹簧拉力作用下抱住闸轮，使电动机 M 迅速制动停转。

6.3.9　三相异步电动机的变频调速控制线路

变频器是利用电力半导体器件和软件变频技术，通过改变电动机工作电源频率来控制交流电动机的电力控制设备。变频器主要采用交-直-交方式，由整流、滤波、逆变、制动、驱动、检测以及控制等单元组成，整流部分一般为三相桥式不可控整流，逆变部分为 IGBT 三相桥式可控逆变器，IGBT 的开断可以调整输出电源的电压和频率，根据电动机的实际需要来提供其所需要的电源电压，进而达到节能、调速的目的。变频器还有很多保护功能，如过电流、过电压及过载保护等。典型变频器主要由整流、滤波、逆变、制动单元、驱动单元、检测单元、控制单元以及输入输出接口等组成，基本原理如图 6-15 所示。

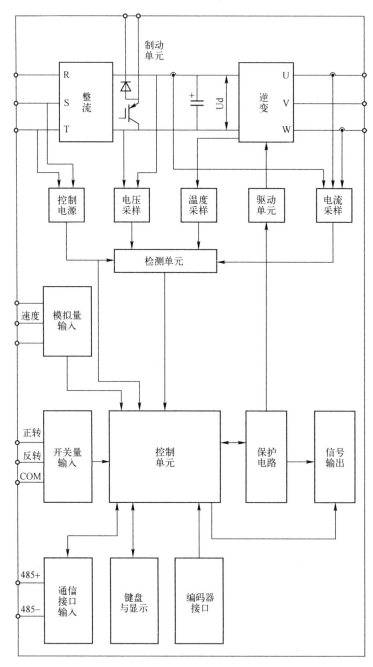

图 6-15　变频器内部典型原理图

三相异步电动机的变频调速控制典型线路如图 6-16 所示。

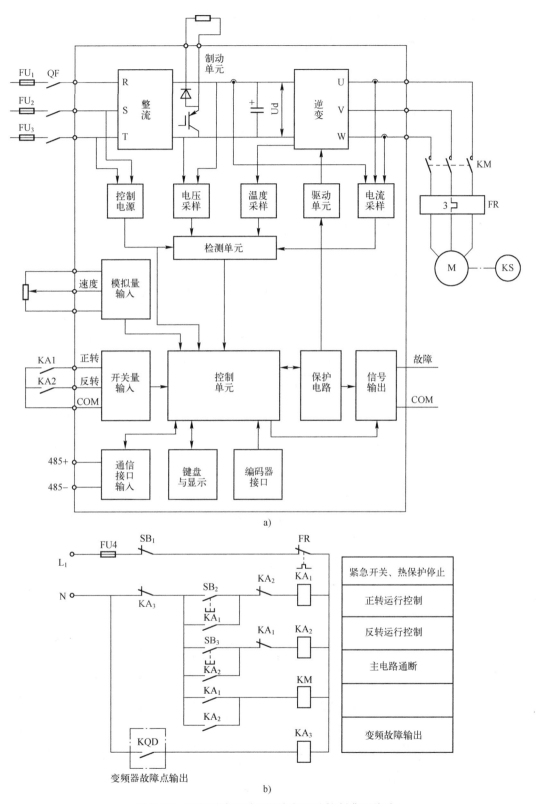

图 6-16 三相异步电动机的变频调速控制典型线路

在工业传动领域，为了节约成本，经常采用一台变频器控制多台电动机运行，特别是在风机与水泵的控制领域，如图 6-17 所示是一台变频器控制两台水泵的主电路图，变频器出现故障时，可以自动切换到工频回路运行。

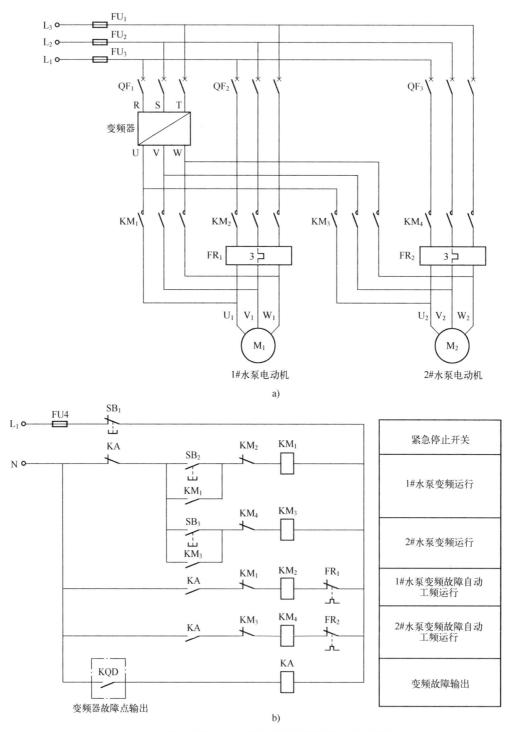

图 6-17　多台三相异步电动机的变频调速控制典型线路

6.3.10　永磁无刷直流电动机调速控制线路

永磁无刷直流电动机控制系统是一个具有传统直流电动机特性的闭环控制系统，它用控制电路的电子换向替代了传统直流电动机的机械换向，当电动机通电后位置传感器检测出电动机转子磁极与定子绕组的相对位置，由控制电路来决定定子绕组的逻辑换向状态。永磁无刷直流电动机因其调速性能好、响应快、寿命长且结构简单而被广泛应用。永磁无刷直流电动机调速控制系统框图如图 6-18 所示。

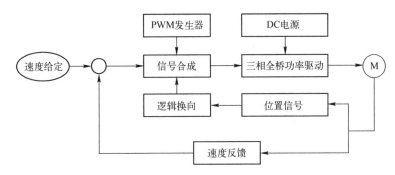

图 6-18　永磁无刷直流电动机调速控制系统框图

无刷调速控制器系统的硬件主要由整流、滤波、逆变、制动单元、驱动单元、检测单元、控制单元以及输入输出接口等组成，由于电子换向的存在，需多配置一套位置传感器，为节约成本，一般使用霍尔型开关，控制线路如图 6-19 所示。

位置传感器的输入与控制器输出电压的逻辑换向关系如图 6-20 所示。

6.3.11　永磁伺服电动机位置闭环控制线路

伺服电动机可对转矩、速度及位置进行精确控制，受输入信号控制，能进行快速、精密反应，具有机电时间常数小、线性度高等特性，在自动控制系统中，常作执行元件。近年来随着微处理器、新型数字信号处理器（DSP）的应用，出现了全数字伺服控制系统，高性能的伺服系统大多采用永磁同步型交流伺服电动机，控制驱动器多采用转矩、转矩加转速、转矩加转速与位置全闭环的全数字伺服系统，以满足工作机械、搬运机构、焊接机械人、装配机器人、电子部件、加工机械、印刷机、高速卷绕机及绕线机等的不同需求场合。伺服控制的内部结构组成与变频器基本一致，但位置反馈一般采用高精度的光电编码器或旋转变压器，以实现更精准的控制，其典型控制线路如图 6-21 所示。

6.3.12　机床电气控制线路

车床是机床的一种，主要由主轴电动机、水泵、油泵、自动进退刀和照明等控制线路组成，主轴电动机和自动进退刀具有正反转功能，油泵电动机在机床上电时起动，水泵根据需要起动，如图 6-22 所示为 C6250 车床的典型控制线路图。

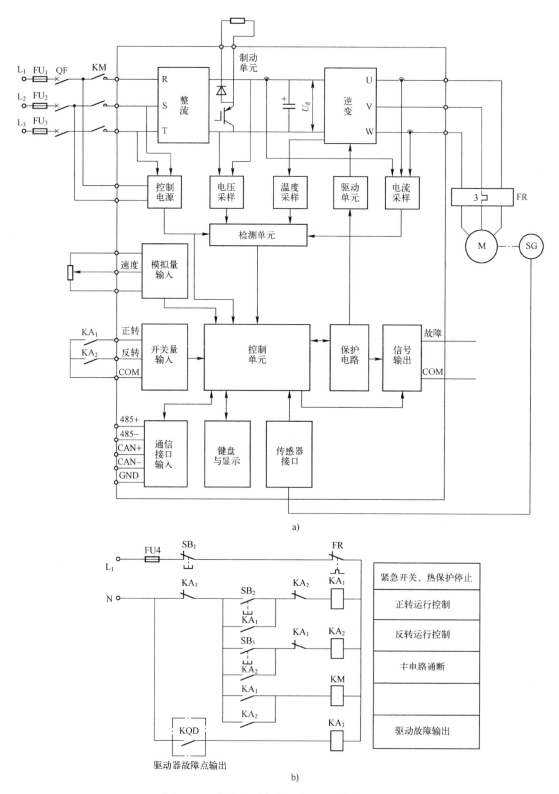

a)

b)

图 6-19 永磁无刷直流电动机调速控制线路

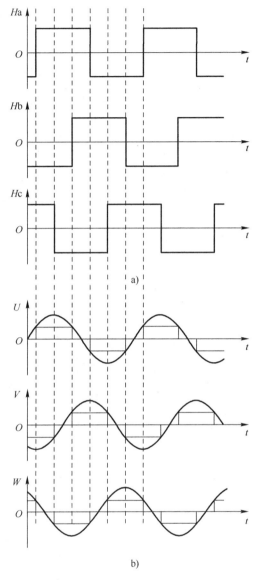

图 6-20　位置传感器的输入与控制器输出
电压的逻辑换向关系

a) 位置传感信号　b) 输出电压

合上 QF 开关，油泵电动机 M_2 开机运行，主轴电动机 M_1 根据需要选择 SB_1 和 SB_2 正反转运行，按下 SB_3 时，水泵电动机 M_3 开机运行，旋转 QS 按钮，可以控制自动进退刀电动机 M_4 的运行，按下 SB_4 开关时，可以开启照明灯。电动机 M_2 和 M_3 装有热保护装置，当热保护动作时，整个系统会断电停止运行。

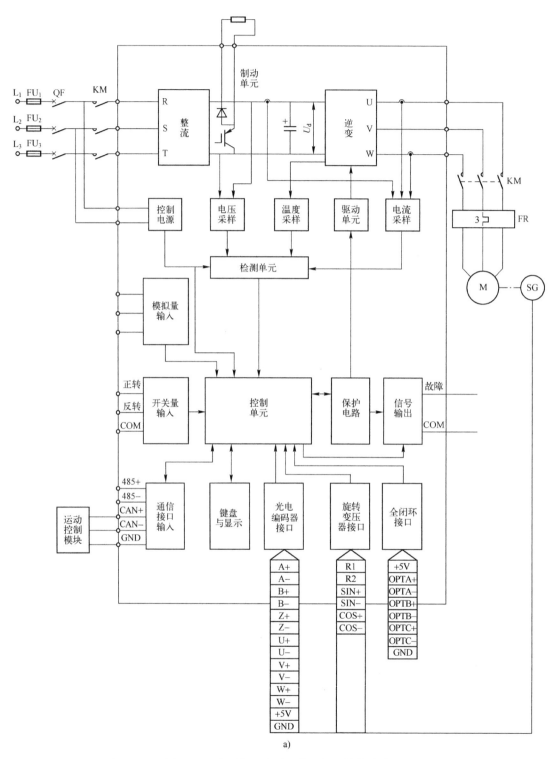

图 6-21 永磁伺服电动机位置闭环控制线路

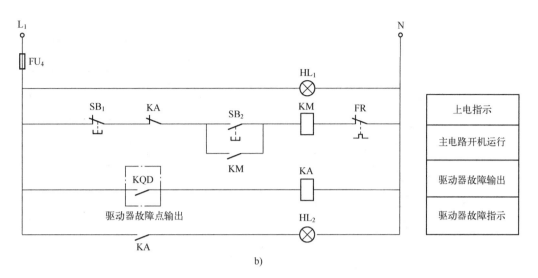

图 6-21　永磁伺服电动机位置闭环控制线路（续）

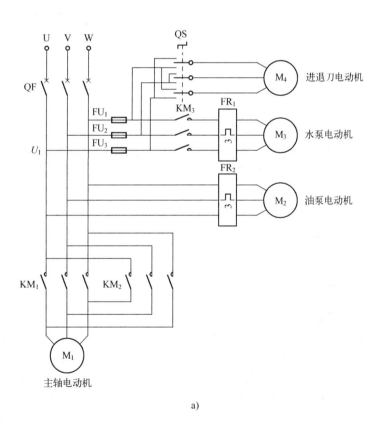

a)

图 6-22　C6250 车床电气控制线路

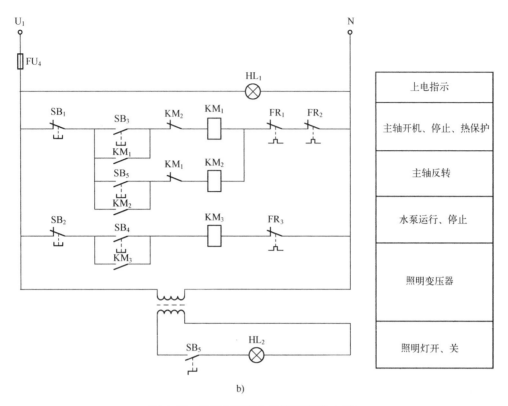

图 6-22　C6250 车床电气控制线路（续）

6.3.13　机器人电气控制线路

在现代化工厂生产中，多轴机器人能代替人做某些单调、频繁和重复的长时间作业，例如，在冲压机、搬运、码垛、装配上下料及分拣等应用中，或是在危险、恶劣环境下代替人工作业，例如，压力铸造、热处理、焊接、涂装、塑料制品成形以及在原子能工业等领域的特殊应用。多轴机器人控制一般由电动机、伺服控制器及运动控制卡等组成，如图 6-23 所示为常见的 6 轴机器人控制原理图，整个系统由 6 个伺服电动机与控制器组成执行元件，运动控制器通过 CAN 或 485 通信，将点到点、直线、2D 或 3D 圆弧、连续轨迹规划、S 型加减速、动态追踪等指令控制传输至相应轴的控制器，达到控制目的。

6.3.14　电动车电动机的电气控制线路

1. 电动自行车电气控制线路

电动自行车控制系统主要由电池、充电器、控制器、电动机、调速把手及仪表等组成，系统原理如图 6-24 所示，当需要开动电动自动车时，先合上开关 QF，闭合钥匙开关 SB_1，主电路与辅助电路工作，旋转调速把手，控制器与电动机起动运行，车子就可以行驶。当刹车时，刹车断电开关 1 或 2 动作，刹车线拉低电压，控制器使能停止工作，电动机会断电自由运行或进行能量回馈电池（部分控制器有此功能），当刹车停止时，电动机可以继续受控制器供电恢复运行。运行中根据路况，可以通过三档车速开关按钮，来控制最高的三档车速。行车是按下巡航开关时，可以保持定速行驶，直到按下刹车巡航取消。行车左右打方向

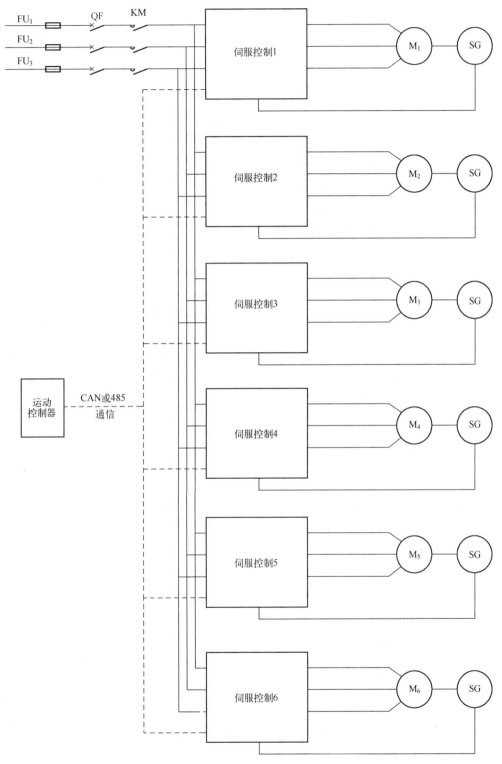

图 6-23　6 轴机器人控制原理图

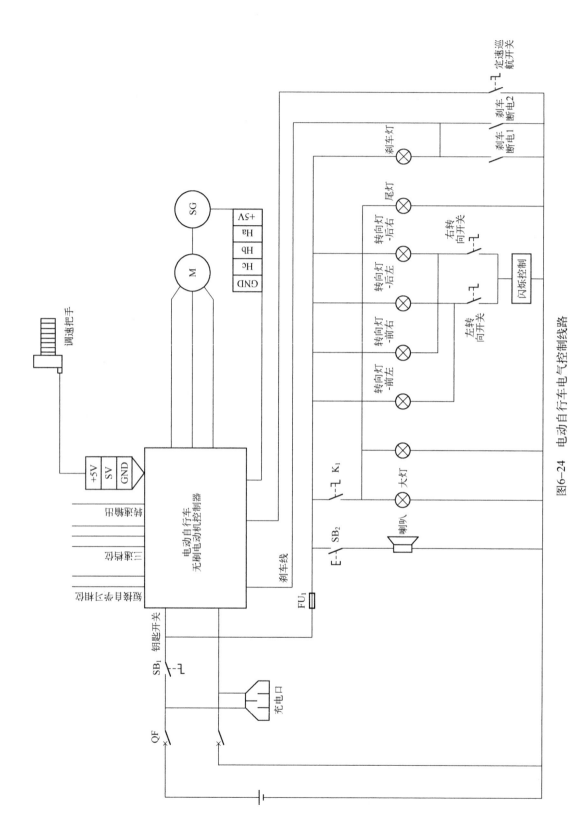

图6-24 电动自行车电气控制线路

时还可以分别按下按钮来控制左右方向灯闪烁，保障行人安全。夜间行驶时，可以旋动 K_1 按钮打开大灯、仪表灯和尾灯。另外，电动自行车用的电动机大部分为永磁无刷电动机，电动机在出厂设计时，位置传感器与绕组的相序设计有 120° 和 60° 之分，为了能让控制器更智能更通用，控制器设计了可以通过短接自学习相位线，来自适应不同相位的电动机。

2. 低速电动车电气控制线路

低速电动车控制系统主要由电池、充电器、控制器、电机、制动踏板、油门踏板、档位及仪表等组成，系统原理如图 6-25 所示。当需要开动电动自动车时，先合上开关 QF，主电路通过预充电电阻 R 给控制器电容充电（充电时间可以根据电阻 R 和控制器电容 C 的大小确定），闭合钥匙开关 SB，控制器控制线圈 KM 通电，主接触器吸合，主电路通电，选择挡位 D 或 R，踩下油门踏板，控制器可以控制电动车前进或后退。行驶中当踩下制动踏板刹车时，制动踏板开关闭合，电动机会断电自由滑行或进行能量回馈电池（部分控制器有此功能），当刹车松开时，制动踏板开关断开，控制器可继续控制电动机运行。

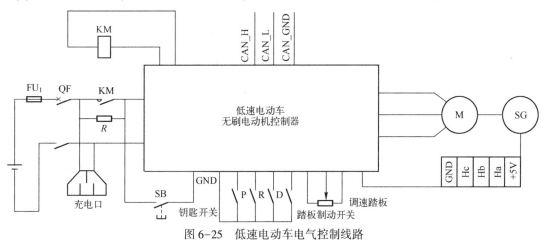

图 6-25　低速电动车电气控制线路

6.3.15　供电线路控制线路

在工厂供电中，要求系统安全可靠运行，对于有条件的工厂供电采取多进线与母联柜配合使用，当某一进线配电有故障时，可通过邻近的进线与母联柜手动或自动切换，使故障线路的配电相关设备可以继续恢复供电，保障生产继续，而当故障线路维修后，又可通过手动或自动切换回正常的线路运行。本节举例 2 个进线柜与 1 个母联柜的逻辑控制，其一次图如 6-26 所示。

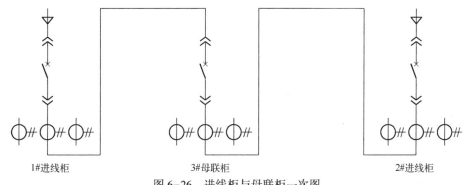

图 6-26　进线柜与母联柜一次图

287

1#进线柜二次图如图 6-27 所示。

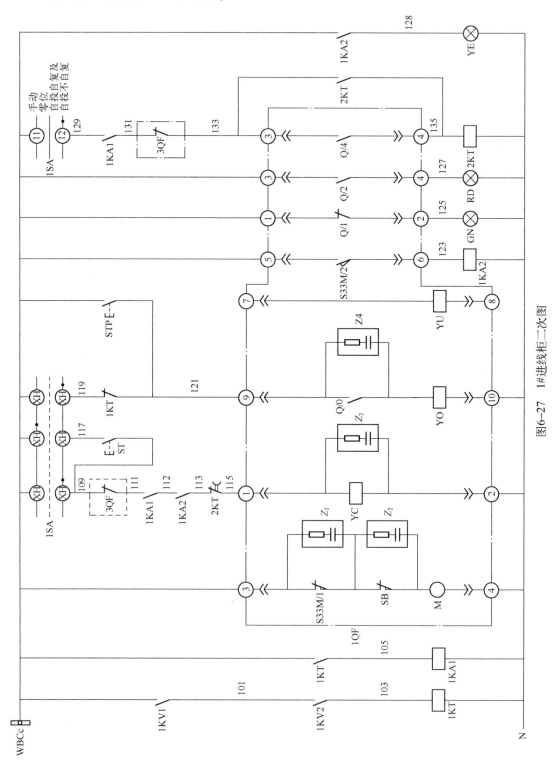

图6-27　1#进线柜二次图

288

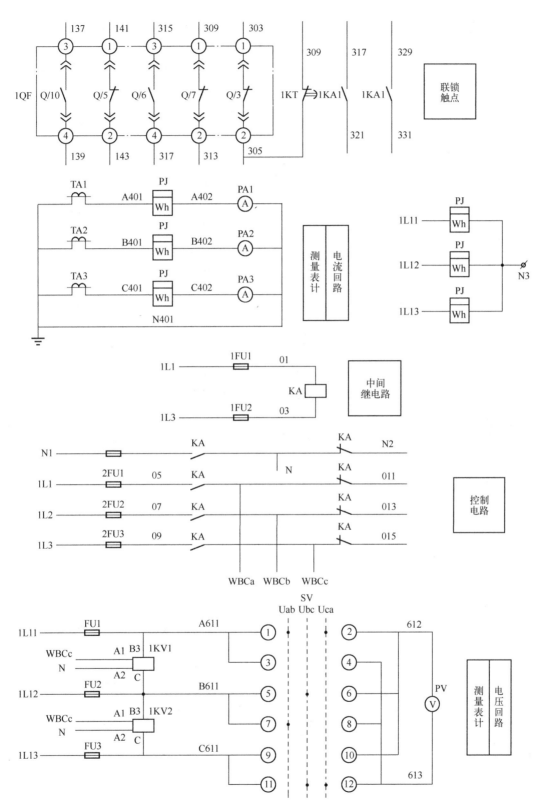

图 6-27 1#进线柜二次图（续）

2#进线柜二次图如图 6-28 所示。

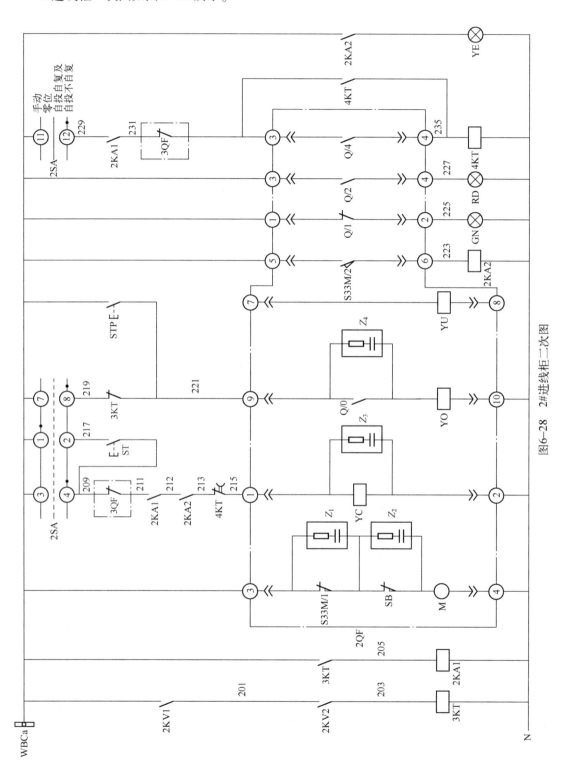

图6-28 2#进线柜二次图

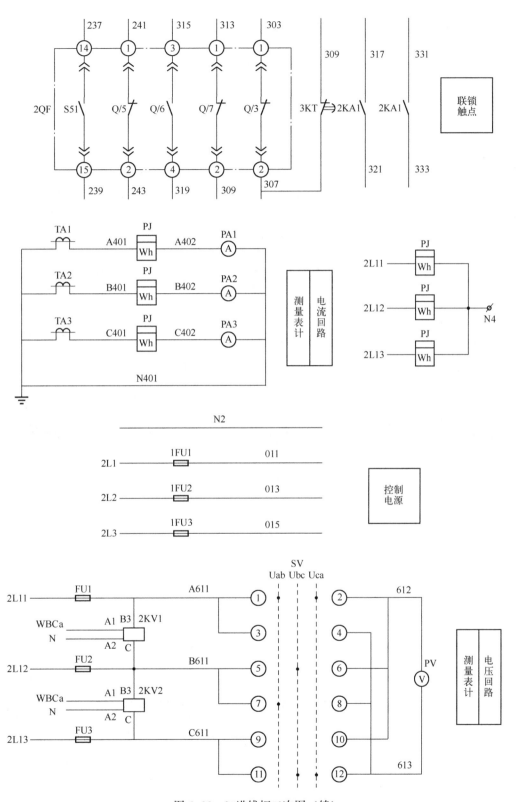

图 6-28　2#进线柜二次图（续）

3#母联柜二次图如图 6-29 所示。

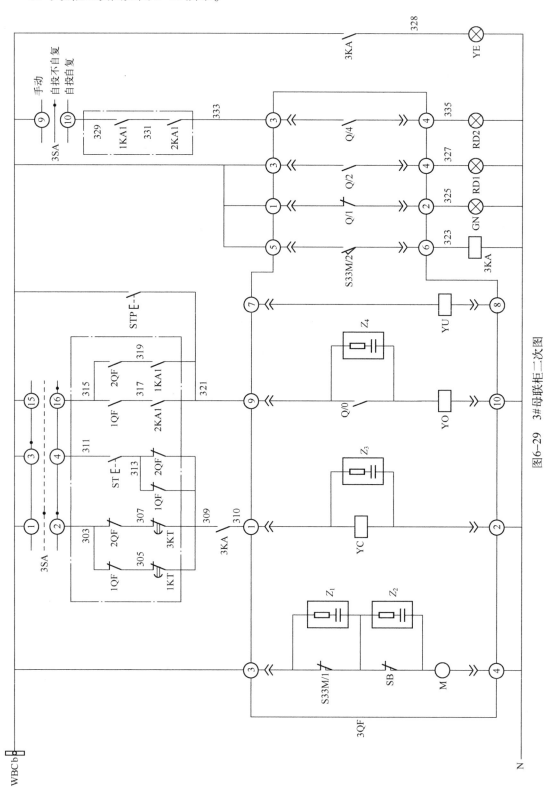

图6-29 3#母联柜二次图

292

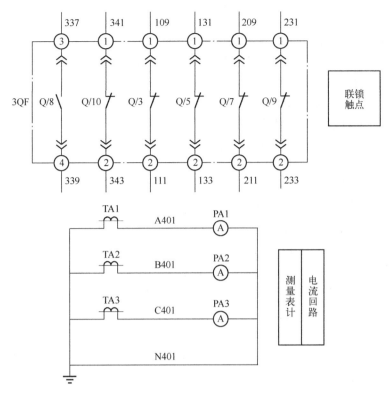

图 6-29　3#母联柜二次图（续）

6.4　电气控制设计基础

电气控制系统的设计是在传动形式和控制方案确定的基础上进行的，一般步骤如下：

1) 拟定电气设计任务书（技术条件）。

① 供电系统的电压等级、频率、容量及电流种类。有关操作方面的要求，如操作台的布置、操作按钮的设置和作用、测量仪表的种类、故障报警和局部照明要求等。

② 有关电气控制的特性，如电气控制的基本方式、自动工作循环的组成、动作程序、限位设置、电气保护及联锁条件等。

③ 有关电力拖动的基本特性，如电动机的数量和用途，各主要电动机的额定功率、负载特性、调速范围和方法，以及对起动、反向和制动控制的要求等。

④ 生产机械主要电气设备（如电动机、执行电器和行程开关等）的布置草图和参数。

2) 确定电力传动方案和控制方案。

① 负载特性。确定负载性质，机床的切削运动一般为恒功率负载，机床的进给运动一般为恒转矩负载。

② 电动机的种类、数量。根据负载特性、工艺及结构确定电动机的种类（直流电动机/交流电动机）、单电动机驱动还是多电动机驱动。

③ 调速要求。对调速范围要求不高的可配置齿轮变速箱，对于低速大转矩驱动场合可采用液压调速装置，随着工业技术的发展，变频驱动的应用越来越广泛。

④ 起动、制动和反向要求。

3）设计电气控制线路原理图（包括主、辅电路）。

4）选择电气元件，制订电气元件或装置易损件及备用件的明细表。

5）设计操作台、电气柜、电气安装板以及非标准电器和专用安装零件。

6）绘制电气装配图和接线图。

7）编写电气原理说明书和使用说明书。

电气控制线路原理图的正确设计是总体方案确定后的一个重要环节，是后续工艺设计、安装图和各种技术资料编制的依据，一般需遵循以下原则：

1）最大限度地满足生产机械和生产工艺对电气控制系统的要求。电气控制系统设计的依据主要来源于生产机械和生产工艺的要求，根据电网容量、电网电压及频率的波动情况及允许的冲击电流大小等决定电动机的起动方式。

2）尽量选择标准的、常用的控制线路。

3）设计方案要合理。在满足控制要求的前提下，设计方案应力求线路简单，为简化电路、节能降耗、提高电器动作的可靠性、便于操作和维修以及降低成本，应尽量减少电气元件数量和不必要的触点，尽可能选用相同型号的电气元件，减少元件的备用量。常用方法举例如下：

① 合并同类触点，如图 6-30 所示。同样功能下，图 6-30b 比图 6-30a 电路少了一对触点，合并触点时应注意触点容量。

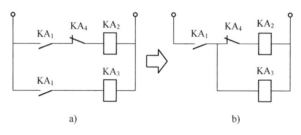

图 6-30　合并同类触点

② 利用转换触点，如图 6-31 所示。可利用具有转换触点的中间断路器，将两触点合并成一对转换触点。

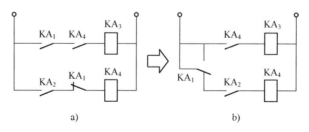

图 6-31　利用转换触点

③ 利用半导体二极管的单向导电性有效减少触点数，如图 6-32 所示。

④ 不必要的电器尽量不通电以节约电能，延长电器的使用寿命，如图 6-33 所示。接触器 KM$_2$ 得电后，接触器 KM$_1$ 和时间继电器 KT 就失去了作用，不必继续通电；控制线路 b

接触器 KM_1 和时间继电器 KT 仍处于通电状态；控制线路 c 的设计更合理，接触器 KM_2 得电后，切断了 KM_1 和 KT 的电源，节约了电能，延长了电器的寿命。

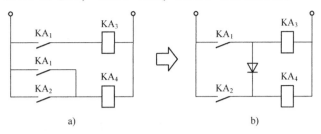

图 6-32　利用二极管的单向导电性

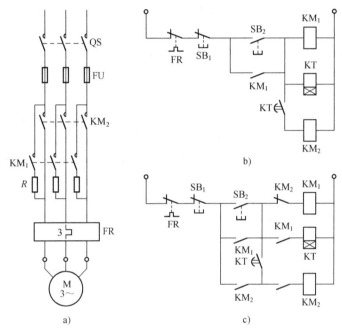

图 6-33　减少通电电器数

4) 机械设计与电气设计应相互配合。许多生产机械采用机电结合控制的方式来实现控制要求，因此要从工艺要求、制造成本、结构复杂性以及使用维护方便等方面协调处理好机械和电气的关系。

5) 正确连接电器的线圈。交流控制线路中电器的线圈不能串联，因为每个线圈能够分配到的电压与线圈阻抗成正比，电器的动作在时间上总是有时间差的，先吸合的电器线圈电感增加，阻抗比后吸合的电器阻抗大，因此，先吸合电器的电压降增大，会导致另一个电器的电压达不到动作电压，因此，需要同时动作的交流电器，电器的线圈应并联连接。直流低压电器的电磁线圈电阻相同可以并联，但尽量不要并联，特别是电感量相差较大时。

6) 正确连接电器的触点。分布在线路不同位置的同一电器触点尽量接到同一极或同一相上，保证两个触点电位相同，避免在电器触点上引起短路。如图 6-34 所示，图 6-34a 继电器的动合触点和动断触点分别接在不同相上，如果距离较近，触点断开时可能会因电位不同而在两触点间形成飞弧，造成电源短路，因此可改为图 6-34b，使两触点电位相同。

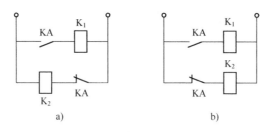

图 6-34　正确连接的电器触点

7）防止触点竞争现象。不同低压电器的吸力与反力特性曲线配合不同，其动作的快慢程度也就不同，相应触点系统的动作也就有先后之分，这样就产生了不同电磁式电器的触点竞争问题。触点竞争可分为不同低压电器触点之间产生的触点竞争和同一低压电器不同触点之间引发的触点竞争。即使同一电器触点，动作也有先后之别。当电气状态发生变化时，电器接点状态的变化不是瞬间完成，而是需要一定的时间，断开和闭合触点有先后之别，很难同时达到状态。

如图 6-35 所示为一个反身关断电路，图 6-35a 中时间继电器 KT 的动断触点延时断开后，KT 线圈失电，经过 t_s 延时断开的动断触点复位闭合，同时 KT 的动合触点经 t_1 断开。若 $t_s > t_1$ 则电路能反身关断；若 $t_s < t_1$，KT 会再次吸合，发生触点竞争，导致反身关断失败；图 6-35b 中电路增加中间继电器 KA 解决触点竞争问题。

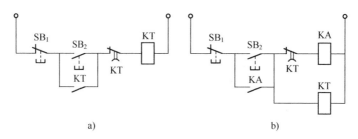

图 6-35　时间继电器的反身关断电路

要避免发生触点竞争问题，尽量避免多个电气元件依次动作才能接通另一个电器的控制线路，如图 6-36 所示；防止电路中因电气元件固有特性的不同而引起元器件不配合的不良后果，当电气元件动作时间可能影响控制线路的动作程序时，可采用时间继电器配合控制，或将产生竞争现象的触点加以区分、联锁隔离或采用多触点开关分离。

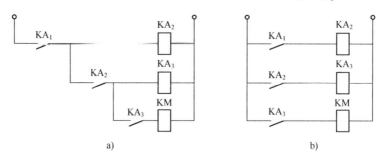

图 6-36　避免依次动作接通一个电器的电路
a）错误接法　b）正确接法

8）防止寄生电路。控制电路在正常工作或事故情况下，发生意外接通的电路称为寄生电路。如图 6-37 所示为一个电动机正反转控制电路，当热继电器 FR 动作时，线路 6-37a 出现寄生电路，如图中虚线所示，使正向接触器 KM₁ 线圈不能失电释放，失去了保护作用。在设计电气控制线路时要避免产生寄生电路，严格按上方（左侧）接触点，下方（右侧）线圈接电源的原则，减少产生寄生回路的可能性，图 6-37b 即可消除寄生电路；也可通过联锁或多触点开关切断线路之间的联系。

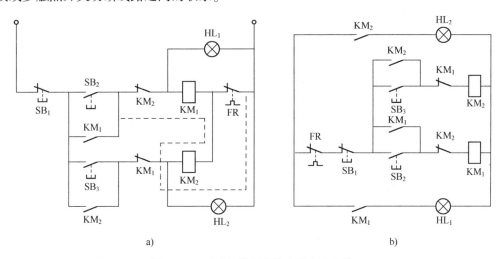

图 6-37　正反转控制线路中的寄生电路

6.5　电气控制系统的保护

电气控制线路应具有完善的保护环节，避免因误操作、意外发生而发生不安全事故。自动控制线中常用的保护环节可分为电流型保护（短路、过电流、过载、欠电流、断相）、电压型保护（失电压、欠电压、过电压）和极限保护（速度、温度、水位、压力、位置）等。

6.5.1　电流型保护

（1）短路保护

电气控制线路中，最常见也最危险的故障是各种短路（三相短路、两相短路、一相接地短路以及电动机匝间短路等），电气元件绝缘老化、雷击或人为的误操作都可能导致电气线路的短路发生，短路的危害非常大，产生的高温会导致电器的绝缘损坏、破坏电源，造成电器结构件的机械变形，甚至造成火灾。常用的短路保护装置是熔断器和断路器。在电动机控制线路中的短路保护应避免起动时动作。

（2）过电流保护

过电流保护是区别于短路保护的一种电流型保护。电动机或电气元件超过其额定电流的运行状态，电动机不正确的起动或大负载情况下，常引起过电流，过电流一般比短路电流小，一般不超过 6 倍额定电流，只要在达到最大允许温升之前，电流值能恢复正常，还是允许的。较大的冲击负载，将使电路产生很大的冲击电流，以致损坏电气设备，同时，过大的电流引起电路中的电动机转矩增大，也会使负载机械的旋转部件受损，要尽快切断电源。电动机运行中产生这种过电流比发生短路的可能性大，特别是频繁起动和正反转、重复短时工作的电动机。通常，可采用带过电流脱扣器的低压断路器或过电流继电器作为过电流保护。

过电流继电器不同于熔断器和低压断路器，过电流继电器是一个感测元件，低压断路器是将感测元件和执行元件组合在一起，熔断器的熔体本身即是感测元件也是执行元件。过电流保护需要过电流继电器与执行元件——接触器的主触点配合完成。为可靠切断过电流，接触器的主触点容量应适当增大。如图6-38所示为带过电流保护的控制线路，电动机起动时，时间继电器KT延时断开的动断触点还未断开，过电流继电器KA的过电流线圈未接入电路，保证在起动过程中不因电流较大而使过电流继电器动作；当起动结束后，KT的动断触点经过延时断开，过电流继电器接入电路，过电流继电器开始起保护作用。

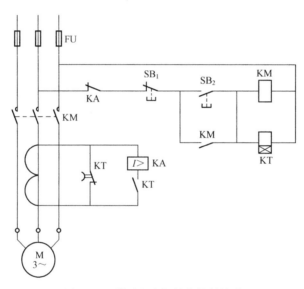

图6-38 带过电流保护的控制线路

（3）过载保护

过载是指电动机运行电流大于额定电流，但超过额定电流的倍数较小，一般在1.5倍额定电流以内。引起电动机过载的原因很多，例如，负载的突然增加、缺相运行以及电网电压降低等。电动机长期超载运行，绕组温升将超过允许值而损坏，所以应设置过载保护环境，一般多采用热继电器作为保护元件。如图6-39为带热继电器保护的控制线路。热继电器具有反时限特性，不能用于短路保护，动作后也不能马上复位。

一般使用热继电器作为过载保护时，还必须同时与熔断器或低压断路器配合使用。当线路发生短路故障时，熔断器或低压断路器动作切断故障；当线路发生过载故障时，热继电器动作，事故处理完毕，热继电器可以自动或手动复位，线路重新工作。过载保护与过电流保护不同，不能采用过电流保护方法进行过载保护。

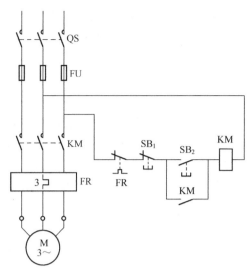

图 6-39　带热继电器保护的控制线路

（4）断相保护

电动机烧毁有 60% 是因为缺相引起的，所以电动机的断相保护非常重要。断相保护是依靠多相电路的一相导线中电流的消失而断开被保护设备，或依靠多系统的一相或几相失电压来防止将电源施加到被保护设备上的一种保护方式。

电动机断相保护的方法有采用电压继电器、采用断丝电压保护、采用带断相保护的热继电器、采用专门为断相运行而设计的断相保护继电器以及采用欠电流继电器等。

从保护原理上看，断相保护可分为两类。

1）基于电压的断相保护：通过检测电源电压是否存在缺相的现象。电压相序继电器使用简单，仅需一台"电压相序继电器"就能保护多台电动机，但只能对电源缺相进行保护，对于交流接触器触点的接触不良等造成的电动机缺相不起保护作用。对于动态缺相的误判率较高。

2）基于电流的断相保护：通常用电流互感器检测电动机的三相电流，不论是电源故障还是交流接触器触点接触不良，都能保护。这类产品又分电子式和智能型两大类，电子式的功能较简单，价格便宜；智能型功能完善，价格较贵。

三相电动机的一根接线松开或一相熔丝熔断，是造成三相异步电动机烧坏的主要原因之一。对于电源电压的三相平衡性较差、工作环境恶劣或无人看管的电动机，可采用带断相保护的热继电器对电动机进行保护，尤其是三角形联结的电动机。这是因为电动机采用星形联结时，当线路发生一相断电时，另外两相电流便增大很多，由于线电流等于相电流，流过电动机绕组的电流和流过热继电器的电流增加比例相同，因此普通的两相或三相热继电器可以对此做出保护。而电动机采用三角形联结时，发生断相时，电动机的相电流与线电流不等，流过电动机绕组的电流和流过热继电器的电流增加比例不相同，而热元件又串联在电动机的电源进线中，按电动机的额定电流即线电流整定，整定值较大。当故障线电流达到额定电流时，在电动机绕组内部，电流较大的一相绕组故障电流将超过额定相电流，有过热烧毁的危险。所以三角形联结电动机必须采用带断相保护的热继电器。

带有断相保护的热继电器是在普通热继电器的基础上增加了一个差动机构，对 3 个电流进行比较。差动式断相保护热继电器动作原理如图 6-40 所示。将热继电器的导杆改为差动机构，由上导板 1、下导板 2 及杠杆组成，它们之间都用转轴连接。其中，图 6-40a 为通电前机构各部件的位置；图 6-40b 为正常通电时的位置，此时三相双金属片都受热向左弯曲，但弯曲的挠度不够，所以下导板向左移动一小段距离，继电器不动作；图 6-40c 是三相同时过载时，三相双金属片同时向左弯曲，推动下导板 2 向左移动，通过杠杆 5 使动断触点断开；图 6-40d 是 C 相断线的情况，这时三相双金属片逐渐冷却降温，端部向右移动，推动上导板 1 向右移，而另外两相双金属片温度上升，端部向左弯曲，推动下导板 2 继续向左移动，由于上、下导板一左一右移动，产生了差动作用，通过杠杆的放大作用，使动断触点断开。由于差动作用，继电器在断相故障时加速动作，能够有效地保护电动机。

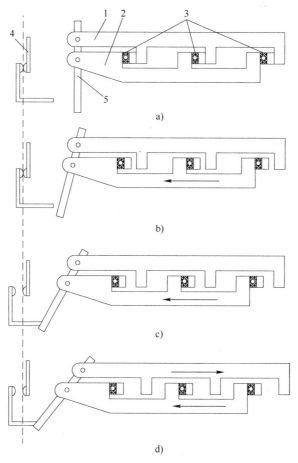

图 6-40 带断相保护的热继电器动作原理
a）通电前　b）两相正常通电　c）三相均过载　d）C 相断线
1—上导板　2—下导板　3—双金属片　4—动断触点　5—杠杆

（5）弱磁保护

直流电动机励磁磁场减弱或磁场消失时，会导致"飞车"，电磁吸盘吸力不足也可能导致工件飞出，造成人身伤害，因此需要设置弱磁保护。弱磁保护一般采用弱磁继电器，即欠电流继电器，欠电流继电器的动作电流整定范围一般为线圈额定电流的 30%~65%。电流正常不欠电流时，欠电流继电器处于吸合动作状态，动合触点处于闭合状态，动断触点处于断开状态，吸合值一般整定为额定励磁电流的 0.8 倍；电路电流下降或消失时，欠电流继电器的动作，对于调磁调速的电动机，欠电流继电器的释放值为最小励磁电流的 0.8 倍。

6.5.2 电压型保护

电压型保护可分为过电压保护和欠电压保护两种。

过电压指峰值大于正常运行下最大稳态电压峰值的电压。工程上的过电压一般指可能对设备造成损害的危险电压。因此，大于设备正常运行电压峰值但不足以危及设备正常工作的过电压可排除在外。过电压按持续时间长短可分为如下两种：

1）瞬态过电压，其持续时间为毫秒级或更短，是避雷器的主要防护对象，主要来源是雷电过电压或雷击过电压。

2）暂态过电压或短时过电压，其持续时间相对较长，一般介于 0.1~1 s 之间。主要来源是断线谐振、中性线漂移、空载线路的电容效应、不对称接地故障以及大型负荷的突然切出等。

过电压保护是指被保护线路电压超过预定的最大值时，使电源断开或使受控设备电压降低的一种保护方式。常见的过电压保护元器件或设备有防雷器、压敏电阻及避雷器等。

电源电压低于某一数值或突然消失导致设备停止，电压恢复后，设备可能突然起动造成事故；即使设备不因欠电压而停止工作，但设备在欠电压下长期运行，电流较大，发热严重，轻则损坏设备，重则造成火灾，因此，需要进行失电压保护。对于重要设备，失电压保护可采用电压继电器、时间继电器和断路器组成，保护性能比较精确；对于一般低压设备，常用熔断器、接触器和带失电压（欠电压）脱扣器的断路器等作为失电压保护。

6.5.3 极限保护

除上述几种保护外，电气控制系统还有位置保护、超速保护、温度保护及压力保护等。

一些生产机械运动部件的行程需要限制在一定的范围内，例如，切削机床、升降机等需要限位控，起重机的左、右、上、下、前、后运动行程都必须有适当的位置保护。这类保护称为位置保护，一般可采用行程开关、干簧继电器或接近开关等电气元件构成控制线路，电器的动断触点通常串联在接触器控制线路中，当运动部件达到设定位置时，开关动作，动断触点断开接触器线圈电路，使运动器件停止运行。

超速保护可采用速度继电器，即当电动机超速时发出报警、限速或切断供电。

在电气控制线路设计中，对生产过程中的温度、压力（气、液压力）和流量等也需要设置必要的控制和保护，将各物理量限制在一定范围内，以保证整个系统的安全运行。可采用各种专用的温度、压力、流量传感器或继电器，基本原理为在控制线路中串联一些受这些参数控制的动合触点或动断触点，通过逻辑组合、联锁控制等实现，有些继电器动作值可在一定范围内调节，以满足不同应用场合的需要。

参 考 文 献

[1] 陆俭国, 何瑞华, 陈德桂, 等. 中国电气工程大典: 第 11 卷　配电工程 [M]. 北京: 中国电力出版社, 2009.

[2] 胡湘洪, 高军, 李劲. 可靠性试验 [M]. 北京: 电子工业出版社, 2015.

[3] 张白帆. 低压成套开关设备的原理及其控制技术 [M]. 3 版. 北京: 机械工业出版社, 2019.

[4] 王仁祥. 常用低压电器原理及其控制技术 [M]. 2 版. 北京: 机械工业出版社, 2009.

[5] 赵德申. 供配电技术应用 [M]. 北京: 高等教育出版社, 2004.

[6] 曹云东. 电器学原理 [M]. 北京: 机械工业出版社, 2012.

[7] 倪远平. 现代低压电器及其控制技术 [M]. 重庆: 重庆大学出版社, 2003.

[8] 中华人民共和国国家发展和改革委员会. 低压电器产品型号编制方法: JB/T 2930—2007 [S]. 北京: 机械工业出版社, 2007.

[9] 王建平, 朱程辉. 电气控制与 PLC [M]. 北京: 机械工业出版社, 2012.

[10] 陈培国. 低压开关、隔离器、隔离开关及熔断器组合电器功能上的差异 [J]. 电世界, 1997 (5): 43.

[11] 邓重一. 接近开关原理及其应用 [J]. 自动化博览, 2003, 20 (5): 31—34.

[12] 罗桂娥, 张静秋, 罗群. 模拟电子技术 [M]. 2 版. 长沙: 中南大学出版社, 2009.

[13] 中华人民共和国国家质量监督检验检疫总局. 低压开关设备和控制设备 第 1 部分: 总则: GB/T 14048.1—2012 [S]. 北京: 中国标准出版社, 2013.

[14] 中华人民共和国国家质量监督检验检疫总局. 电工术语 低压电器: GB/T 2900.18—2008 [S]. 北京: 中国标准出版社, 2009.

[15] 《最新国家标准电气图识读指南》编写组. 最新国家标准电气图识读指南 [M]. 北京: 中国水利水电出版社, 2011.

[16] 中华人民共和国国家质量监督检验检疫总局. 低压开关设备和控制设备 第 3 部分: 开关、隔离器、隔离开关以及熔断器组合电器: GB/T 14048.3—2008/IEC 60947-3:2005 [S]. 北京: 中国标准出版社, 2009.

[17] 方建龙. 谈谈如何阅读分析电气原理图 [J]. 科技资讯. 2010, (23): 147.

[18] 尹天文. 低压电器技术手册 [M]. 北京: 机械工业出版社, 2014.

[19] 尹天文, 柴熠, 高孝天. 用户端电器数字化车间建设探讨 [J]. 电器与能效管理技术, 2017 (24): 9—12.

[20] 高达. 塑壳断路器智能制造的实现与展望 [J]. 电器与能效管理技术, 2017 (24): 13—15.

[21] 石镇山, 刘越芳. 智能制造面临的重大科学问题和关键技术 [J]. 电器与能效管理技术, 2017 (24): 1—4, 19.

[22] 方毅芳, 石镇山. 智能制造系统与标准化发展分析 [J]. 电器与能效管理技术, 2017 (24): 5—8, 12.

[23] 袁学兵. 最新低压电器研究进展与分析 [J]. 电器与能效管理技术, 2017 (23): 23—26, 54.

[24] 何瑞华. 未来十年我国低压电器发展应关注的问题 [J]. 电器与能效管理技术, 2017 (1): 1—7.

[25] 许文良, 周英姿. 面向制造的低压电器仿真设计技术 [J]. 电器与能效管理技术, 2016 (8): 36—

38，62.

[26] 佟为明，梁建权，金显吉．智能电器通信技术发展研究 [J]．电器与能效管理技术，2016（3）：1—5.

[27] 陈培国．低压万能式断路器研发现状及思索 [J]．电器与能效管理技术，2016（2）：23—27，35.

[28] 周茂祥．低压电器设计手册 [M]．北京：机械工业出版社，1992.

[29] 连理枝．低压断路器设计与制造 [M]．北京：中国电力出版社，2003.

[30] 黄世泽，郭其一，屠旭慰．低压电器虚拟样机仿真技术 [M]．北京：科学出版社，2017.

[31] 夏天伟．电器学 [M]．北京：机械工业出版社，1999.

[32] 孟庆龙．电器制造工艺学 [M]．2 版．北京：机械工业出版社，1982.

[33] 徐君贤．电机与电器制造工艺学 [M]．2 版．北京：机械工业出版社，2015.

[34] 于立．断路器智能脱扣器的研究 [D]．沈阳：沈阳工业大学，2005.

[35] 邵秋丽．基于 Linux 嵌入式系统的低压断路器智能控制器的研究 [D]．镇江：江苏科技大学，2014.

[36] 叶文杰．基 ZigBee 技术的断路器智能控制器 [D]．南京：南京邮电大学，2014.

[37] 邹积岩．智能电器 [M]．北京：机械工业出版社，2017.

[38] 熊端锋，代颖．电机测试技术与标准应用 [M]．北京：机械工业出版社，2018.

[39] 熊端锋，罗建．控制电机的电磁兼容测试技术及其抑制技术 [M]．北京：机械工业出版社，2019.